Para
O co-pesquisador [...]
da caça de baleia[...]
Estimado Prof. Cavalcante

# A história da caça de baleias no Brasil: De peixe real a iguaria japonesa

William Edmundson
João Pessoa
Dez. 2014.

**FIGURA 0.1.**
"Whale Fishery".

WILLIAM EDMUNDSON
IAN HART

# A história da caça de baleias no Brasil: De peixe real a iguaria japonesa

DISAL EDITORA

Preparação de texto: Mariana Cruz / Verba Editorial
Capa e Projeto gráfico: Alberto Mateus
Diagramação: Crayon Editorial
Assistente editorial: Aline Naomi Sassaki

**Dados Internacionais de Catalogação na Publicação (CIP)**
**(Câmara Brasileira do Livro, SP, Brasil)**

Edmundson, William
A história da caça das baleias no Brasil : de peixe real a iguaria japonesa / William Edmundson, Ian Hart. -- 1. ed. -- Barueri, SP : DISAL, 2014.

Bibliografia
ISBN 978-85-7844-168-5

1. Baleias 2. Baleias, Pesca e indústria das 3. Caça submarina 4. Culinária (Pescados) 5. Indústria da pesca 6. Pesca 7. Pesca - Brasil 8. Pesca marítima I. Hart, Ian. II. Título.

14-09608 CDD-639.281

Índices para catálogo sistemático:
1. Baleias : Pesca e indústria no Brasil 639.281

DISAL EDITORA



Alameda Mamoré 911 – cj. 107
Alphaville – BARUERI – SP
CEP: 06454-040
Tel. / Fax: (11) 4195-2811
Visite nosso site: www.disaleditora.com.br
Televendas: (11) 3226-3111

Fax gratuito: 0800 7707 105/106
E-mail para pedidos: comercialdisal@disal.com.br

## NOTA DOS AUTORES

Este estudo sobre a história da caça de baleias no Brasil foi iniciado pelo historiador marítimo Ian Hart, cuja visão de ter uma história abrangente em versão impressa remonta há vários anos atrás. No Brasil, o historiador William Edmundson juntou forças com Ian Hart, em 2012, para ajudar a realizar o projeto. O manuscrito foi desenvolvido em inglês pelos dois autores e depois traduzido para o português pelo próprio William Edmundson.

## DEDICATÓRIA

Almirante Ibsen de Gusmão Câmara (1923-2014)
Defensor da preservação das baleias no Brasil.

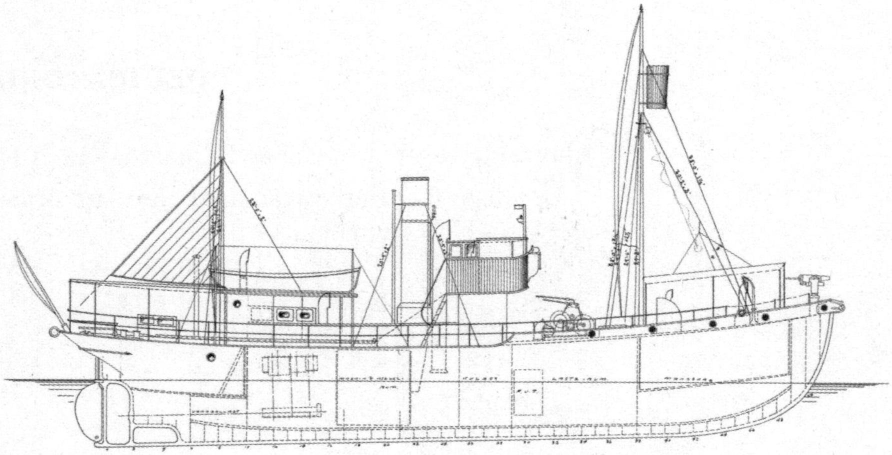

**FIGURA 0.2.(A)** Desenho do construtor do navio baleeiro *HELENA*. Norsk Teknisk Museum, Oslo.

# *Sumário*

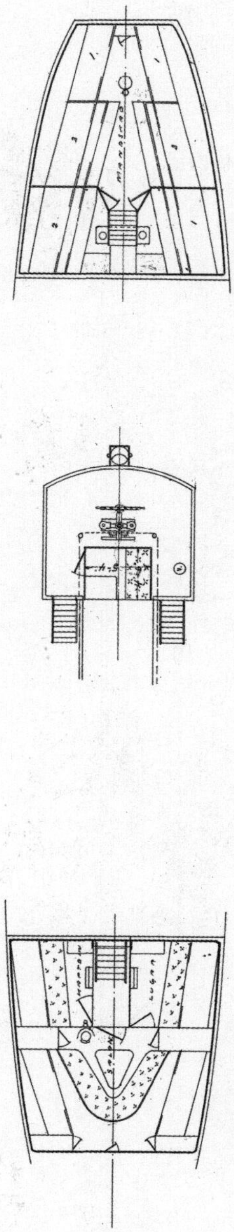

**FIGURA 0.2.(B)**
Desenho do construtor do navio baleeiro *HELENA*. Norsk Teknisk Museum, Oslo.

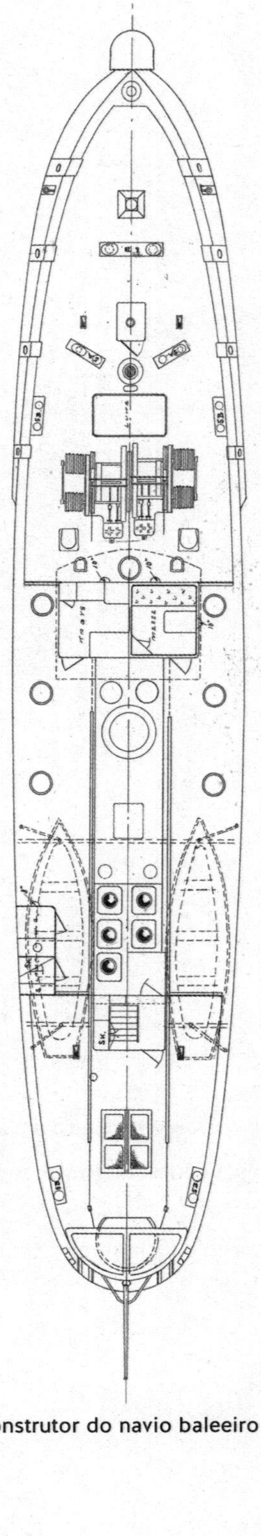

**FIGURA 0.2.(C)** Desenho do construtor do navio baleeiro *HELENA*. Norsk Teknisk Museum, Oslo.

# *Linha do tempo*

**1602** (9 de agosto): Felipe III outorgou a Pêro de Urecha e Julião Miguel uma licença para caçar baleias ao longo da costa brasileira com três navios durante dez anos.

**1613** A primeira *armação* (instalação baleeira em terra) no Brasil estava funcionando em Ponta da Ilha de Itaparica, frente a Salvador na Bahia.

**1614** Estabeleceu-se no Brasil um monopólio real sobre a caça do *peixe-real* (baleia). A primeira estação para derreter toucinho foi montada em Ponta da Cruz na Ilha de Itaparica.

**1620-1630** (aprox.): Estabeleceu-se a primeira armação do Rio de Janeiro, na Baía de Guanabara — a Armação de São Domingos.

**1734** Estabeleceu-se a primeira armação na região de São Paulo na Ilha de São Sebastião.

**1746** (aprox.): Estabeleceu-se a primeira armação em Santa Catarina — a Armação de Nossa Senhora da Piedade.

**1798** (18 de maio): A coroa portuguesa anunciou o fim do monopólio da venda de arrendamentos para caçar baleias no Brasil.

**1801** (24 de abril): O monopólio da coroa termina com um decreto do Príncipe Regente depois de acabar o último arrendamento.

**1816** Um grupo de empresários no Rio de Janeiro junta forças com a Real Pescaria de Baleias num esforço para tornar a atividade lucrativa.

**1822** Declaração de independência do Brasil, seguida pelo Império do Brasil (1822-1889).

**1850** Lei Eusébio de Queirós, que proibiu o comércio de escravos importados do exterior até o Brasil.

**1865** Svend Foyn, na Noruega, desenvolveu o primeiro canhão-arpão explosivo que ele montou na proa de um navio-baleeiro, um barco pequeno e forte.

**C. 1875** A casa comercial de Duder em Salvador, de origem britânica, começou a caçar baleias a partir da Bahia.

1888 A Lei Áurea proibiu a escravidão no Brasil.

1889 Declaração da República dos Estados Unidos do Brasil.

1900 Fundou-se a companhia Duder and Brother em Salvador.

1911 (junho): a Duder and Brother começou a caçar baleias com métodos modernos a partir da Bahia.

1911 (12 de julho): Os estatutos da Companhia de Pesca Norte do Brasil foram assinados em Recife por Julius von Söhsten, Joaquim Lima de Amorim, e Antônio Mendes Fernandes Ribeiro.

1912 (4 de janeiro): A lei nº 2544 detalhou como o governo brasileiro pretendia revitalizar a indústria pesqueira e baleeira.

1912 (17 de julho): O Decreto nº 9672 criou uma Inspetoria de Pesca no Ministério da Agricultura, e afirmou que o monitoramento da atividade pesqueira era responsabilidade desse ministério.

1914 A Companhia de Pesca Norte do Brasil ergueu uma instalação em terra para derreter toucinho em Costinha, na Paraíba.

1923 (25 de outubro): O Decreto nº 16184 foi publicado para regulamentar as atividades pesqueiras (a seção V refere-se à caça de baleias).

1929 Julius von Söhsten afastou-se da Companhia de Pesca Norte do Brasil, que daquele instante em diante seria administrada pela Mendes, Lima & Companhia.

1931 (24 de setembro): A Convenção Internacional para a Regulamentação da Pesca da Baleia de Genebra (Liga das Nações) proibiu a matança de baleias-francas.

1933 (14 de novembro): O Decreto nº 23456 promulgou a convenção de Genebra no Brasil, que entrou em vigor em 16 de janeiro de 1935.

1934 (2 de janeiro): O Decreto nº 23672 aprovou o texto do Código de Caça e Pesca (Seção I, capítulo X, refere-se à regulamentação da caça de baleias).

1937 (8 de junho): O Acordo Internacional para a Regulação da Atividade Baleeira entrou em vigor 10 de novembro de 1948. O Brasil não era signatário.

1938 Protocolos para o Acordo Internacional para a Regulação da Atividade Baleeira foram assinados em Londres, em 24 de junho de 1938, e 26 de novembro de 1945.

1938 A *bombilança* foi patenteada no Brasil e utilizada na região de Santa Catarina.

1946 Samuel da Silva Galvão comprou a Companhia de Pesca Norte do Brasil.

1946 (2 de dezembro): A Convenção Internacional para a Regulamentação da Caça de Baleias, assinada pelo Brasil. A convenção entrou em vigor em 10 de novembro 1948.

**1948** (ou no ano de 1952): A Sociedade Indústria de Produtos de Pesca começou a caça de baleias em Imbituba, Santa Catarina.

**1950** (9 de março): O Brasil aprovou o texto da convenção por Decreto Legislativo nº 14, depositou sua ratificação em 9 de maio 1950 e promulgou a convenção por Decreto nº 28524 de 18 de agosto 1950.

**1956** (19 de novembro): Protocolo aprovado para a convenção de 1946. O Brasil foi o último de dezessete países a depositar sua ratificação, em 4 de maio 1959.

**1957** A INBRAPE (Indústria Brasileira de Pescados e Frios S.A.), na qual a Nippon Reizo era acionista majoritária, adquiriu controle dos ativos fixos e flutuantes em Costinha, na Paraíba.

**1958** (29 de novembro): A Taiyo Fishery Company assinou um contrato com o Departamento Nacional de Produção Animal para caçar baleias em Cabo Frio, no Rio de Janeiro.

**1960** A última temporada baleeira para uma companhia registrada na Argentina (Compañia Argentina de Pesca S.A. em Grytviken, Geórgia do Sul).

**1960** (9 de julho): A Taiyo Fishery Company começou a caça de baleias em Cabo Frio, no Rio de Janeiro.

**1966** A proibição da CBI de caçar baleias-jubarte estendeu-se ao Pacífico do Norte, acima da linha do equador, em 1966, com o resultado de que baleias-jubarte fossem protegidas desse momento em diante em escala mundial. A baleia-azul também recebeu proteção global a partir de 1966.

**1959** (9 de maio): A Nippon Reizo assinou um contrato com o Departamento Nacional de Produção Animal e a Companhia de Pesca Norte do Brasil (adotando a sigla COPESBRA) para trazer navios baleeiros japoneses ao Brasil.

**1960** (12 de setembro): Fundou-se a SUDEPE (Superintendência do Desenvolvimento da Pesca) pelo Decreto Legislativo nº 11.

**1963** No hemisfério austral, começa a moratória da Comissão Baleeira Internacional (CBI) sobre a caça comercial de baleias.

**1963** (dezembro): A Taiyo Fishery Company cessou sua atividade baleeira em Cabo Frio, no Rio de Janeiro.

**1965** (27 de dezembro): O Brasil anunciou que ia se afastar da CBI, com efeito a partir de 30 de junho 1966.

**1966** acima da linha do equador, em 1966, com o resultado de que baleias jubarte fossem protegidas desse momento em diante em escala mundial. A baleia-azul também recebeu proteção global a partir de 1966.

**1967** Nenhum navio baleeiro entrou no Uruguai a partir desse ano.

**1967** (28 de dezembro): O Decreto nº 681 (artigo nº 15) da SUDEPE proibiu a captura da baleia-azul em águas brasileiras.

1973 (5 de dezembro): O Brasil voltou a ser membro da CBI através do Decreto Legislativo nº 77. A CBI confirmou, em 4 de janeiro de 1974, a adesão do Brasil à convenção internacional como "governo contratante".

1976 O projeto de lei nº 248 do senado brasileiro foi apresentado pelo senador Nelson Carneiro, que proibia a caça de baleias em águas brasileiras.

1979 A CBI proibiu a caça de todas as espécies grandes de baleia (com exceção da baleia-minke) por navios-fábrica na Antártica e no Pacífico do Norte.

1979 (24 de julho): O Decreto nº N-017 da SUDEPE anunciou a suspensão da atividade baleeira nas águas brasileiras para entrar em vigor a partir de 1º de janeiro de 1981.

1980 Última temporada para a captura de cachalotes desde Costinha.

1980 (22 de dezembro): O Decreto nº N-030 da SUDEPE suspendeu o Decreto N-017 de 24 de julho de 1979, e permitiu que a caça de baleias continuasse em Costinha.

1981 (15 de abril): O aviso nº 003/SUMAR outorgou à SUDEPE a responsabilidade para determinar os números máximos de capturas de baleias em águas brasileiras dentro das futuras cotas fixadas pela CBI.

1981 O Brasil absteve-se do voto na CBI sobre uma moratória geral.

1982 (17 de junho): O Decreto nº N-21 da SUDEPE fixou a captura naquele ano em 90% da cota da CBI para baleias-minke, e determinou que nenhuma outra espécie de baleia pudesse ser capturada em águas brasileiras.

1982 A CBI adotou a moratória sobre a atividade baleeira comercial para englobar todas as espécies de baleia, que entrou em vigor na temporada de 1985-1986 na Antártica e globalmente em 1986.

1982 Fundou-se o Projeto Baleia Franca em Santa Catarina.

1983 As últimas temporadas baleeiras no Peru e no Chile, apesar de a caça clandestina continuar por mais algum tempo.

1984 (23 de maio): O Decreto nº N-014 da SUDEPE determinou uma cota de seiscentas baleias-minke para captura naquele ano.

1984 O projeto de lei do deputado Gastone Righi que proibia a caça de baleias nas águas brasileiras foi reapresentado ao congresso, mas não foi aprovado.

1985 (15 de março): Criou-se o Ministério do Meio Ambiente com o Decreto nº 91145, operando como Ministério de Desenvolvimento Urbano e do Meio Ambiente. O nome de Ministério do Meio Ambiente foi introduzido em 1999.

1985 (setembro): O projeto de lei nº124/85 do deputado Gastone Righi foi aprovado no congresso, o que proibiu a caça e o molestamento de baleias ao longo da costa brasileira.

**1985** A última temporada baleeira para a COPESBRA em Costinha, na Paraíba.

**1986** A proibição da CBI da caça comercial de baleias em escala mundial entrou em vigor.

**1987** (16 de dezembro): O senado brasileiro aprovou o projeto de lei do deputado Gastone Righi.

**1988** Fundou-se o Projeto Baleia Jubarte.

**1989** (22 de fevereiro): Criou-se o IBAMA (Instituto Brasileiro do Meio Ambiente e dos Recursos Naturais Renováveis) através da lei nº 7735, subordinado ao Ministério do Meio Ambiente.

**1990** (22 de novembro): O Decreto nº 2306 do IBAMA definiu as normas para evitar qualquer molestamento intencional às baleias nas águas brasileiras.

**1993** A instituição de caridade britânica World Vision começou um projeto para ajudar a comunidade em Costinha, com o financiamento da Overseas Development Administration do governo britânico. A meta era apoiar a associação local de pescadores (fundada em 1994).

**1996** (26 de dezembro): O Decreto nº 117 do IBAMA alterou as normas do decreto de 1990 para observação de baleias.

**2000** (14 de setembro): O IBAMA criou a Área de Proteção Ambiental da Baleia Franca.

**2000** (outubro): O Baleia Magik Park começou a operar, baseado na estação baleeira abandonada de Costinha. O parque temático fechou em 2005.

**2002** (8 de fevereiro): A Instrução Normativa nº 3 do IBAMA alterou alguns artigos da lei de 1996.

**2006** (19 de junho): A Instrução Normativa nº 102 do IBAMA proibiu acesso no mar dentro de certos setores da Área de Proteção Ambiental da Baleia Franca entre junho e novembro.

**2008** (17 de dezembro): O Decreto Federal nº 6698 declarou como Santuário de Baleias e Golfinhos todas as águas brasileiras.

**2008** (8 de outubro): O Decreto do Estado de São Paulo nº 53527 estabeleceu uma Área de Proteção Ambiental Marinha ao longo da costa do estado.

**2012** (julho): A proposta de criar um Santuário Baleeiro no Atlântico Sul foi apresentada pelos países Brasil, Argentina, África do Sul, e Uruguai na reunião anual da CBI em Panamá não conseguiu ser aprovada numa votação da CBI.

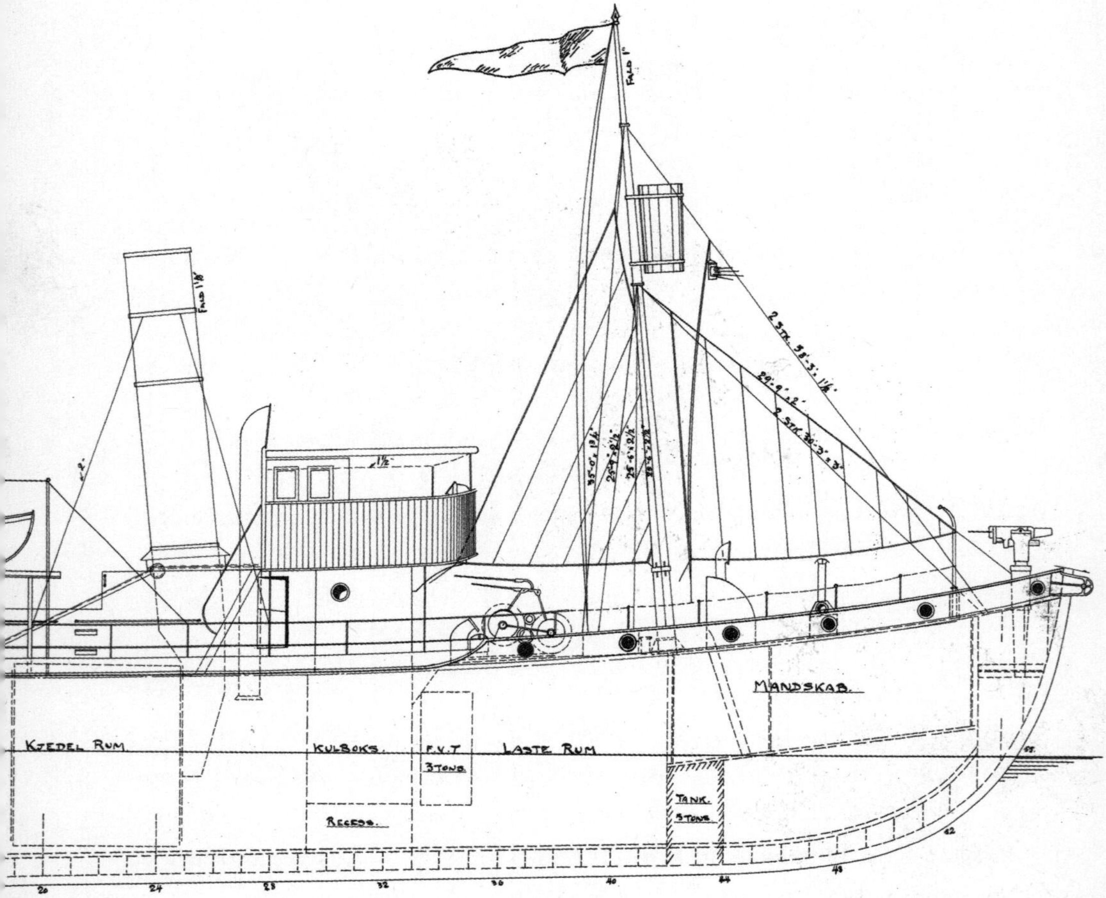


**FIGURA 0.3.** Desenho do construtor do navio baleeiro *DANTAS BARRETO*. Norsk Teknisk Museum, Oslo.

# Introdução

*A pescaria baleeira na Bahia foi, uma vez, a maior do mundo. Sob o governo espanhol foi arrendada e levada adiante por aventureiros de Biscaia: a carne destes pobres animais era comida pelos escravos; e eles forneceram todo o óleo que foi queimado durante o século dezessete. Ao término daquele século a pescaria baleeira foi arrendada pela Coroa por trinta mil dólares.*

ROBERT SOUTHEY, *HISTORY OF BRAZIL*, 1810. (TRADUÇÃO.)

A caça de baleias como comércio global ao longo dos séculos tem atraído tremenda emoção e discórdia, uma verdade que também se aplica à pesca de baleias no Brasil através da sua história, de Colônia a República independente. A caça de baleias foi uma parte expressiva da cultura e economia desse país durante quase quatro séculos, ao ponto de qualquer estudo detalhado e abrangente sobre o tema ser praticamente uma introdução geral à história do Brasil.

Portanto, chega a ser surpreendente descobrir que a bibliografia sobre a caça de baleias no Brasil é muito limitada — existe quase nada em inglês e muito pouco em português. Nem um nem outro idioma oferece cobertura para um período tão importante como o da caça de baleias em tempos modernos, com baleeiras a vapor e a diesel e o uso de arpões explosivos, durante o século XX. O pouco que existe é frequentemente desfigurado por inexatidões autorreplicantes e caracterizado pela ausência de qualquer tratamento de assuntos-chave, tais como as contribuições enormes — e hoje geralmente esquecidas — dos caçadores de baleia noruegueses, seus navios, equipamentos e técnicas para o desenvolvimento da pesca de baleias de 1911 até a década dos anos 1950.

Existem várias razões que talvez possam explicar esse lapso. Como em outros lugares, o tema da caça de baleias é suscetível a excitar emoções, e no Brasil a experiência é muito recente — a caça de baleias continuou no país até 1985. Outra razão é a dificuldade comum em encontrar fontes primárias na América Latina porque a documentação de empresas frequentemente é destruída quando as firmas se fecham ou assumem novos objetivos comerciais. Isso é agravado no caso de companhias que antes caçavam baleias e hoje ainda existem, porém metamorfoseadas em novas empresas, mas não gostariam de lembrar ao mundo o seu envolvimento nesse tipo de caça, ou questionam os motivos dos que procuram escrever esta história. Um fator adicional pode ser que o Brasil transformou-se de pária a herói, passando a ser, hoje em dia, reconhecido ao redor do mundo pela sua liderança no que concerne à prática e política de conservação de baleias. Assim, o tempo vai passando, as percepções mudam, e as memórias desvanecem.

Escrevemos esta história para preencher esse vazio e deliberadamente escolhemos apresentar os fatos históricos desprovidos de opinião e apoiados por pesquisas exaustivas. Este livro não é uma invectiva contra nem uma apologia a favor da caça de baleias; nós não assumimos nenhuma postura emocional frente a essas questões e deixamos que os fatos falem para si mesmos.

Tivemos a sorte de obter acesso a fontes primárias no Brasil, na Noruega, e no Reino Unido, e de trocar opiniões e informações com peritos notáveis sobre elementos desta história. A existência hoje no Brasil de acervos digitais excelentes do *Diário Oficial da União* e de jornais locais e revistas nacionais que podem ser pesquisados para referências à caça de baleias foi especialmente útil. Para ajudar-nos nesta investigação, entrevistamos pescadores de baleia aposentados, gerentes japoneses da época, e brasileiros que trabalharam em funções administrativas e de gerência na indústria baleeira.

Este livro focaliza o período moderno do século XX. Porém, para estabelecer o cenário e fornecer o contexto necessário, começamos com um capítulo extensivo que retrata o período inicial da caça da baleia-jubarte e da baleia-franca na época colonial e no início da independência do Brasil. Tal período abrange uma indústria que começou com pescadores de baleia de Biscaia na Bahia no começo do século XVII; chegou a ser um monopólio da Coroa Portuguesa durante dois séculos, quando a caça estendeu-se do sul da Bahia até o sudeste e o sul do Brasil; e depois continuou esporadicamente através do século XIX — sempre utilizando técnicas que mudaram muito pouco durante esses três séculos. Trata-se de um período minuciosamente documentado pela historiadora brasileira Myriam Ellis no seu livro *A baleia no Brasil colonial*, publicado em 1969, o qual não tem sido atualizado desde então, e não cobre a caça de baleias no século XX. Nosso objetivo nesse primeiro capítulo é tomar como base esses alicerces sólidos e agregar informações tiradas de fontes-chave primárias e secundárias que vieram à tona desde sua publicação para enriquecer nosso conhecimento sobre esse período de caça às baleias.

O foco principal do livro, no entanto, trata do período moderno e industrializado da caça de baleias, que abrange a maior parte do século XX, quando espécies como a baleia-jubarte, o cachalote, a baleia-espadarte e a baleia-minke-antártica foram caçadas e convertidas em produtos que encontraram mercado no Brasil e no mundo afora. Essa história começa com um relato, no capítulo 2, da "Conexão Norueguesa", que trouxe à Bahia técnicas e equipamentos modernos e envolveu uma família de imigrantes do condado de Devon na Inglaterra — a companhia de Duder and Brother.

No capítulo 3, o foco desloca-se em direção ao norte até o estado da Paraíba onde, apesar da ausência de qualquer história de caça de baleias na época colonial, um descendente de imigrantes holandeses em Pernambuco chamado Julius von Söhsten arriscou-se e, com ajuda de noruegueses, estabeleceu uma estação de pesca de baleias em Costinha, litoral paraibano, que chegou a ser o mais importante e mais duradouro de todos os empreendimentos de caça de baleia no Brasil. O capítulo 4 conta a história de como von Söhsten retirou-se do negócio mais ou menos na época da quebra da bolsa de valores de 1929, o que inaugurou a era de gerenciamento da companhia brasileira por Mendes Lima, seguido por um comerciante português chamado Samuel Galvão, até que este, por sua vez, vendeu a firma em 1957, agora a investidores japoneses.

No capítulo 5, o foco é conduzido ao sul, até Imbituba, no estado de Santa Catarina, onde a caça da baleia-franca-austral voltou em meados do século XX, apoiada por uma adaptação brasileira da bombilança do século XIX, terminando em 1973 depois de um período de caça ilegal. Nos capítulos 6 e 8, voltamos ao nordeste do Brasil para descrever dois períodos distintos de gerência japonesa da pesca de baleias na Paraíba, caracterizados pela caça da baleia-espadarte (1957-1965) e uma mudança abrupta para a caça da baleia-minke-antártica e a exportação de iguarias congeladas ao Japão (1966-1985). O capítulo 7 relata os investimentos de outra companhia japonesa na indústria da baleia, em Cabo Frio, no Rio de Janeiro, no período de 1960 a 1963, focalizados em carne fresca e óleo para os mercados locais. Esses acontecimentos se desenvolveram dentro de um cenário histórico conflitante: de um lado, a relutância oficial por parte do governo brasileiro em atuar na Comissão Baleeira Internacional e sua retirada desse fórum entre 1965 e 1974; de outro, o turismo promovido oficialmente para ver as baleias descarregadas e logo esquartejadas na estação de Costinha, além de uma campanha para acabar com a caça de baleias no Brasil — tudo isso descrito em detalhes neste livro.

Prestamos contas de toda a legislação relevante, tanto nacional como internacional: os argumentos a favor, os contra-argumentos, os esforços dos lobbies e as leis que conduziram finalmente à proibição permanente e abrangente da caça de baleias aprovada pelo governo brasileiro em 1987.

No capítulo 9, examinamos como o governo brasileiro, a gerência japonesa e a comunidade local de pescadores no nordeste do Brasil lidaram com as consequências dessa proibição e descrevemos a contribuição crucial de financiamento e consultoria que veio do Reino Unido. Apresentamos também uma descrição da iniciativa bizarra de turismo que converteu a estação de baleias abandonada em Costinha num extraordinário parque temático chamado Baleia Magik Park.

O último capítulo descreve os dois projetos de grande renome internacional para a conservação de baleias que têm sido estabelecidos no Brasil e as muitas oportunidades que existem para a observação de baleias ao longo da costa. Além disso, fornecemos estimativas atuais da condição das espécies de baleias encontradas na costa do Brasil.

Esperamos que este livro mostre como as percepções da caça de baleia mudaram através dos anos e como isso desencadeou um anseio para que os humanos convivam mais harmoniosamente com suas criaturas conterrâneas no planeta — percepções essas que finalmente trouxeram mudanças na legislação, que passou a proibir a caça de baleias nos litorais do Brasil, e apoio às políticas responsáveis de conservação, visando realçar a qualidade do meio ambiente e as espécies que dependem dele.

William Edmundson • João Pessoa, Brasil.
Ian B. Hart • Herefordshire, Inglaterra.
SETEMBRO DE 2013

**FIGURA 1.1.** A caça de baleias em barco aberto na Bahia em 1907. Henry W. Furniss. “Whaling in Brazil”.

**FIGURA 1.2 (A).** Mapa das armações na época colonial. (Baseado em Myriam Ellis, 1969).

CAPÍTULO 1

# *O peixe real*

## De colônia a república

### (1602-1910)

*Eu fui obrigado em setembro a abandonar minha casa durante três dias devido a uma causa muita inesperada. Uma baleia estava encalhada em um dos bancos de areia na boca do porto, e esta foi a terceira vez que os habitantes de Itaparica tinham sido honrados com visitantes desta descrição. Enviaram jangadas até a baleia, e quando a maré veio, ela flutuou, e foi levada de reboque para dentro do porto, onde as pessoas que eram empregadas neste negócio a descarregaram tão perto quanto podiam do ponto da maré alta, na frente da minha casa a umas trezentas yardas de distância. Muitos dos meus vizinhos se ocuparam em fazer óleo, já que qualquer pessoa que quisesse teve a liberdade de levar o quanto queria da gordura que ele podia aproveitar, e um homem realmente entrou dentro da baleia e retirou com uma concha a gordura que foi derretida pelo calor do sol. Quando as pessoas se retiraram da carcaça, ou ao meio-dia ou à noite, esta foi atacada por numerosos bandos de urubus, e foi literalmente coberta por eles [...] O fedor que emanou da baleia tornou-se dentro de poucos dias tão intolerável que foi necessário removê-la.*

HENRY KOSTER, *TRAVELS IN BRAZIL*, 1816. (TRADUÇÃO).

A caça de baleias tem sido levada adiante desde tempos muito remotos. O primeiro povo a ocupar-se da caça de baleias no Brasil talvez tenham sido os nativos indígenas do litoral no período pré-colonial. Paiva (1968) se pergunta se no Ceará o ambergris (âmbar cinza) — uma substância de grande valor expelida dos intestinos das baleias -cachalote — era coletado por nativos Teremembés nas praias. De acordo com Paiva, a abundância de ambergris, que foi comercializada até o começo do século XVIII, sugere que eles se empreenderam da caça organizada de cachalotes, da mesma maneira que outras raças aborígines no mundo, incluindo os esquimós Inuit na Ártica e os índios da costa noroeste do continente norte-americano.

A iniciativa para promover a caça de baleias em uma maior escala no Brasil foi tomada um século depois da chegada dos portugueses por Felipe III da Espanha, que como Felipe II, era também Rei de Portugal durante o período da União Ibérica (1580 a 1640). O alvará de Felipe, de 9 de agosto de 1602, conferiu uma licença para caçar baleias ao longo da costa brasileira ao Capitão Pêro de Urecha e ao seu sócio Julián Miguel, ambos de Bilbao da província de Biscaia, com três navios por um período de dez anos.

Sabe-se muito pouco sobre o Capitão Pêro de Urecha (ou Pedro de Urrecha) e, de acordo com Myriam Ellis (1969)[1], existem algumas evidências que sugerem que o investidor principal nesse empreendimento fosse de fato Julián Miguel (ou Julien Michel)[2]. O navegador francês François Pyrard de Laval conheceu Julian Michel em Salvador no ano de 1610, e o descreve como nascido em Nantes, mas residente em Bilbao e visto lá como um espanhol. Seu diário publicado em 1619 contém este relato interessante:

> Achei tambem no Brazil um Francez, natural de Nantes, chamado Julián Michel, mercador mui rico e experto. Estava associado a um Portuguêz, que tinha, ou por compra, ou por mercê, obtido licença de pescar baleias por sete annos nesta bahia, onde se faz a mais rica pesca de baleias que ha no mundo, de cujo azeite se faz alli mui grande trafico. Este mercador Francez passava por Hespanhol, e por tal era havido, e era mui bem acceito ao Rei de Hespanha, ao qual havia sido enviado como embaixador pelo fallecido Monsieur de Mercure no tempo da Liga; e desde então ficou tendo a sua ordinaria residencia em Bilbáo na Biscaia; e eu julgo que por occasião dos bons serviços que havia prestado a este Rei, alcancára esta licença da pesca, por quanto tão longe está isto de ser permittido aos Francezes, Inglezes, Hollandezes, e outros estrangeiros, que até lhes é defeso sob pena de morte o navegar naquellas partes. Faziam porem por sua conta estes dous socios

> aquella pesca, que é muito para ver, e de todos os logares da cidade da banda do mar se disfructa o prazer desta pescaria e apanho das baleias. Um dia entre outros aconteceo que uma destas grandes baleias, vendo que a sua cria estava apanhada, remetteo com tal fúria contra os pescadores e sua barca, que a virou e os lançou ao mar, e salvou assim a cria, e os homens tiveram assaz de trabalho para se salvar [...] O proveito desta pesca só consiste no azeite, que della se tira; porque a carne daquelle peixe não se come, salvo quando se apanham alguns pequenos, cuja carne é mui delicada. Para fazer pois esta pesca vem todos os annos dous navios de Biscaia com alguns Biscainhos, que tem fama de ser os primeiros para esta sorte de pesca. Quando nós alli chegamos, um dos dous navios, vindos naquelle anno, era partido da bahia havia dous mezes, e só alli achámos o mais pequeno, em que a maior parte do homens era de Bayonna, e d'outros logares das provincias vasconças de França. Travei com elles grande amizade, e frequentei-os ordinariamente. Quanto ao Monsieur Julián Miguel, ora elle domiciliado naquella cidade durante a pesca, e estava alli como um morador natural. (Tradução de Joaquim Heliodoro da Cunha Rivara: 1858).

Durante o período da licença, compreendido de 1602 a 1612, dois ou três navios zarparam de Biscaia todos os anos para o Recôncavo da Bahia, passando de junho a setembro caçando a baleia-franca-austral e sempre voltando para casa no fim da temporada. Esta baleia é parente próximo da baleia-franca-setentrional ou biscainha, uma espécie que eles já conheciam e tinham caçado desde pelo menos o século XII numa indústria organizada em águas biscainhas. Seus navios eram pequenos, de um máximo de 120 a 150 toneladas, e suas tripulações consistiam principalmente de bascos franceses que, de acordo com Myriam Ellis e Pyrard de Laval, também aproveitaram para contrabandear a valiosa madeira pau-brasil. Existe um mapa de 1612/1613 que mostra um lugar denominado Biscainho na costa noroeste da Ilha de Itaparica, o que bem podia ter sido o local onde operavam estes baleeiros[3]. A concessão estipulou que teriam de fornecer óleo de baleia para o Recôncavo, e logo depois voltar diretamente a Portugal com o óleo remanescente para ser descarregado somente em portos portugueses junto com qualquer outro produto que levassem. Quando extraíam o óleo e retiravam as barbatanas das baleias os biscainhos o faziam na frente dos colonos, e assim, inadvertidamente revelavam seus métodos aos colonos portugueses que moravam lá.

Isto foi um divisor de águas na história da caça de baleias no Brasil já que até então o óleo de baleia – conhecido como "azeite de peixe" – tinha sido retirado de baleias encalhadas ou importado de Cabo Verde ou Biscaia. No século anterior, este óleo foi utilizado no Brasil para a iluminação, especialmente nos engenhos onde o trabalho frequentemente continuava noite adentro, e também nos estaleiros para calafetar os cascos, assim como era também utilizado como um componente na confecção de argamassa para a construção de prédios[4].

Os portugueses no Brasil não eram os únicos a ficarem impressionados com a perícia dos biscainhos quando arpoavam baleias e retiravam o óleo, e com os lucros que podiam realizar. No século XVI, companhias inglesas e holandesas também haviam contratado marinheiros biscainhos; nesse caso, com ofertas tentadoras para juntar-se à suas frotas como baleeiros. Como consequência, os biscainhos entregaram de mão beijada os segredos de seu sucesso, e assim, colocaram em marcha seu próprio declínio como poderio baleeiro. Isso fez com que os ingleses e os holandeses se enfrentassem nos séculos XVII e XVIII, em competição pela supremacia na caça de baleias no Atlântico do Norte e na Ártica.

No Brasil, parece que os biscainhos realmente caçaram baleias por todo o período da sua concessão na Bahia, até 1612, e também parece que a coroa portuguesa teria gostado de renovar a licença, mas isto não decolou, e os baleeiros de Biscaia nunca mais foram vistos caçando baleias em águas brasileiras. Contudo, por ter sido seus métodos adquiridos pelos colonos, já em 1613 a primeira *armação*[5] brasileira estava funcionando em Ponta da Ilha na Ilha de Itaparica, que pertencia a Antônio Machado de Vasconcelos, de Salvador. Itaparica é a ilha grande que fica na entrada da Baía de Todos os Santos, frente à cidade de Salvador ao leste, e baleias-francas podiam ser caçadas nessa entrada e até dentro da própria baía [6].

## Baleia-Franca-Austral, baleia verdadeira.

(ou, em inglês, Right Whale).

A baleia-franca-austral (*Eubalaena australis*) é uma grande baleia de barbatana que tem em média quinze metros de comprimento para ambos os sexos, embora as fêmeas sejam ligeiramente maiores do que os machos. Elas têm uma distribuição circumpolar no hemisfério do sul e migram sazonalmente dos campos de alimentação nas latitudes altas para os campos de acasalamento e procriação em águas mornas e subtropicais ao norte. São reconhecidas atualmente três espécies distintas de baleia-franca: a franca-austral (*Eubalaena australis*), a franca-do-Atlântico-Norte (*Eubalaena glacialis*), e a franca-do-Pacífico-Norte (*Eubalaena japônica*).

As baleias-francas-austrais provavelmente passam o verão austral no sudoeste do Atlântico, visitando as ilhas da Geórgia do Sul e Falkland onde se alimentam de *krill*. Depois elas voltam para áreas costeiras no Brasil. A população de francas-austrais que frequenta a costa brasileira é a mesma do Uruguai e da Argentina, como demonstram estudos genéticos e de fotoidentificação. Ainda não se sabe com exatidão onde está localizada a área de alimentação desta população. A maioria dos pesquisadores supõe que seja em algum lugar do Mar de Scotia, dado que dois indivíduos fotoidentificados na Península Valdés, na Argentina, foram reavistados na Geórgia do Sul. As baleias-francas-austrais são avistadas no Brasil desde Santa Catarina até Salvador (Praia do Forte), na Bahia, durante o inverno austral entre julho e novembro, onde elas se acasalam e dão à luz.

Visto que as baleias-francas-austrais (como os cachalotes) flutuam quando mortas, e fornecem grandes quantidades de óleo e possuem barbatanas valiosas, esta espécie foi explorada em massa a partir do século XVII. Encarregaram-se disto os baleeiros costeiros no Brasil, e em alto mar no século XVIII os baleeiros pelágicos americanos, britânicos e franceses. Nesse período a espécie foi caçada até quase sua extinção.

Desde que a proteção dessa espécie foi outorgada pela Comissão Baleeira Internacional em 1935, e pelo governo do Brasil (com exceção do período de 1966 a 1973), a população brasileira de baleias-francas-austrais tem aumentado paulatinamente, chegando a uma estimativa de 500 indivíduos de uma população original no hemisfério sul de 55 mil a 70 mil animais. As águas equatoriais mornas formam uma barreira que parece impedir o encontro das duas espécies de baleia-franca do hemisfério norte com a baleia-franca-austral.

Categorizada pela Lista Vermelha de Espécies Ameaçadas como pouco preocupante (International Union for Conservation of Nature, fevereiro de 2013).

---

O governo colonial se deu conta dos lucros em potencial com a caça de baleias e viu uma oportunidade para aliviar as despesas de manutenção da sua colônia no Brasil. Sebastião Borges, o Provedor-mor da Fazenda na Bahia, com importantes poderes de administração civil, e Gaspar de Sousa, o Governador-Geral do Brasil, resolveram tornar monopólio real a caça de baleias no Brasil em 1614. Para justificar este monopólio a Corte Portuguesa convenientemente decretou que a baleia era o *peixe real* e como tal era, portanto, de propriedade da coroa. Esta decisão inaugurou um período que durou dois séculos durante o qual muitos contratos foram elaborados para explorar este monopólio. As autoridades locais em Salvador consideraram que esta iniciativa foi prejudicial aos interesses dos seus cidadãos e protestaram, mas em vão. De acordo com Myriam Ellis, o primeiro a assinar uma concessão no Recôncavo da Bahia sob os termos deste monopólio foi Antônio da Costa, em 1614, por um período de dois anos; o primeiro de muitos arrendamentos outorgados até o fim do monopólio em 1801. As condições foram vantajosas à coroa; o contrato era pago por um preço fixo e se a caça de baleias não rendia o arrendatário perdia dinheiro. Contudo, tudo que o concessionário ganhava pertencia a ele, sem impostos a pagar, mas ao terminar o contrato todos os investimentos materiais e todas as melhorias feitas na armação revertiam-se à coroa. Wellington Castellucci (2009) ressalta que a Tesouraria Real reservou o direito de receber tudo na armação: navios, prédios, galpões, fornalhas, tanques, caldeiras, terras, equipamentos de pesca, escravos, e todos os instrumentos utilizados na confecção de óleo – absolutamente tudo. A armação e todas as melhorias feitas foram logo arrendadas em um novo contrato, com outro arrendatário. Essa prática não foi exatamente um estímulo para empresários fazerem investimentos significativos e, juntamente com o desprezo dos colonos para os que trabalhavam com as mãos, e a preferência deles para o cultivo de plantações em terra, além da sua dependência total do trabalho dos escravos, esta indústria não teve um começo promissor.

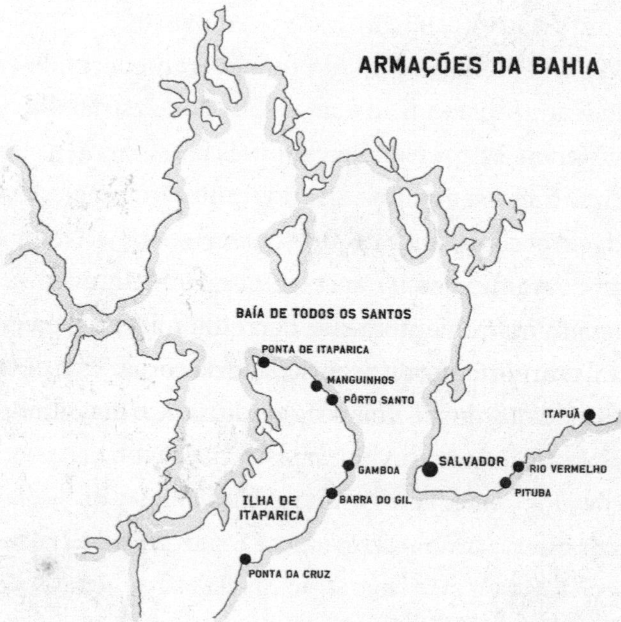


**FIGURA 1.2 (B).** Mapa das armações na época colonial. (Baseado em Myriam Ellis, 1969.)

A caça de baleias organizada no Brasil começou, então, na Bahia, com várias instalações baleeiras estabelecidas na Ilha de Itaparica e também em terra próximo a Salvador. A primeira estação fundada para derreter o toucinho de baleia, com os primeiros tanques feitos de pedra e cal para armazenar óleo, foi estabelecida em 1614 em Ponta da Cruz (também conhecida como Pôrto da Cruz e como Ponta da Armação)[7] na Ilha de Itaparica, frente a Salvador. Pequenos estabelecimentos também foram construídos em Manguinhos[8], Pôrto Santo, Gamboa e Barra do Gil, no litoral nordestino de Itaparica, também frente a Salvador. Outros foram erguidos no continente em Pedra Furada, ao norte de Salvador; em Rio Vermelho, Pituba, e Itapuã[9], ao sul e ao leste de Salvador; e em Caravelas no sul da Bahia. Cerca de setenta quilômetros ao norte de Salvador, na Praia do Forte, existia uma importante armação que aproveitou do canal natural entre o arrecife e a praia para o transporte das baleias, e da Casa da Torre de Garcia d'Ávila (uma mansão que remonta do século XVI) para a infraestrutura. Ainda existem restos extensos dos alicerces das fornalhas que podem ser vistos no terreno do Hotel Tivoli, na Praia do Forte.

A caça de baleias neste período foi realizada perto da costa e os baleeiros não se aventuravam ao mar aberto. Foi um trabalho perigoso, e os pescadores nem sempre ganhavam suas batalhas. Era comum que seus barcos naufragassem antes que a tripulação tivesse tempo para cortar a corda do arpão. Uma vez que a baleia morria, e isto podia levar horas, eles rebocavam-na com uma ou duas lanchas até Ponta da Cruz, para ser desmembrada na praia por cerca de oitenta homens, geralmente escravos. Frei Vicente do Salvador descreve no seu livro *História do Brazil* (1627) como foi a caça das baleias neste período[10]:

> No mês de junho entra nesta Bahia grande multidão de baleias, nela parem, e cada baleia pare um só, tão grande como um cavalo, no fim de agosto se tornam para o mar largo, e no dia de S. João Batista começam a pescaria, dizendo primeiro uma missa na ermida de Nossa Senhora de Montserrate, na ponta de Tapuípe, a qual acabada o padre revestido ben-

ze as lanchas, e todos os instrumentos, que nesta pescaria servem, e com isto se vão em busca das baleias, e a primeira coisa que fazem é arpoar o filho, a que chamam baleato, o qual anda sempre em cima da água brincando, dando saltos como golfinhos, e assim com facilidade o arpoam com um arpéu de esgalhos posto em uma haste, como de um dardo, e em o ferindo e prendendo com os galhos puxam por ele com a corda do arpéu, e o amarram, e atracam em uma das lanchas, que são três as que andam neste ministério, e logo da outra arpoam a mãe, que não se aparta do filho, e como a baleia não tem ussos mais que no espinhaço, e o arpéu é pesado, e despedido de bom braço, entra-lhe até o meio da haste, sentindo-se ela ferida corre, e foge uma légua, às vezes mais, por cima da água, e o arpoador lhe larga a corda, e a vai seguindo até que canse, e cheguem as duas lanchas, que chegadas se tornam todas três a pôr em esquadrão, ficando a que traz o baleato no meio, o qual a mãe sentindo se vem para ele, e neste tempo da outra lancha outro arpoador lhe despede com a mesma força o arpéu, e ela dá outra corrida como a primeira, da qual fica já tão cansada, que de todas as três lanchas a lanceiam com lanças de ferros agudos a modo de meias-luas, e a ferem de maneira que dá muitos bramidos com a dor, e quando morre bota pelas ventas tanta quantidade de sangue para o ar, que cobre o sol, e faz uma nuvem vermelha, com que fica o mar vermelho, e este é o sinal que acabou, e morreu, logo com muita presteza se lançam ao mar cinco homens com cordas de linho grossas, e lhe apertam os queixos e boca, porque não lhe entre água, e a atracam, e amarram a uma lancha, e todas três vão vogando em fileira até a Ilha de Itaparica, que está três léguas fronteira a esta cidade, onde a metem no porto chamado da Cruz, e a espostejam, e fazem azeite.

A carne era dividida entre os membros da tripulação, e também vendida às quitandeiras que a assavam ou a secavam numa grelha sobre um fogo, ou aos membros da população geral que consumia carne fresca. Também era salgada e armazenada em barris para servir de comida para os escravos, especialmente durante o período de moagem, e para as tripulações de navios que passavam por Salvador. Também a carne era doada aos pobres para eles revenderem. Derreteu-se o toucinho em tachas de ferro nas casas de pedra conhecidas como Casas do Contrato[11] para extrair o óleo, e jogavam fora os ossos num fosso comum na praia. O filhote da baleia pertencia, por costume, ao arpoador.

Através do próximo século a caça de baleias estendeu-se ao sul da Bahia, primeiro ao Rio de Janeiro, depois a São Paulo, e finalmente a Santa Catarina. Foi aproximadamente na segunda década do século XVII que uma armação estabeleceu-se na área da Baía de Guanabara da cidade do Rio de Janeiro – a Armação de São Domingos. Em meados do século seguinte transferiu-se a um lugar que mais tarde se chamava Ponta da Armação, que hoje é onde se encontra a cidade de Niterói. Outras armações foram estabelecidas na região do Rio de Janeiro: na ilha de Gipóia, perto de Angra dos Reis; na Ilha Grande; e em Cabo Frio. Um empresário chamado Brás de Pina ergueu ou ampliou a armação em Cabo Frio em 1740, mas entre 1767 e 1768 ele perdeu interesse no seu arrendamento devido à falta de produtividade, e até o fim do século XVIII esta estação esteve completamente abandonada. A Armação de Búzios foi construída no século XVIII ao norte do Rio de Janeiro.

Esse empreendimento baleeiro na área do Rio de Janeiro estimulou um investimento mais ao sul, ao longo da costa de São Paulo, mas somente na terceira década do século XVIII; uma iniciativa que veio tarde principalmente pelo medo de que esta indústria podia concorrer com as armações do Rio do Janeiro, e também para não interferir com o contrabando de ouro de Minas Gerais ao exterior. A primeira feitoria[12] na região de São Paulo foi a Armação da Ilha de São Sebastião que começou em 1734 na Ilha Bela, também conhecida como Ilha de São Sebastião. Ainda em São Paulo, quatorze anos mais tarde, em 1748, um arrendamento foi comprado para a Armação de Bertioga, estabelecida ao norte da Ilha de Santo Amaro na área de Santos. Até 1765 existiam seis tanques ou depósitos para óleo de baleia em Bertioga que armazenavam o óleo de cem baleias.

Embora seja difícil determinar exatamente a data, a Armação de Praia de Góis, em São Paulo, deve ter sido fundada entre 1766 e 1767.

Na realidade essa era um sucursal da armação de Bertioga, e era também conhecida como a Armação da Barra Grande. A última estação a ser estabelecida na área de São Paulo foi a Armação da Ilha do Bom Abrigo. De acordo com Myriam Ellis os restos dessa armação – as ruínas de pedra e cal das fornalhas e caldeiras e da “casa dos tanques” – ainda podiam ser vistas quando ela estava preparando seu livro, embora envolvidas pela mata.

Finalmente, a caça de baleias chegou a Santa Catarina; uma região que era esparsamente habitada e tratada como de pouca importância para a coroa portuguesa até o começo do século XVIII. Segundo Myriam Ellis, a primeira armação foi concluída até 1746, ou talvez um pouco mais cedo, e esta foi construída por um empresário do Rio de Janeiro chamado Tomé Gomes Moreira em terra em uma baía ao norte na ilha de Santa Catarina – a ilha onde hoje está localizada a cidade de Florianópolis. Esta se chamava a Armação Grande ou a Armação de Nossa Senhora da Piedade, e foi a primeira, a maior, e a mais importante armação ao longo da costa de Santa Catarina. Gomes Moreira conseguiu um arrendamento de oito anos e, em comum com os outros concessionários, foi obrigado a ceder a estação e toda a sua “feitoria” à Tesouraria Real ao término deste período[13].

Essa armação foi o ponto de partida para outros estabelecimentos baleeiros nesta região. A Armação de Lagoinha (ou das Lagoinhas) foi erguida em 1772, na costa sudeste da ilha de Santa Catarina, onde um grande depósito para óleo de baleia foi construído. As ruínas dos tanques de pedra e alguns dos muros permanecem até hoje. Seis anos mais tarde, em 1778, a Armação de São João Batista de Itapocorória foi fundada, no continente ao norte da ilha de Santa Catarina. Uma sucursal dessa armação foi estabelecida ainda mais ao norte em 1807, na Ilha da Graça – a última armação a ser fundada no Brasil colonial. Além dessas, no continente ao sul da ilha de Santa Catarina, foram construídas a Armação de Garopaba entre 1793 e 1795, e a Armação de Imbituba – a última armação a ser erguida em continente brasileiro – construída em 1796 como um anexo para Garopaba, e fechada em

1829. A caça de baleias até esse ano de 1829 concentrou-se na caça de baleias-francas, que a partir desse ano praticamente cessou desde Santa Catarina até a Bahia devido à diminuição do estoque, deixando a maioria das armações em situação de abandono.

Da Bahia até Santa Catarina, quer no continente ou em ilhas, as armações coloniais tenderam a ser erguidas na entrada de enseadas ou estreitos, muitas vezes em pequenos braços de mar que asseguraram proteção dos mares agitados, e providenciaram abrigo dos ventos meridionais predominantes. Os primeiros baleeiros se deram conta de que entre junho e setembro diferentes espécies de baleia migravam até as águas tropicais do Atlântico do Sul, e de que elas se acercavam à costa brasileira durante seus ciclos de acasalamento e reprodução. Eles perceberam também que as fêmeas prenhas procuravam refúgio nas pequenas enseadas litorâneas em busca de abrigos onde parir e amamentar seus filhotes, e que elas não se afastavam destes lugares até que sua prole fosse capaz de lhes acompanhar de volta ao mar aberto. Os arpoadores coloniais aproveitavam-se dessa vulnerabilidade para caçá-las.

Por este motivo ter um ponto alto perto da armação também era considerado importante para avistar as baleias, assim como ter acesso a água potável e lenha. Myriam Ellis escreve que um mínimo de dezoito palmas de profundidade de água era julgado como necessário para puxar, virar, e içar as baleias fora da água; um trabalho que nas maiores armações era empreendido por escravos trabalhando com cabrestantes e guindastes na borda do mar. Caso resultasse ser impossível içar a baleia fora do mar para a praia, eles removiam as barbatanas e o desmancho começava dentro d'água.

Uma vez que as armações foram estabelecidas, várias delas expandiram-se e tornaram-se vilarejos com suas casas grandes, capelas, senzalas, e os engenhos de azeite, também conhecidos como engenhos de frigir ou simplesmente como feitorias (onde o toucinho era derretido), e as casas dos tanques, os armazéns, e as oficinas que desciam até as docas e rampas na borda do mar. Atrás destas instalações existia o bosque onde cortavam madeira para a construção de casas e barcos, e lenha para cozinhar o toucinho de baleia em grandes caldeiras.

Antes dos caçadores partirem para a caça, eles assistiam a uma missa, e depois da missa o padre abençoava os barcos e seus equipamentos. Na época colonial, a caça de baleias realizava-se em grupos de quatro a seis "lanchas de arpoar" conduzidas da armação para o mar por remos. Myriam Ellis descreve um barco baleeiro para a caça de baleias-francas nesse período: de madeira leve, o barco tinha um comprimento de dez a doze metros e uma largura de um pouco mais de dois metros. A popa e a proa eram afiladas para melhor efetuar manobras em todos os sentidos. Com uma brisa fresca, empregando uma vela quadrada e branca, eles podiam alcançar uma velocidade de dez a doze milhas por hora. Contudo, essas lanchas não eram capazes de se aventurar muito no mar aberto, e costumavam ficar perto da costa. Com frequência os homens passavam a noite no mar, ou ancoravam os barcos numa enseada ou ao lado de um estuário de rio, utilizando a vela como um toldo para se abrigarem.

O arpão que eles usavam era de ferro batido com uma haste de ferro de aproximadamente noventa centímetros munida de uma ou duas farpas, encaixada em outra haste de madeira sólida que media entre um metro e meio a dois metros de comprimento. As duas hastes eram ligadas por um cabo grosso de cinco a sete centímetros e três metros de comprimento – a vinhoneira – que passava pelo centro da haste de ferro até uma alça fixa no centro da haste de madeira, e depois seguia com um cabo ainda mais grosso – a ostaxa (ou ostacha) – que prendia o arpão à lancha. A ostaxa tinha dez centímetros de grossura e podia medir até 180 metros de comprimento. Os tripulantes utilizavam lanças para abater a baleia quando esta estivesse presa pelo arpão. A lança era uma haste roliça de ferro de dois metros de comprimento, com uma cabeça larga e achatada com bordas cortantes, e fixa a outra haste de madeira com igual comprimento. Durante a caça mantiveram a lança amarrada por uma corda à proa da lancha. Quando a baleia estava bem perto, eles arremessavam a lança ao corpo da baleia repetidamente, puxando-a de volta pela corda, para sangrar e debilitar a baleia. Dependendo da sua habilidade, o arpoador podia matar uma baleia com um único arremesso.

A tripulação consistia tipicamente de seis remeiros, o arpoador, e o timoneiro que muitas vezes era o dono da lancha. O arpoador ficava de pé na proa estreita do barco e ele, assim como o timoneiro, era o membro mais importante da tripulação. Geralmente os remeiros não eram escravos. Myriam Ellis (1971) explica que os escravos eram guardados nas armações quase exclusivamente para trabalhos em terra já que representavam um investimento de capital, e era melhor não perdê-los nas batalhas no mar. Durante o período colonial e depois, através do século XIX, os preços para os escravos aumentaram, e resultou-se menos caro recrutar homens livres dos vilarejos litorâneos para este trabalho temporário e sazonal, sem maiores responsabilidades para os donos das armações. Contudo, homens condenados a trabalhos forçados – os "escravos de pena" que eram brancos, negros, e mulatos, acorrentados e bem vigiados – também trabalharam em terra e no mar, e quando era necessário até prisioneiros das cadeias eram empregados nesse labor. Durante a temporada movimentada da caça eles arrendavam escravos quando a mão de obra da armação não era suficiente. Por exemplo, em 1816 a Armação de São Domingos arrendou seis escravos a 160 réis por dia cada um para limpar um tanque de óleo. Frequentemente a lancha era acompanhada por uma "lanxa de socorro" que levava o mesmo número de tripulantes, mas nenhum arpoador, e tinha a função de ajudar um barco que enfrentava dificuldades, e também auxiliar com a remoção da baleia até o litoral. Quando eles detectavam uma baleia, uma lancha chegava perto dela, utilizando apenas os remos para encurtar a distância. Myriam Ellis descreve como o chumaço de estopa era enfiado nas cavilhas (toletes) onde se movimentam os remos das lanchas para abafar o barulho dos mesmos, visto que qualquer ruído podia afugentar a baleia. A ação de arpoar a baleia correspondia à lancha que chegasse mais perto da baleia.

O arpoador precisava de força e habilidade para lançar o arpão através da camada espessa de vinte a cinquenta centímetros de gordura da baleia. O melhor alvo era o dorsal, do centro do corpo até a cabeça, na altura das costelas, na brecha que se destaca quando a baleia curva seu corpo. As tripulações enfrentavam graves perigos quando o arpão era arremessado – especialmente o arpoador. Uma chicotada abrupta da cauda pela baleia ferida e furiosa podia atingir o barco ao meio e, numa fração de segundo, despedaçar a proa da lancha, jogando a tripulação dentro do mar cheio de tubarões atraídos pelo sangue do animal. Também, se a baleia mergulhasse de repente, isto podia afundar o barco se o cabo do arpão não fosse cortado a tempo[14].

Em quase todos os casos a morte da baleia era lenta e agonizante, durando de uma a duas horas, ou mais horas, e às vezes todo o dia. Quando arpoavam um baleote eles costumavam fisgá-lo pela cauda e mantê-lo vivo perto da proa para servir de isca. A mãe aproximava-se para tentar soltar o filhote e, até depois de ser ferida com cortes das lanças, ela sempre voltava, sendo atacada várias vezes e, uma vez debilitada eles arremessavam o arpão contra ela. Myriam Ellis ressalta que era perigoso arpoar uma fêmea acompanhada por um macho; o macho podia lançar-se contra o cabo do arpão que às vezes rompia, ou até mesmo contra a lancha. Nestes casos o barco tentava passar o cabo a outra lancha, e perseguia o macho – por costume, ambas as presas pertenciam à primeira lancha.

Caçavam baleias nos tempos coloniais principalmente por causa do óleo de baleia, que resultava num esforço especial em capturar a baleia-franca (comum nessa época de Santa Catarina até a Bahia no inverno austral) e a baleia-jubarte (comum entre a Bahia, incluindo o arquipélago dos Abrolhos, até a Paraíba). De acordo com Wellington Castellucci, durante o período colonial e depois, os caçadores na Ilha de Itaparica costumavam encalhar a baleia nas águas rasas perto da armação e esperar a maré-baixa. Nas armações mais sofisticadas, tais como às da área do Rio de Janeiro, existiam guinchos e cabos para arrastar a baleia até um lugar seco e cimentado.

Uma vez que a baleia estivesse na praia, faziam um corte longitudinal da cabeça até a cauda, e levavam grandes fatias quadradas ou retangulares do toucinho até a "oficina do açougue" da "fábrica de beneficiar o azeite", onde esperavam homens munidos de facões e cepos de madeira para reduzir a gordura a nacos de mais ou menos um quilo de peso. Depois de remover o toucinho, lidavam com a carne, a língua e algumas vísceras, deixando os ossos e os restos das entranhas na praia, criando um fedor insuportável, e atraindo abutres e nuvens de moscas. Era comum que a população local reclamasse à Câmara Municipal sobre esta prática.

Os pequenos pedaços de toucinho logo foram levados à "oficina das fornalhas" onde a gordura era derretida durante dez a doze horas em enormes caldeiras de cobre ou de ferro. Myriam Ellis cita uma referência que diz que 24 caldeiras podiam fundir o toucinho de uma baleia em menos de um dia. Foram os escravos que fizeram esse trabalho, assim como o labor pesado de trazer lenha à armação. Grandes áreas de bosque foram desmatadas para abastecer as fornalhas, e por essa razão os escravos passavam muito tempo no decorrer do ano trazendo a lenha que, progressivamente, ficava mais distante.

Quando o toucinho derretido da baleia começava a ferver a espuma era removida com escumadeiras, e o óleo derramado com vasilhas de ferro ou cobre, chamadas pombas, dentro de grandes recipientes que serviam para o resfriamento. Depois, o óleo passava por coadores – panelas de cobre com ralos – e finalmente o óleo escorria por bicas de ferro ou de madeira até chegar aos grandes tanques de armazenagem nas "casas dos tanques", de onde podia ser levado em barris ao mercado. Dependendo do seu tamanho, uma baleia podia produzir entre dez e trinta pipas de óleo – uma pipa correspondia a 424 litros.

Myriam Ellis comenta que a indústria era ineficiente, e que era comum abandonar baleias na praia quando resultava difícil demais içá-las a terra. Às vezes as baleias eram abatidas somente para remover suas barbatanas, tanto foi a abundância de baleias no período inicial. Muitas baleias arpoadas escapavam feridas para depois morrer no mar. Também houve muito desperdício na fabricação do óleo; eles tiravam somente os cortes laterais de toucinho, e o resto da gordura, a língua e uma grande parte da carne nem sempre era aproveitado.

O óleo de baleia, segundo Myriam Ellis, era transportado em pipas e barris das armações até o Rio de Janeiro, onde cinco embarcações trabalhavam intensamente em meados do século XVIII no transporte de 6 mil cascos de óleo. Ao chegar ao Rio de Janeiro, o óleo era distribuído entre essa cidade e outras regiões do Brasil. Também exportavam o óleo a Portugal, embora comumente o fornecimento a Portugal fosse insuficiente, e esse país recorresse à Inglaterra, a Holanda, a França e aos Estados Unidos para abastecer-se.

O óleo de baleia foi usado na época colonial principalmente para a iluminação; de fato, do século XVI até meados do século XIX aproximadamente nove décimos de todo o óleo de baleia produzido foi empregado dessa forma, até que o petróleo e seus derivados começaram a aparecer a partir de 1859. Myriam Ellis descreve como o óleo de baleia ajudou a fornecer luz nos engenhos para o trabalho à noite, e iluminar as ruas, as capelas, as fortalezas, os hospitais, e as residências, embora existisse uma preferência nas famílias mais abastecidas pelo azeite de oliva importado de Portugal, que era mais caro e menos econômico. O óleo de baleia iluminou as ruas de Salvador até 1862[15], e no Rio de Janeiro o povo negociou as ruelas e becos estreitos com lâmpadas de óleo de baleia seguradas por escravos até a adoção de lâmpadas de gás em 1854. São Paulo começou a usar óleo de baleia para iluminar suas ruas mais tarde, a partir de 1828.

Também utilizaram o óleo de baleia na fabricação de velas. Myriam Ellis descreve como entre 1767 e 1770, em Bertioga e outras armações do sul, tentaram usar o óleo de espermacete retirado da cabeça do cachalote para fabricar velas. Contudo, poucos cachalotes foram capturados nas águas costeiras, e o objetivo de dar impulso a esse produto nunca foi realizado. O valioso âmbar cinza (ambergris) não foi tirado das baleias-cachalotes nos tempos coloniais já que, segundo Myriam Ellis, era expelido pela baleia ferida.

A partir do século XVI utilizaram o óleo de baleia na construção de prédios nos povoados ao longo da costa do Brasil, sendo usado como um aglutinante misturado com cal que petrificava a argamassa quando secava. As borras do óleo também eram aproveitadas; amassadas com cal e areia tornavam-se um tipo de betume impermeável. Existe a famosa frase do grande sociólogo Gilberto Freire no seu livro *Casa Grande e Senzala* (1933): "O suor e às vezes o sangue dos negros foi o óleo que mais do que o de baleia ajudou a dar aos alicerces das casas-grandes sua consistência quase de fortaleza".

Nesse período também utilizaram o óleo de baleia do Brasil na manufatura de sabão nas dúzias de saboarias que existiam em Portugal. Ironicamente, a fabricação de sabão era um monopólio da Coroa portuguesa e não podia ser manufaturado no Brasil até que esse conquistou sua independência. Em Portugal e nos outros países da Europa existia uma grande demanda para o óleo de baleia na manufatura de tecido grosseiro de lã; no curtimento de couro (a segunda utilização mais importante depois da iluminação); na preparação de tintas mais espessas e vernizes mais compactos; e na calafetagem de barcos.

Embora praticamente não existisse mercado no Brasil para as barbatanas de 2,4 metros tiradas das baleias-francas – que chegavam entre 230 e 390 em um só animal – estas eram enviadas a Lisboa em navios mercantes e de guerra e reexportadas a França, a Genova, a Veneza, a Holanda, e a Hamburgo. Myriam Ellis descreve como nesses mercados elas metamorfoseavam-se em guarnições de guarda-chuvas, tabaqueiras, piteiras, cachimbos, estojos, bengalas, escovas, brochas e armações de chapéus. Talvez o uso final mais famoso, para o qual eram muito cobiçadas, fosse a fabricação de espartilhos, uma moda de corpete que vigorou através do século XVII e, como Myriam Ellis descreve, transformou-se numa verdadeira couraça no século XVIII.

No Brasil utilizaram o óleo de baleia para combater reumatismo e outras enfermidades, incluindo doenças da pele, e também como emético e para "purificar o sangue". Os ossos, especialmente as costelas, eram reciclados para levantar cercas para jardins, hortas, e plantações; e as escápulas das baleias tornaram-se objetos decorativos e assentos para banquinhos, e foram vendidos frequentemente no mercado em Salvador. Na Bahia, venderam a língua para a nobreza e o clero como uma iguaria.

Através da primeira metade do século XVIII a caça de baleias cresceu em importância na Bahia, com capturas anuais chegando a 120, 130, e até mesmo duzentas baleias. Essas teriam sido baleias-francas-austrais, que ainda eram abundantes nesse período e mais fáceis de caçar que as baleias-jubarte, em parte porque elas procuravam baías e enseadas perto da costa. Contudo, os baleeiros não cuidavam das fêmeas e seus filhotes para assegurar a sobrevivência da espécie e da indústria da qual eles dependiam. Em 1768, por exemplo, os baleeiros em Itaparica capturaram 179 baleias, das quais 146 eram fêmeas e 33 eram filhotes[16].

De acordo com Myriam Ellis, somente em Salvador consumiram de oitocentas a mil pipas de óleo de baleia por ano. Na armação de Ponta da Cruz em Itaparica empregaram 420 homens, consistindo de 20 brancos, 55 mulatos, 71 negros livres, e 272 escravos (DeWitt: 2003). Durante a temporada de caça os pobres de Salvador começaram a viver temporariamente do comércio de produtos da baleia – a carne e torresmo. Até os mendigos e os muito pobres se beneficiaram; se o arrendatário os tratava com generosidade creia-se que isto traria abundância no ano seguinte. Esses atos de caridade, de dar gratuitamente óleo de baleia aos necessitados, contribuíram ao encerramento das armações na Bahia já que não encontravam compradores para o óleo mais caro.

Um importante ponto de virada aconteceu na segunda metade do século XVIII. O estudo de Dauril Alden entitulado *Yankee Sperm Whalers in Brazilian Waters* (Baleeiros Americanos de Cachalotes nas Águas Brasileiras: 1964) demonstra que a partir de 1773 esses baleeiros americanos começaram a caçar intensivamente nas águas do Brasil. Alden cita o jornal *Boston News-Letter* de 28 de abril de 1774:

> Por um Navio que chegou no Mês passado aqui desde Rio de Janeiro nos Brazils temos relatos de um pequeno Brigue Baleeiro que pertence a alguma Parte da América do Norte, chegando lá para Refrescos, mas que Parte da tripulação foi persuadida por Meios injustos ou desagradáveis a entrar a bordo de uma Barcaça Portuguesa, para empreender um Cruzeiro de três Meses caçando baleias [...] Que o Brigue ainda permaneceu lá em outubro

> passado, com somente o Capitão e três Pessoas a bordo [...] que os Portugueses se abasteceram com Arpões e outras Necessidades, obedecendo ao Modelo Inglês, e zarparam para buscar Baleias-Espermacetes, um Comércio do qual previamente eles eram inteiramente ignorantes e muito ansiosos em adquirir algum Conhecimento. (tradução).

Essa brigue era o *LEVIATHAN*, capitaneada por Thomas Lothrop da ilha de Martha's Vineyard, Massachusetts, que havia chegado à costa do Brasil em julho de 1773, e foi tomada dele por Dom Luís de Almeida, vice-rei no Rio de Janeiro desde 1769 a 1779[17]. Apesar desse revés inicial, os baleeiros americanos persistiram, e em 19 de abril de 1775 o capitão Uriah Bunker voltou a Nantucket em Nova Inglaterra na brigue baleeira *AMAZON* com uma carga de óleo tirado de baleias-francas-austrais na área que chegou a ser conhecida como *Brazil Banks*. Essa notícia de que novos campos para caça de baleias haviam sido descobertos ao longo da costa brasileira encheram de entusiasmo os baleeiros em New Bedford e Nantucket, e com os estoques empobrecidos no hemisfério do norte, baleeiros americanos, britânicos e franceses logo começaram a penetrar mais profundamente no Atlântico do Sul[18].

Um importante estudo de diários de bordo americanos no período de 1785 a 1913, examinados por Townsend (1935)[19], dá uma boa ideia das locações onde esses baleeiros capturavam sua presa ao longo da costa brasileira. Caçavam baleias-francas-austrais em grandes números no período examinado por Townsend em dois campos de caça que eles chamaram os *Brazil Banks* (área extensa que se estendeu do sul do Brasil até Argentina central) e os *False Banks* (ao leste e sul do Rio de La Plata, entre Uruguai e Argentina). Os *Banks* eram lugares na plataforma continental onde uma corda com um peso de chumbo podia tocar o leito do mar antes de chegar a cem braças de profundidade (mais ou menos 180 metros). Rhys Richards (2009) demonstra que embora Townsend não colocasse nenhuma baleia-franca ao norte de latitude trinta graus sul no seu mapa, é sabido que de Santa Catarina (latitude 27° S) até Cabo Frio, ao norte, muitas baleias-francas foram de fato caçadas, e até avistadas tão ao norte como o arquipélago de Abrolhos na Bahia.

Contudo, na medida em que os baleeiros caçavam cada vez mais ao sul, chegando à Patagônia, mas mantendo o nome genérico de *Brazil Banks*, tantas baleias-francas foram mortas durante sua migração ao norte que cada vez menos sobreviviam para chegar ao Brasil. Nem todos os relatórios foram conservados e, além disso, não existe nenhuma certeza sobre os números de animais mortos, mas não processados. Uma avaliação (Du Pasquier: 1986) conclui que o número de baleias-francas mortas por baleeiros franceses no *Brazil Banks*, no *Main Bank* (o campo principal, aproximadamente cem milhas náuticas ao norte das Ilhas Falkland), na Patagônia e no Atlântico do Sul mais amplo, entre 1784 e 1793, chega a 1405 baleias, e que entre 1817 e 1837 mataram 3604 animais. Ao mesmo tempo, Rhys Richards (2009) afirma que o número total de baleias-francas capturadas no *Brazil Banks* entre 1772 e 1812 era de 29568 animais[20].

No começo do século XIX o estoque reduzido de baleias-francas conduziu ao desenvolvimento de uma pescaria da baleia-cachalote – essa espécie era outra que flutuava convenientemente quando morria. Muitos cachalotes foram caçados dentro de uma área que os baleeiros americanos chamaram de *Coast of Brazil*, que se estendia desde o nordeste do Brasil até Uruguai, e ao campo de La Plata – uma área que cobria uma faixa ampla desde Rio de La Plata na direção da África do Sul ao leste. Segundo o estudo de Townsend, existem poucos relatórios que mencionam a captura por baleeiros americanos de baleias-jubarte nas águas do Brasil. Esse fato não é necessariamente surpreendente já que tudo indica que esses baleeiros pelágicos experimentavam dificuldades em acercar-se às baleias-jubarte, especialmente durante suas migrações, e que eram difíceis de matar e tendiam a afundar se não fossem rapidamente presas (Hohman: 1970). Esse comércio chegou ao auge mais ou menos em 1846, quando os Estados Unidos possuíam aproximadamente 735 navios baleeiros com um total de 233189 toneladas, empregando 25 mil homens, e com um capital investido de mais de 21 milhões de dólares. Com a crescente escassez de cachalotes e a perfuração do primeiro poço de petróleo em 1859 essa indústria norte-americana entrou em um período de declínio e finalmente cessou em 1925.

Quando o século XVIII estava terminando, a perspectiva para a indústria de baleias-francas no Brasil parecia cada vez mais sombria, e poucos investidores caíram na tentação de comprar novas concessões. Portanto, em 18 de maio de 1798, a Coroa portuguesa suspendeu a venda de arrendamentos para caçar baleias no Brasil. Com o término do último arrendamento em 24 de abril de 1801, o Príncipe Regente decretou o fim do monopólio, e os ativos da Coroa nas feitorias e equipamentos foram colocados à venda. Estabeleceu-se a Real Pescaria das Baleias para administrar essa transição, mas houve pouco interesse em adquirir essas propriedades. Myriam Ellis nota que as armações na Bahia na Ilha de Itaparica e em Itapuã foram vendidas, mas as instalações no Cabo Frio foram abandonadas, ficando a Coroa com o gerenciamento dos estabelecimentos em Santa Catarina. A indústria sofreu de desorganização e impotência devido à negligência da Tesouraria Real, e a crescente concorrência nas águas do Atlântico do Sul de baleeiros americanos e britânicos[21]. Rhys Richards (2009) observa que em 1786 as capturas anuais nas armações no Brasil haviam totalizado entre oitocentas a mil baleias, principalmente pequenas baleias-francas, mas logo declinaram abruptamente, de maneira que até 1801 a indústria baleeira baseada na baleia-franca estava seriamente em declínio (veja Alden: 1964). Em 1813 somente 34 baleias foram capturadas em Santa Catarina, e em 1819 apenas 59 baleias foram caçadas pelas seis armações na mesma região, (Ellis: 1969).

No ano de 1816, um grupo de empresários no Rio de Janeiro juntou forças com a Real Pescaria das Baleias numa tentativa de torná-la rentável, mas foi um fracasso. Myriam Ellis diz que até o óleo de baleia era importado ao Brasil a partir de 1817 através do Rio de Janeiro, e esse contrato foi revogado ao terminar o ano de 1825. As estações baleeiras no sul do Brasil foram incorporadas à Tesouraria Nacional e oferecidas a venda – salvo as armações de Nossa Senhora da Piedade e Lagoinha em Santa Catarina, e São Domingos no Rio de Janeiro. Não houve ofertas, e no ano seguinte tomaram a decisão de vender separadamente ou em lotes as estações e os escravos correspondentes, e os terrenos não utilizados pelas estações. Conseguiam vender algumas armações em 1829, mas foi o fim de uma época. A indústria estava em crise, com a maioria das armações ou abandonadas ou sendo utilizadas de um modo ineficiente, de maneira que até o fim do século XIX as principais armações no sul do Brasil jaziam desertas, há muito tempo abandonadas[22]. As armações do Rio de Janeiro e da Bahia perduraram por mais tempo. Myriam Ellis nota que a caça de baleias continuou no Brasil no século XIX com quarenta ou cinquenta chalupas geralmente tripuladas por negros. O óleo de baleia que eles produziam, que deveria ter sido extraído principalmente de baleias-jubarte, era consumido no Brasil e exportado a Portugal em pipas para abastecer o Arsenal da Marina de Lisboa, e enviado para Inglaterra e à França onde era empregado nas fábricas têxteis e na purificação de enxofre.

Apesar desses problemas para a indústria, a caça de baleias sobreviveu até as primeiras décadas dos anos 1800, e resulta interessante comparar as observações de visitantes sobre as práticas que testemunharam[23]. O mineralogista britânico John Mawe visitou o Brasil nos anos 1809 a 1810 e deixou uma descrição da sua visita à Armação de Nossa Senhora da Piedade em Santa Catarina[24]. Seu relato realça um fator significante que contribuiu para o declínio da indústria baleeira já no início daquele século: a caça predatória de baleias e, especialmente, a prática de matar as fêmeas com seus filhotes, tiveram o resultado de que simplesmente sobreviveram menos baleias para serem capturadas[25].

> [Esta armação] é um vilarejo na extremidade de uma baía, mais ou menos nove léguas distante de São José, e quatro léguas ao norte de Santa Cruz. Este vilarejo é uma estação pesqueira para baleias, as quais antigamente eram muito numerosas naquela costa e dentro das baías que cortam dentro dela. Esta pescaria é arrendada pelo governo sob a superintendência

de um Capitão Mor e um número de oficiais inferiores. Aproximadamente 140 negros estão empregados nesta estação, mas o número de baleias capturadas agora não é tão grande como antigamente, quando a média era três ou quatro mil numa temporada. Suas instalações para esquartejar ou retalhar a baleia são extensas e bem construídas. Vários molhes esplêndidos se projetam da praia dentro de dezoito ou vinte pés de água, sob os quais se erguem cabrestantes, guindastes e outra maquinaria necessária. Todo peixe capturado nesta costa é trazido até aqui. As casas das caldeiras, tanques etc. são muito superiores a qualquer coisa desta natureza na doca de Groenlândia, e até mesmo a estabelecimentos semelhantes na Europa. Somente para dar uma ideia da sua magnitude é suficiente dizer que em uma sequência há 27 caldeiras muito grandes e lugares para mais três. Seus tanques são imensos jazigos, e em alguns deles um barco pode ser remado com facilidade. [Nota de rodapé de Mawe: Faz quarenta anos eles capturavam uma baleia por dia, mas agora somente capturam uma baleia no curso de um mês. O óleo, como consequência de não estar sendo bem refinado, é preto e fuliginoso]. (tradução).

Um pouco mais tarde, Louis François de Tollenare[26] escreveu no seu diário enquanto estava em Salvador, em 1817, que:

> Um dos espetáculos mais interessantes que oferece a residência na Bahia é o da pesca de baleias. Esta pesca se faz no próprio ancoradouro e até no meio dos navios fundeados diante da cidade. Pode-se apreciá-las das janelas de casa; mas, para melhor observá-la cumpre transportar-se à praia que separa a cidade do cabo de Santo Antônio. É ali, em diversas angras e do outro lado da ilha de Itaparica, que estão situados os estabelecimentos em que os animais são desmembrados. (Bahia. Domingo, 17 de agosto, de 1817).

Ele descreve como entre quarenta e cinquenta chalupas "se fazem de vela em busca dos cetáceos". Essas chalupas tinham cerca de 36 pés (onze metros) de comprimento, e eram estreitas, com a popa construída igual à proa para que pudessem mais facilmente manobrar em qualquer direção. A tripulação consistia em dez homens, oito dos quais remadores, mais o arpoador, e o patrão no timão. Uma vez que era necessário rodear a baleia rapidamente ao ser avistada para que não saísse do alcance deles, cada armação possuía várias chalupas, e um dos barcos perseguiria a baleia até que pudesse ser arpoada.

Tollenare acompanhou a caça de uma baleia, e é evidente que os métodos e as tácticas pouco haviam mudados daqueles utilizados nos dois séculos anteriores. O arpoador ficou de pé na proa munido com vários arpões; um deles sempre de prontidão para ser arremessado quando o barco chegasse perto da baleia. Eles podiam lançar o arpão "com vigor à distância de quinze a dezoito braças". Os arpões pesavam "quase duas libras" (mais ou menos um quilo), e produziam um ferimento de aproximadamente treze centímetros na baleia. Assim que a baleia fosse arpoada, o arpão desprendia-se da sua haste – que ficava presa à chalupa por uma corda – e a vela era recolhida. Tollenare descreve como cada movimento da baleia ferida arrastava a chalupa e como, dado a imprevisibilidade desses movimentos, precisava de muita habilidade para evitar que o barco soçobrasse. Ainda de pé na proa, o arpoador indicava a direção provável da baleia, e o timoneiro dirigia o barco conforme indicado. A luta durava entre trinta minutos a três ou até quatro horas – "um espetáculo aterrador". O arpoador continuava jogando arpões e, segundo Tollenare, era comum a chalupa ser arrastada duas ou três léguas ao mar aberto. Tão logo a baleia estivesse morta, içavam uma bandeira como um aviso às pessoas esperando na praia. Atavam um cabo forte à cauda da baleia e, depois de levantar a vela, rebocavam o animal a terra para encalhá-lo perto da armação.

Nessa ocasião Tollenare observou que a baleia tinha três arpões cravados nela, e que havia se passado quase duas horas para que ela morresse. O mar avançava e, apesar de utilizar dois cabrestantes, os homens não conseguiam colocá-la inteiramente em terra seca. O retalhamento começou imediatamente, com um escravo manejando um facão embutido numa haste de aproximadamente um metro de comprimento para fazer um corte longitudinal da cabeça à cauda, e depois outros cortes transversais no sentido das costelas. Emergiam pedaços de toucinho de noventa a 140 quilos que outros escravos removeram com ganchos. O toucinho pertencia ao patrão, e "a musculosa ou a carne é a recompensa dos negros da chalupa, que acham logo compradores para ela, pois a gente pobre não a desdenha como alimento. É pouco atraente". O processamento do óleo era muito rudimentar: cortaram o toucinho em pedaços de quase um quilo, e colocaram-no em caldeiras de ferro para derreter com o calor do fogo.

Mas até aqui na Bahia o declínio era constante e parecia irreversível. Wellington Castellucci (2009) tem examinado o falecimento inexorável da caça de baleias-francas na Bahia a partir do começo do século XIX. Um fator chave era a dependência da indústria em escravos nas armações, em terra e para caçar no mar. Embora homens e mulheres livres fossem empregados nas armações, especialmente quando possuíam uma habilidade determinada, a maior parte da mão de obra consistia em escravos, e durante a era colonial as maiores armações possuíam mais de cem escravos. Depois de conseguir sua independência de Portugal, com a inauguração do Império do Brasil em 1822, com Dom Pedro I, os escravos continuaram a desempenhar um papel significante, mas houve dificuldades de suprimento. No caso da Bahia, segundo Wellington Castellucci, os donos das armações na Ilha de Itaparica cada vez mais tiveram que competir com as plantações de açúcar no continente, e esses últimos estavam dispostos a pagar mais pelos escravos. Em 1850, o tráfico de escravos para Brasil foi suspenso pela Lei Eusébio de Queirós e, embora continuassem com o contrabando de escravos até Brasil, eles chegavam em menor número que anteriormente, e o preço pelo escravo aumentou. Castellucci examinou inventários que demonstram que a partir da década de 1870 muitas das armações na Bahia foram obrigadas a vender seus escravos masculinos para reduzir despesas e, portanto, ficaram com os escravos idosos, as mulheres escravas, e as crianças. A escravidão continuou como atividade legal dentro do Brasil até a Lei Áurea, em 1888.

Contudo, a razão mais significante para explicar o declínio inexorável da caça de baleias-francas na Bahia, especialmente na segunda metade do século XIX, foi o esgotamento catastrófico do estoque, e parece que houve uma transição intencional da caça de baleias-francas a favor das baleias-jubarte. De fato, Williamson (1975) sugere que na Bahia e em outros lugares no nordeste do Brasil isso pode ter ocorrido ainda no ano 1800. As baleias-jubarte são nadadoras relativamente lentas e se movimentam em uma velocidade entre onze e vinte milhas náuticas. Devido às suas migrações previsíveis perto das costas e a sua tendência de congregar-se nos campos para reprodução onde eram mais sedentárias, elas resultaram ser uma presa relativamente fácil de caçar, tanto para os baleeiros tradicionais do litoral como para os mais modernos.

Com o fim do Império do Brasil e a introdução da República dos Estados Unidos do Brazil em 1889, houve algumas tentativas para ressuscitar a indústria de baleia-franca no sul do país, mas com pequeno proveito. Porém, a partir do ano 1850 até o fim do século XIX e o início do século XX parece que a caça de baleias começou a florescer de novo, focalizando a caça de baleias-jubarte em Salvador e Caravelas na Bahia, junto com eventuais baleias-francas e cachalotes. Hartt (1870) estimou que em 1850 mais ou menos 2 mil pessoas foram empregadas em Salvador envolvendo entre cem e duzentos barcos no comércio. Paiva (1965) afirma que na Bahia baleias foram processadas em Itapuã, Pituba (Rio Vermelho), ao lado da fortaleza de Santo Antonio da Barra, Gamboa, Pedra Furada, Manguinhos, Pôrto dos Santos e Barra do Gil – as últimas três armações em Itaparica. Ele acrescenta que as únicas armações ativas no começo do século XX eram São João de Manguinhos, Pôrto dos Santos, Itapuã e Caravelas.

Em Caravelas, onde Hartt (1870) assevera que a caça de baleias--jubarte começou em 1847, existiam seis armações, cada uma com uma baleeira e dois barcos pequenos a remo. Cinco localizavam-se na Praia da Barra e uma na ilha de Pontal Sul. Existiam em Caravelas várias "casas de tanques", as quais abrigavam cinco tanques suficientes para o toucinho de duas grandes baleias, dez tanques para o óleo que podiam armazenar cerca de 15 mil galões e 26 tachos. Processaram de trinta a noventa baleias por ano, e as baleias fêmeas e gordas eram as mais cobiçadas[27]. Também existem relatos mostrando que baleias-jubarte foram capturadas por habitantes do arquipélago de Fernando de Noronha (Lodi: 1994)[28], onde Townsend (1935) havia reportado que uma baleeira americana capturou uma baleia-jubarte no século XIX.

Num artigo que Henry W. Furniss publicou no *Bulletin of the International Union of the American Republics* em abril de 1909, ele conclui que: "A caça de baleias no Brasil é praticamente limitada à região que se estende ao longo da costa do Estado da Bahia desde Assu da Torre, latitude 12½° sul, até Caravellas, latitude 18° sul"[29]. Furniss explica que a baleia caçada lá é a jubarte[30], e que ela tem cerca de 360 barbatanas que tem uma média de oitenta centímetros em comprimento, menor que a baleia-franca, e como resultado elas "têm pouco valor comercial". Ele nota que as baleias-jubarte variam em comprimento de nove a quinze metros.

> Cada ano esta variedade de baleia migra ao norte quando o inverno aproxima no polo sul, e o regresso começa tão logo que a primavera se estabelece lá. Primeiro são avistadas perto de Caravellas. Chegam à Bahia mais ou menos em meados de maio, e até novembro elas têm desaparecido inteiramente para o sul, aparecendo em tais quantidades em julho, agosto, e setembro que o número de baleias mortas somente é limitado pelo número de barcos na sua perseguição. Na sua passagem pela costa podem ser encontradas de uma milha ou mais no mar, frequentemente entrando na baía da Bahia. Não é um espetáculo incomum vê-las dando cambalhotas no ancoradouro dos navios a vapor. (Tradução.)

Na época em que escrevia Furniss, existiam treze "estações baleeiras" – sete ao norte de *Bahia City* (Salvador); cinco na Ilha de Itaparica, frente a Salvador; e uma em Caravelas, ao sul. Ele descreve os barcos utilizados na caça de baleias como "artefatos muito pesados, feitos à mão, capazes de aguentar grande força".

> Seus lados têm entre 1 a 2 polegadas. As costelas, a quilha etc., não são dobradas para fazer o formato, mas são talhadas de pedaços [de madeira]

> que naturalmente correspondem ao contorno desejado. Os barcos têm uma média de 30 pés em comprimento, com largura de 8 pés, e uma profundidade de 3½ pés. [...] A vela é praticamente quadricular, de uma área imensa, com uma média de 30 por 40 pés. [...] Os barcos são construídos sob tais líneas que flutuam muito bem, têm boas condições de navegar, velejam rapidamente, e são fáceis de manejar. (Tradução.)

Wellington Castellucci (2009) nota que estes barcos realmente eram saveiros adaptados para o propósito, e que pintaram o casco preto para chegar perto das baleias sem afugentá-las. Furniss escreve que esses barcos baleeiros levavam uma tripulação de dez homens, e entre oito a doze arpões, cada um atado a aproximadamente quinze metros de corda de manila de 1 polegada (2,5 cm), e que eles variavam em formato e fabricação, de arpões tradicionais feitos na comunidade até "o mais recente modelo americano, embora esses últimos são poucos e difíceis de encontrar". Além disso, os barcos carregavam de duas a quatro lanças ("varas de ferro terminando em pontos de lança montadas em hastes compridas, às quais são amarradas trinta e cinco pés de corda de manila de três quartos de uma polegada"); um facão para cortar a corda ("se o perigo ameaçasse"); dois rolos de corda de duas polegadas (5 cm) de 580 pés (180 m) em comprimento em ambos os lados da proa para amarrar à corda do arpão; e na popa duas cordas similares de 440 pés (134 m) para serem atadas a estas cordas se for necessário.

Vale a pena citar a descrição de Henry Furniss da caça de baleias-jubarte, a partir do momento em que arremessavam o arpão:

> Imediatamente eles abaixam a vela e levantam o timão. Assim que permite a oportunidade eles fazem uma laçada na corda, e logo o barco, rebocado pela baleia, é atirado para frente na velocidade de um barco de torpedo. De vez em quando a baleia reduz sua velocidade, e eles aproveitam para diminuir a corda de reboque, até que a baleia esteja perto o suficiente para arremessar lanças nela. As lanças penetram na baleia com facilidade, e com a mesma facilidade são arrancadas e arremessa-

> das de novo, até que atingem um ponto vital ou a baleia sucumbe por perda de sangue. Muitas vezes quando a baleia tem sido frequentemente lançada, ela vira de lado de repente, o arpão arranca para fora, e a baleia escapa. Talvez três quartos das baleias arpoadas escapem. Este sistema deixa muito a desejar, mas os arpoadores são desinclinados a provar métodos novos e melhorados. (Tradução.)

Assim que a baleia estivesse morta, ou completamente exausta e morrendo, existia de fato o risco de perdê-la porque – ao contrário da baleia-franca – ela afundaria se não fosse presa adequadamente. Um tripulante teve que mergulhar por baixo do animal para prender sua boca com uma corda grossa de cânhamo – "uma tarefa que exigia muita coragem e habilidade". [31] Wellington Castellucci (2009) explica que o objetivo era fechar a mandíbula e boca de maneira que o estômago da baleia não enchesse de água, e também para impedir a entrada de peixes venenosos que às vezes se fixavam dentro da garganta da baleia. Com tantos tubarões atraídos pelo sangue, essa tarefa era muito perigosa. O mergulhador depois ajudava os companheiros com as outras três cordas que seguravam a baleia ao lado do barco, amarrando uma delas na cauda, deixando a baleia pronta para ser rebocada até a armação. Ao chegar à praia, cortavam o toucinho em pedaços e levavam-no até a "fábrica de óleo" para ser aquecido em tachos grandes.

Furniss escreve que: "Não existe nenhuma maquinaria moderna nestas fábricas, nem sequer prensas para prensar o óleo que por ventura sobrasse depois do derretimento". A carne da baleia era cozida e moqueada e "encontra mercado fácil na Bahia e no país", mas quando capturavam muitas baleias no mesmo dia, deixavam "a carne na praia para ser levada pelo mar e consumida por tubarões". Esse relato termina com a observação de que em recentes temporadas entre trezentas e quatrocentas baleias foram caçadas[32].

Fica claro que as práticas não haviam mudado muito desde os tempos coloniais e, apesar do bom número de baleias sendo capturado na Bahia no começo do século XX, o efeito catastrófico no estoque de baleias-jubarte – consequente da caça na Geórgia do Sul a partir de 1904[33] junto à falta de modernização – quis dizer que poucos teriam acreditado naquela época que a indústria de caça de baleias tivesse um futuro promissor no Brasil do século XX[34]. A revista *The Brazilian Review* relatou de maneira sombria em 15 de novembro de 1910 que: "Durante anos [a caça de baleias] era extremamente próspera, e o óleo de baleia um produto nacional de importância, utilizado principalmente pelos primeiros brasileiros para misturar na argamassa para construções. Hoje em dia está em completa decadência".

CAPÍTULO 2

# *A Conexão Norueguesa*

## Navios baleeiros a vapor e arpões explosivos

**(1911-1920)**

*Fica o Governo autorizado a desenvolver a indústria da pesca, instituindo uma inspectoria superintendida pelo Ministério da Agricultura, Indústria e Commércio. A Inspectoria de Pesca promoverá a animação da alludida indústria.*

LEI Nº 2544 DE 4 DE JANEIRO DE 1912. FIXA A DESPEZA GERAL DA REPÚBLICA DOS ESTADOS UNIDOS DO BRAZIL PARA O EXERCÍCIO DE 1912. ART. 73.

A caça moderna de baleias – ou seja, aquela que acontece com um baleeiro a vapor e arpões explosivos – chegou ao Brasil em junho de 1911. Havia muito tempo, e através de muitas gerações, os caçadores de baleia reconheceram que as águas do Brasil sustentavam campos bastante conhecidos e importantes para a caça de baleias de várias espécies. Talvez por isso seja tão surpreendente o fato de que esses novos métodos modernos não houvessem chegado antes dessa data, dado a enorme expansão da caça de baleias por noruegueses em escala mundial entre 1904 e 1910.

A caça de baleias com novas tecnologias havia sido introduzida no hemisfério do norte por noruegueses muitos anos antes, em 1865. Foi quando Svend Foyn, um clérigo norueguês do porto baleeiro de Tønsberg no sul da Noruega, desenvolveu um canhão para arpões explosivos montado na proa de um barco pequeno embora de forte construção – o primeiro navio baleeiro moderno. A justificativa de Foyn era de que as baleias eram criaturas de Deus e que foram criadas para o benefício do homem.

Foi somente depois de muitos anos de desenvolvimento da sua invenção que Svend Foyn teve sua primeira temporada de sucesso, em 1868, quando seu navio baleeiro *SPES ET FIDES* (Fé e Esperança) de 86 toneladas brutas, construído em 1863, conseguiu capturar trinta baleias-azuis em Finnmark, na costa exposta do extremo norte da Noruega, onde baleias rorquais[35] passavam nas suas migrações anuais. A recompensa para Foyn foi conseguir uma patente em 1873 e os direitos exclusivos para caçar baleias ao longo de toda a costa norueguesa até janeiro de 1883. Ao expirar essa concessão, muitas outras companhias entraram nesse campo de atividade, e até 1886 cerca de 25 firmas estavam operando com 35 navios baleeiros.

A invenção de Foyn transformou a indústria baleeira. Embora continuasse com a caça tradicional de baleias com barcos abertos e arpões arremessados à mão em muitas partes do mundo — incluindo as armações litorâneas do Brasil — e com os barcos pelágicos americanos estilo Moby Dick que pilharam baleias-francas[36] e cachalotes ao longo da costa sul-americana, o método de Foyn tornou-se o padrão para a indústria moderna baleeira que perdura até hoje. Esse método também permitiu que os navegantes noruegueses, que operavam os navios, pudessem estabelecer um monopólio através da operação deliberada de um tipo de sociedade fechada de baleeiros empregando suas técnicas modernas. Isso se aplicava particularmente no caso dos arpoadores e os oficiais de convés, os quais se tornaram hábeis no manejo eficiente dos navios. Era uma situação que somente mudou a meados do século XX com a chegada de baleeiros do Japão e da União Soviética.

Os benefícios do arpão explosivo e do navio baleeiro moderno eram consideráveis: primeiro, permitiam a perseguição relativamente segura da presa, mais do que era possível anteriormente; segundo, podiam perseguir e matar as espécies grandes de baleias que previamente eram impossíveis de serem capturadas. Essas baleias eram os rorquais, uma espécie com movimentos rápidos, como a baleia-azul (o maior dos mamíferos), a baleia-fin e a baleia-espadarte, todas que se afundam quando mortas. Além disso, a captura de outras espécies tais como a baleia-franca, a baleia-jubarte e o cachalote tornou-se consideravelmente mais fácil, uma vez que anteriormente elas eram capturadas por métodos tradicionais em barcos abertos. O enfoque de Foyn também introduziu importante tecnologia associada com a caça de baleias: o acumulador no porão do navio, que permitia suportar a tensão da corda do arpão através de um sistema de roldanas e molas; o estopim da granada, que facilitava uma caça mais eficiente; e as metodologias de como segurar e rebocar a baleia inflando a cavidade abdominal com ar comprimido. Tudo isso possibilitou que a baleia pudesse ser recuperada, amarrada ao lado do navio e rebocada pela cauda até uma estação em terra ou até um navio-fábrica onde seria retalhada e convertida em produtos cobiçados pela indústria e agricultura.

O outro ímpeto para a indústria baleeira florescente foi o aumento da demanda do óleo de baleia para a produção de margarina e sabão, especialmente depois de 1912. Essa demanda coincidiu com os desenvolvimentos e melhorias na técnica de "endurecer" o óleo, por meio da qual era possível converter óleo em gordura acrescendo átomos de hidrogênio, um processo conhecido como hidrogenação. As fábricas para endurecer óleo apareceram em toda a Europa e criaram uma demanda por óleo de baleia sem precedentes. Um exemplo significante dessas companhias era a Lever Brothers, em Liverpool, enquanto que agentes como Geddes de Glasgow tornaram-se empresários no comércio de óleo de baleia.

O esgotamento dos estoques de baleias nas costas norueguesas no fim do século XIX, em paralelo ao declínio nos campos tradicionais escoceses para a caça de baleias no Ártico (a pescaria da baleia-da-groenlândia), logo estimulou os noruegueses a buscar outras áreas no mundo para perseguir sua presa. Essa procura tornou-se mais urgente quando, em 1904, o governo norueguês proibiu a caça de baleias ao longo de todo seu litoral como resposta às representações veementes e agitadas da indústria pesqueira, que protestava que a caça de baleias afugentava os peixes para fora da costa.

Os noruegueses começaram a caçar baleias na Islândia, em 1883, nas Islas Faroé, em 1884, em Newfoundland, em 1898, no Japão, em

1899, e no arquipélago de Spitzbergen, no Chile e nas Ilhas Shetland (Escócia), em 1903. Suas atividades estenderam-se às Ilhas Hebrides (Escócia), em 1904; às Ilhas Falkland e às Ilhas Shetland do Sul, em 1905; a Graham's Land e à Península Antártica, em 1906; à costa do Alasca e às Ilhas Orkney do Sul, em 1907; à Irlanda, a muitas partes da África e às Îles Kerguelen, em 1908; às Ilhas Sandwich do Sul, em 1911; à Austrália e à Nova Zelândia, em 1912; ao México, em 1913; e ao Mar de Ross (Antártica), em 1923 — de fato, em qualquer lugar onde congregavam-se baleias. Com o apoio norueguês, os russos começaram a caçar baleias na Sibéria Oriental e na Coréia em 1889. Poucos anos depois, uma companhia argentina estabeleceu-se na Geórgia do Sul, em 1904; logo a seguir, o Canadá e os Estados Unidos iniciaram-se na caça de baleias, respectivamente, em British Colombia, em 1905, e na Califórnia, em 1918. Todos esses empreendimentos contaram com a perícia norueguesa.

A mais significativa dessas empresas era a Compañia Argentina de Pesca Sociedad Anónima — fundada em novembro de 1904, pelo intrépido baleeiro norueguês e líder de explorações polares Capitão C. A. Larsen — que mantinha sua base baleeira em Grytviken, na Geórgia do Sul. Com o apoio de capital argentino, essa foi a primeira companhia baleeira moderna na Antártica, e o começo da grande indústria baleeira meridional e da Antártica que dominaria esse comércio durante os próximos sessenta anos. Como veremos, esse desenvolvimento significante teria um efeito profundo e duradouro na indústria baleeira brasileira.

Não é surpreendente que a primeira companhia a trabalhar em águas brasileiras utilizando esses novos métodos modernos, com o benefício da expertise norueguesa, foi uma firma brasileira que previamente havia utilizado métodos tradicionais com barcos abertos. A Duder and Brother foi uma companhia baleeira de origem britânica com sede em Salvador e fundada em 1900, embora suas raízes no comércio brasileiro remontassem ao ano de 1857, época em que George Harvey Duder (1840-1900), filho de um fazendeiro do condado de Devon, Inglaterra, emigrou para o Brasil. O ramo brasileiro dessa família, que tem ligações no mundo inteiro, descende de Samuel Duder, que nasceu em 1775, cuja primeira esposa Agnes Neck era filha do primeiro vigário de Kingskerswell, perto de Torquay, em Devon. O filho mais novo deles, George Duder (1808-1877), casou-se com Frances Harvey em 1835, e tiveram dez filhos, sendo o terceiro deles George Harvey[37].

Primeiro, George Harvey Duder estabeleceu-se no comércio em Pernambuco e um pouco mais tarde em Salvador, naquele tempo a terceira maior cidade do Brasil. Ele gerenciou uma casa comercial de alguma reputação durante um período de grande turbulência na economia brasileira, com o foco na exportação de cacau, café, açúcar, madeira jacarandá, piaçava, e outros produtos regionais. Ao mesmo tempo, os Duder tornaram-se importantes importadores e agentes de seguro. Assim que cada um dos filhos de George (um dos quais morreu em 1864) terminava sua educação, ele os trazia para o comércio, e, sendo assim, as rédeas dos negócios foram efetivamente assumidas pelo seu segundo filho George Harvey Duder (1840-1900). Em 1869 George Harvey casou-se com Constança Wilson (n. 1848), a filha de Edward Pellew Wilson Jr. (1832-1899). Wilson Jr. era o filho mais velho de Edward Pellew Wilson, um rico empresário escocês que havia chegado ao Brasil em 1837 e fundado a firma marítima de Wilson, Sons & Company. Sem dúvidas, esse casamento trouxe muitas vantagens para George Harvey Duder. A família Wilson era bem estabelecida comercial e politicamente, sendo eles acionistas em grandes companhias brasileiras e desfrutando de ligações estreitas com o governo brasileiro. Chegando a ser conhecido como "O rei do carvão", Wilson forneceu carvão a navios da Marinha Imperial Brasileira e rebocadores durante a Guerra do Paraguai de 1864 a 1870. Recebeu sua recompensa em 1891, quando foi nomeado Conde de Wilson por Carlos I de Portugal. Isso aconteceu numa época em que a independência plena do país acabava de ser confirmada através da proclamação da República dos Estados Unidos do Brazil, em novembro de 1889. George Harvey e Constança Duder tiveram cinco filhos e uma filha, todos nascidos no

Brasil e educados na Inglaterra. Três dos seus filhos, George Harvey Duder Jr. (n. 1871), Edward Pellew Wilson Duder (1872-1946), e Daniel Harvey (1880-1928), voltaram ao Brasil e foram incorporados ao comércio da família[38].

Foi a companhia de George Harvey Duder Sr. que deu início ao comércio envolvendo a caça de baleias no Brasil: inicialmente, apenas como agentes para a venda e exportação de "Bahia Oil" (Óleo da Bahia); depois, por volta de 1875, a firma começou a interessar-se diretamente pela atividade baleeira e até 1909 – como relata Henry Furniss (1909) – havia adquirido 23 barcos a vela e três armações na região da Baía de Todos os Santos e na Ilha de Itaparica na entrada ocidental da baía. Essa era uma área onde grandes números de baleias jubarte procuravam refúgio anualmente para parir e descansar depois das suas migrações desde os campos de alimentação de verão nas águas geladas do Atlântico do Sul. Para dar uma ideia do tamanho da captura anual, o cônsul norueguês no Brasil relatou que 338 baleias foram caçadas na região da Bahia em 1903, e 359 em 1904[39].

Com o passar do tempo, George Harvey Duder Sr.[40] entregou o controle da sua empresa aos dois filhos mais velhos, George Harvey Duder Jr. (n. 1871) e Edward Pellew Wilson Duder (1872-1946), que contavam provavelmente com o apoio dos três irmãos mais jovens, Alexander Caetano (1874-1898), John Edwin (1875-1944), e Daniel Harvey (1880-1928), todos eles nascidos na Bahia. Eles criaram uma sociedade sob o nome de J. H. Duder & Company Limited[41] com uma sede na Rua das Princezas, em Salvador. Essa companhia continuou como importadora e exportadora de grande relevância, importando bacalhau de Newfoundland[42] e da Escócia. Até o ano de 1911, a firma havia se tornado a principal exportadora de cacau, exportando para mercados no Rio de La Plata, nos Estados Unidos e na Europa, em uma época quando a Bahia era a maior distribuidora dessa comodidade no mundo. A companhia passou a ser agente da Lloyd's de Londres, e teve influência dentro da Associação Comercial da Bahia (fundada 1811) com George Harvey Jr. como um dos diretores. Em 1901 George Harvey Jr. era o agente comercial para a Companhia Bahia Central Sugar Factories e cônsul da Itália na Bahia. Ele se mudou para Ilhéus em 1908 e lá representou muitos interesses britânicos, sendo simultaneamente um associado da firma Nathan & Companhia da Bahia e representante da Guardian Assurance Company Ltd., do London & River Plate Bank Ltd., do London & Brazilian Bank Ltd., e do British Bank of South America. Tanto George Harvey Duder Jr. como Edward Pellew Wilson Duder tornaram-se vice-cônsul e cônsul substituto dos Estados Unidos, no caso de Edward em 1913. Em outubro de 1913, Edward participou no cerimonial oficial durante a visita de Theodore Roosevelt à Bahia antes de Roosevelt partir na sua expedição científica à Bacia Amazônica com o Marechal Cândido Rondon nos anos 1913-1914.

Em 1900, depois da morte do seu pai, George Harvey Duder Jr. e Edward Pellew Wilson Duder nomearam o ramo baleeiro da empresa Duder and Brother, mas, em 1907, George Harvey Jr. retirou-se da firma e seu irmão mais jovem Daniel Harvey juntou-se à sociedade. Foi em 1910 que a companhia resolveu ampliar o comércio baleeiro e promoveu uma mudança na atividade que previamente era realizada somente a braço (manualmente, com barcos a vela), passando a investir em equipamentos modernos, tanto no mar como em terra. O ímpeto dessa iniciativa pode ter sido devido às notícias de que o governo, desejoso de ampliar a indústria pesqueira deficiente, pretendia oferecer concessões especiais para os empresários que quisessem desenvolver suas empresas para o interesse nacional. Depois de confirmar que navios baleeiros modernos podiam contribuir para ter uma indústria mais eficiente, inevitavelmente os irmãos Duder buscaram apoio na Noruega.

O resultado foi que em 1910 a companhia entrou em acordo com um agente na Noruega para ajudar na compra ou construção de um navio adequado. Nomearam Johs. Andersen, do porto de Drammen, no sul da Noruega, para negociar e acompanhar a construção de um navio baleeiro moderno a vapor de 124 toneladas brutas. O estaleiro escolhido foi Akers Mekaniske Værksted, em Christiania (Oslo), um especialista estabelecido na construção de semelhantes navios baleeiros. Firmaram um contrato para o Estaleiro Número 314, em 15 de outubro de 1910, com Johs. Andersen assinando de parte da companhia G. Lie representando os construtores. Acordaram a entrega do navio para 1º de abril de 1911.

Não temos a data do lançamento desse navio em Oslo, mas sabemos que foi nomeado *HELENA*. A escolha do nome não é surpreendente, já que Helena não era somente o primeiro nome da esposa de Edward Pellew Wilson, mas também da sua sogra e da sua primeira filha, nascida em 1908. Zarpando do porto norueguês de Sandefjord, o *HELENA* chegou a Plymouth, Inglaterra, para abastecer-se de carvão em 15 de abril de 1911, onde sem dúvida despertou considerável interesse por parte da família Duder que residia nas proximidades[43]. O *Western Morning News*, de Plymouth, reportou que o navio saiu em 18 de abril, e depois retornou ao porto e lá permaneceu até 27 de abril. Essa demora pode ter sido causada por condições meteorológicas adversas, doença a bordo ou problemas mecânicos.

Depois de obter uma tripulação sob o comando do capitão e artilheiro Johs. Andersen — provavelmente a mesma pessoa que atuou como agente da companhia Duder na Noruega e acompanhou o trabalho da construção — podemos traçar os movimentos do *HELENA* até o Brasil. O *Lloyd's Register of Shipping*, o *Lloyd's Weekly Shipping Index* e os jornais locais de Plymouth catalogaram seus próximos movimentos. Após sair de Plymouth, o *HELENA* passou por Las Palmas, nas Ilhas Canárias, em 5 de maio, e pelas Ilhas Cabo Verde, em 10 de maio, chegando à Bahia em 20 de maio, em tempo hábil para ser preparado para a caça quando a migração de baleias começasse no início de junho.

Ao mesmo tempo, segundo Reginald Lloyd (1913)[44], a companhia Duder and Brother estabeleceu uma "fábrica moderna" (em terra) para refinar o óleo de baleia na Bahia. Tavares (1916) fornece um relato ilustrado desse empreendimento. A estação localizou-se em São João de Manguinhos[45], no litoral oriental protegido da Ilha de Itaparica, na entrada da Baía de Todos os Santos, ao sul do lugar antigamente conhecido como Arraial da Ponta das Baleias e na proximidade de

**FIGURA 2.1.** A empresa baleeira Duder and Brother na Bahia. (Reginald Lloyd, 1913). (1) O artilheiro Andersen do navio baleeiro *HELENA* sinaliza ao timoneiro enquanto o navio segue uma baleia-jubarte. (2) Rebocando uma baleia-jubarte à estação em Manguinhos. (3) A presa. A cauda de uma baleia--jubarte quebra a superfície do mar. (4) Uma baleia arpoada na proa do navio baleeiro.

uma localidade chamada Ponta das Baleias (hoje Ponta de Itaparica). Manguinhos era o local de uma das armações anteriores e tradicionais da firma Duder, que Ubaldo Osório (um perito reconhecido sobre a história de Itaparica) afirma poder ter sido a antiga armação de Ponta da Cruz, cujas origens remontam a meados do século XIX. Historicamente, foi o tipo de lugar onde o processamento de baleias capturadas era realizado nas Casas do Contrato, pequenas casas de pedra e cal onde derretiam o óleo, e cortavam e salgavam a carne.

**FIGURA 2.2.** Vista de Manguinhos, Ilha de Itaparica. J. S. Tavares, 1916.

Uma fonte norueguesa (Risting: 1922) afirma que, no começo, essa estação baleeira era "muito primitiva e incompleta". Contudo, Lloyd (1913) a descreve como uma "refinaria" capaz de produzir óleo de baleia de boa qualidade e adequado para o seu mercado florescente, portanto, parece provável que essa parte da estação — a da produção de óleo — tenha sido modernizada. Construíram um pequeno molhe e ergueram tanques para armazenar o óleo. Porém, as imagens de Tavares (1916) demonstram que uma rampa de madeira e uma plataforma de corte, recursos padronizados nas estações baleeiras norueguesas por todo o mundo, não foram construídos e que as baleias foram retalhadas na margem da praia, um processo que exigia muita mão de obra. Comerlato (2011) cita transcrições de entrevistas com pescadores aposentados, tanto baleeiros antigos como seus descendentes, que dão uma ideia da escala da atividade baleeira em Manguinhos. Um dos entrevistados, Sr. Jorge Oliveira Mascarenhas, lembrou que o dono da empresa era um "ingrês" chamado Jorge (que presumimos ser George H. Duder), e que dois navios "de ferro", chamados *HELENA* e *BELLA*, foram empregados na caça de baleias (embora o *HELENA* fosse, de fato, construído de aço). Outras fontes indicam que além da captura sazonal de baleias-jubarte, baleias-minke (*Balaenoptera acutorostrata*), conhecidas localmente como "baleias-pamonha", e eventualmente cachalotes e baleias-francas-austrais talvez também fossem capturadas.

Risting (1922) descreve que os campos de caça de baleias encontravam-se até vinte milhas da costa. Consequentemente, o baleeiro a vapor teve uma vantagem significativa quando comparado com os barcos a vela, sendo capaz de cobrir uma maior área na perseguição da sua presa e matar as baleias com uma maior eficiência. Depois de avistar um grupo de baleias, iam a sua caça, e em seguida as baleias capturadas eram deixadas flutuando no mar para serem recolhidas mais tarde. O navio baleeiro tinha a força e a habilidade de rebocar pelo menos meia dúzia de baleias-jubarte de volta à estação. Não obstante, existem evidências em depoimentos orais (Comerlato: 2011) de que baleeiras de madeira foram utilizadas juntamente com os baleeiros modernos para trazer de volta as baleias mortas até a estação.

Tavares (1916) também descreve as práticas baleeiras empregadas pela companhia de Duder. Os campos de caça são descritos como estando à vista do quebra-mar do Recôncavo. Seguindo a prática típica norueguesa, os artilheiros a bordo dos navios, descritos como "moços d'armas", eram os responsáveis de arpoar as baleias. Eles utilizavam dois ou três arpões, e uma lança se fosse necessário terminar o trabalho. O artilheiro ganhava um bônus de 100$ mil-réis para cada baleia, e os outros tripulantes recebiam gratificações de acordo com uma escala progressiva.

A maior parte da captura consistia em baleias-jubarte, que, segundo Tavares, quando adultas, mediam entre 19 e 22 metros. Os baleeiros inflavam a cavidade corporal das baleias-jubarte com ar comprimido quando elas estavam mortas. Eles removiam a barbatana dorsal e seguravam a carcaça ao lado, com a cauda na frente e a cabeça na popa, para poder transportar a captura facilmente. Quando duas (ou mais) baleias eram capturadas, eles as amarravam nos

**FIGURA 2.3.** A caça de baleias em São João de Manguinhos na Bahia. J. S. Tavares, 1916. Esquartejando uma baleia-jubarte na praia em Manguinhos.

dois lados do barco. Depois, eles esperavam a maré alta, antes de chegar em Manguinhos, para poder colocá-las na praia. O cabo que segurava a baleia ao barco era levado à praia para mantê-las na margem da água. Na maré baixa, a carcaça repousava em terra seca e imediatamente eles começavam o corte, seja a luz do dia ou à noite, com tochas.

Cortavam o toucinho da baleia em postas que eram levadas (provavelmente a mão) até a Casa do Contrato, que empregava mais de cem pessoas. Colocavam o toucinho em tachas de cobre e o derretiam com o calor de fornalhas para produzir o melhor óleo de baleia, classificado como 0 ou 1 no mercado europeu. No final desse processo, somente torresmos ficavam na superfície do óleo na caldeira. Esses restos serviam como coador para separar o óleo de outras matérias remanescentes. Armazenavam o óleo dentro de grandes tanques de cimento, onde permanecia durante vários dias para permitir que ele se desprendesse e subisse à superfície. Finalmente, esse óleo purificado era transferido para as "quartolas" — barris de madeira de aproximadamente 170 litros para facilitar a exportação, sendo seis barris equivalentes a 1 tonelada. Os principais mercados segundo Tavares (1916) e Lloyd (1913) eram Glasgow, Liverpool e Hamburgo. Existia demanda pelo óleo de baleia nas fábricas desses lugares para ser convertido em margarina e sabão. Tavares também explica que existiam duas qualidades de óleo: além do "óleo ordinário" empregado nesses produtos, o "óleo medicinal" era cobiçado por farmácias para a preparação de diversos remédios. O óleo de cachalote, uma espécie que Tavares descreve como "bastante rara e muito estimada" na Bahia, também era produzido para a lubrificação de máquinas.

Levavam os melhores cortes de carne para o consumo humano, seguindo o costume de várias gerações. Tavares descreve a locação onde separavam a carne como "um quási inferno lôbrego". Eram as mulheres que cortavam a carne que "as pessoas mais desfavorecidas da fortuna nas cidades de Itaparica e de Salvador" recebiam, "apesar do cheiro nauseabundo que lança". As esposas dos pescadores cozinhavam a carne em espetos ou grelhavam-na sob um fogo para "muquiar" a carne.

Os restos da carcaça, os ossos e as vísceras geralmente eram descartados. Às vezes, utilizavam as costelas para fabricar cadeiras e o escapular para fazer mesas. Os pescadores também aproveitavam pedaços de ossos como isca para atrair peixes na água. Uma fotografia em Tavares (1916) mostra um grande depósito de ossos amontoados ao lado do molhe. Ele lamenta o fato de que esse material não era utilizado, tendo em vista que poderia ter sido triturado para fazer adubo. Não deixa de ser extraordinário que, depois de procurar conselhos dos noruegueses, os Duders não tenham construído uma planta de guano em Manguinhos. Afinal, essa era uma instalação padrão nas estações norueguesas para a produção de farinha de carne e de ossos utilizadas, respectivamente, como alimento para animais e como adubo ou misturadas para fornecer um "guano de baleia". As barbatanas das baleias-jubarte, como geralmente são curtas (há de 270 a quatrocentas barbatanas com um comprimento de cerca de 65 centímetros), não encontravam um mercado facilmente e, portanto, eram exportadas em pequenas quantidades. Tavares acrescenta que as barbatanas de outras espécies que passavam de 3 metros de comprimento eram cobiçadas e utilizadas na fabricação de varas para guarda-sóis e como espartilhos. Essas barbatanas deviam ser da baleia-franca-austral, que têm em média 2,4 metros de comprimento, e isso indica que, apesar da crescente escassez dessa espécie na Bahia, elas podem ter sido capturadas de vez em quando na região.

As capturas que aconteceram entre os meses de junho e novembro de 1911, primeiro ano após a chegada do *HELENA* à Bahia, foram registradas em uma fonte norueguesa (Risting: 1922), contabilizando 102 baleias a partir das quais eram produzidos 3800 barris (633 toneladas) de óleo. Esse rendimento de 37 barris por baleia, que Risting supôs ser jubarte, indica que elas tinham uma boa espessura de toucinho e que o processamento era conduzido de uma maneira eficiente. Não têm registros de outras espécies.

## Baleia-jubarte

(Inglês: Humpback Whale).

A baleia-jubarte (*Megaptera novaeangliae*) é uma grande baleia de barbatanas que tem uma média de comprimento de 14,6 metros para os machos e 15,2 metros para as fêmeas. Tem uma distribuição global através dos oceanos do mundo e migra sazonalmente dos campos de alimentação nas altas latitudes até os campos de reprodução nos trópicos.

A população de baleias-jubarte consta de um dos sete estoques de reprodução (identificados como A a G) que se encontram dentro de seis áreas de gerenciamento reconhecidas pela Comissão Baleeira Internacional (CBI). O estoque de reprodução brasileiro A é representado pela população do Atlântico Sul Ocidental, que tem ligações de alimentação com as ilhas da Geórgia do Sul e Sandwich do Sul no oceano Atlântico do Sul.

As baleias-jubarte brasileiras migram anualmente desses campos de alimentação até o nordeste do Brasil, em uma área que cobre desde o arquipélago de Abrolhos até a Paraíba, e mais além, até Fernando de Noronha. Elas costumam aparecer no Brasil principalmente entre julho e outubro.

As baleias-jubarte dessa população foram capturadas em números razoáveis pelos baleeiros tradicionais brasileiros. Contudo, foram exploradas intensamente nos seus campos de alimentação no sul durante a parte inicial do século XX, desde estações terrestres na Geórgia do Sul e nas Ilhas Falkland, e mais tarde, por navios-fábricas. A CBI proibiu a caça comercial de baleias-jubarte no hemisfério sul em 1963, e lhes conferiu completa proteção global em 1966. Atualmente, a população brasileira demonstra um aumento, chegando a aproximadamente 17700 animais, 68% do nível estimado antes da exploração, que era de 26 mil baleias.

Categorizada pela Lista Vermelha da União Internacional para a Conservação da Natureza e dos Recursos Naturais das Espécies Ameaçadas como "pouco preocupante".

O rendimento financeiro da primeira temporada de caça deve ter sido positivo, já que na próxima temporada, em 1912, a Duder and Brother resolveu aumentar a sua frota baleeira. A escolha foi, talvez, bastante surpreendente. A companhia adquiriu um barco de arrasto a vapor de segunda mão, o *JAMAICA*, de 177 toneladas brutas, construído por Cook, Welton & Gemmel, em Hull, na Inglaterra, em 1896[46]. Eles o rebatizaram *BELLA*. Esse barco provavelmente foi convertido e equipado por Akers Mekaniske Vaerksted na Noruega para as necessidades de caça de baleias, com a instalação de um canhão moderno e outras melhorias, com o propósito de utilizá-lo na caça de baleias- jubarte e eventualmente na de baleias-francas. Essas espécies se movimentavam relativamente devagar, e o *BELLA* podia capturá-las, deixando o *HELENA* para capturar os rorquais que eram mais rápidos. O *BELLA* zarpou de Christiania (Oslo) no fim de abril arvorando a bandeira brasileira sob o comando do capitão Johs. Andersen, chegando a Plymouth para abastecer-se de carvão em 1º de maio de 1912, a Las Palmas em 10 de maio, a Cabo Verde em 15 de maio, e finalmente à Bahia em 26 de maio, mais uma vez em tempo hábil para o começo da próxima temporada[47].

Infelizmente, não existem estatísticas das espécies de baleia capturadas pela Duder and Brother, somente estatísticas limitadas da produção de óleo de baleia. Tavares (1916) afirma que mais de duzentas baleias foram mortas anualmente. É geralmente aceito que a maioria das baleias capturadas foram baleias-jubarte, já que essa espécie era a mais comum na Bahia. Mas a habilidade dos baleeiros modernos em viajar mais além que os barcos à vela anteriormente podiam, deve ter aumentado a possibilidade de caçar outras espécies, incluindo, ocasionalmente, a baleia-minke, a franca-austral e o cachalote. É bem conhecido que antes do período de exploração intensa era possível encontrar baleias-francas na Bahia. Em anos recentes, essa espécie voltou a ser avistada no estado, tendo o avistamento mais setentrional ocorrido na Praia Imbassaí, um pouco ao norte da Praia do Forte, em 2011[48].

A baleia-minke-anã (*Balaenoptera acutorostrata*) também aparece na Bahia a partir do mês de julho. Em 1911, essa espécie e outra baleia do mesmo gênero, a baleia-minke-antárctica (*Balaenoptera bonaerensis*) que se encontra nas águas do norte do Brasil, não eram consideradas grandes o suficiente para incomodar os baleeiros noruegueses em um mercado global mais interessado em óleo do que em carne. Porém, a demanda local por carne de baleia pode ter estimulado a companhia da Duder and Brother a capturar essa espécie. Hoje em dia não é comum avistar cachalotes e baleias-de-bryde na Bahia, ao passo que a baleia-fin e a baleia-espadarte nunca são avistadas. Esta última foi caçada intensivamente na Geórgia do Sul, nas Ilhas Falkland, e na costa da Patagônia, tanto por estações em terra como por navios-fábrica, o que pode explicar a sua ausência. Evidências obtidas pelas Discovery Investigations[49] indicam que existe uma correlação forte entre as baleias-espadarte encontradas no Brasil e as que se encontram no Mar de Scotia — região limitada pela Terra do Fogo, pelas Ilhas Falkland, Geórgia do Sul, Sandwich do Sul, pelas Ilhas Órcades do Sul, pela Península Antártica e pelas Ilhas Shetland do Sul.

Risting (1922) registra uma produção em 1913 e 1914 de 4 mil barris cada ano; isso sugere uma captura de mais de cem baleias em ambos os anos. Tavares (1916) mostra que Duder and Brother exportou entre 2 mil e 2mil e quinhentas quartolas (pipas pequenas) de óleo a cada ano, o que correspondia a algo entre 400 e 500 toneladas. Entretanto, nos dois anos anteriores (1911 e 1912), o volume total de óleo exportado da Bahia por todos os produtores (veja o Anexo 2) chegou a 2533 toneladas (15198 barris) com um valor de 501:490$ mil-réis[50]. Não é uma surpresa saber que o aparecimento da caça de baleias com métodos modernos causou o colapso da caça tradicional. Existem registros mostrando que o último barco baleeiro à vela a caçar na Baía de Todos os Santos[51] operou em 1912. A última baleia capturada com métodos tradicionais foi arpoada por um pescador chamado Damásio, cujo filho lembrou que a técnica era arpoar o filhote de maneira que a mãe seguiria[52].

Apesar do começo da Primeira Guerra Mundial, a caça de baleias na Bahia continuou, pelo menos para fornecer óleo e carne para o mercado doméstico. Tavares (1916) fornece evidências escritas e fotográficas que apoiam essa possibilidade e, além disso, existe a queixa oficial depositada por Duder and Brother em abril de 1915 contra a municipalidade de Itaparica em relação a um imposto sobre a atividade baleeira cobrado da companhia "que tanta celeuma fez em Itaparica e poz em polvorosa o Intendente" (veja *A Notícia* de 29 de abril de 1915). Tavares acrescenta que "Sr. Duder" havia-lhe informado verbalmente que os impostos municipais foram pagos à Câmara de Itaparica e que também pagaram direitos alfandegários ao estado da Bahia sobre o óleo exportado. O jornal *A Notícia* reportou que o advogado da firma, Dr. Hugo Xavier Marques, havia argumentado que a lei era "vexatória, antijurídica, e inconstitucional". O Tribunal de Apelação concordou, e condenou o município ao pagamento das custas.

A iniciativa de introduzir técnicas modernas de caça de baleias nas águas brasileiras pela firma Duder and Brother e o êxito das suas operações na primeira temporada, naturalmente, atraíram muito interesse, tanto no Brasil como na Noruega. Tudo dava a impressão de que as baleias eram abundantes, fáceis de capturar e excepcionalmente gordas com uma boa espessura de toucinho depois de passar o verão se alimentando no oceano do sul. Os relatórios de baleeiros noruegueses sobre o que testemunharam nas suas viagens até os campos baleeiros na Antártica confirmavam esse sentimento. Eles reportaram uma migração de baleias de certa significância ao longo da costa brasileira, e parecia-lhes provável que esse número fosse semelhante ao das encontradas na costa ocidental da África, onde houve uma bonança de baleias para eles.

O interesse dos baleeiros cresceu ainda mais quando souberam que o Congresso Nacional Brasileiro, sob Lei nº 2544, artigo 73, de 4 de janeiro de 1912, estava disposto a dar poderes ao presidente para que ele oferecesse concessões significativas a pescadores individuais e a companhias, tanto existentes ou que viessem a serem constituídas no futuro, visando à revitalização da indústria pesqueira (e baleeira). Uma das propostas foi a de estabelecer estações em lugares convenientes ao longo da costa brasileira com "escolas práticas para manejo dos modernos apparelhos de pesca". Esse foi um evidente divisor de águas na história moderna da caça de baleias no Brasil.

Os vários "favores" citados nessa Lei incluíam:

» a concessão de terrenos de marinhas e terrenos públicos, nas costas e nas ilhas, para fundação de estabelecimentos de pesca;
» o direito de desapropriação, por utilidade pública, dos terrenos necessários à edificação de estaleiros, parques e depósitos de salga e frigoríficos;
» o direito de importar embarcações a vapor ou à vela, destinadas exclusivamente à pesca pelas suas instalações e características, e dos apparelhos de pesca e material próprio para o reparo dos mesmos;
» o direito de importar os "machinismos" e material necessário para a instalação dos serviços de preparo, salga e conserva do peixe, inclusive os acessórios e aprestos para o acondicionamento do peixe conservado, e do combustível para funcionamento de barcos e demais "installações attinentes à industria da pesca". Todas as importações seriam sujeitas ao pagamento de somente 8% do valor declarado;
» a licença, isenta de qualquer contribuição federal, para instalar viveiros em quaisquer pontos da costa ou das lagoas;
» a permissão para que o mestre, contramestre, capitão e a metade da tripulação dos barcos de pesca a vapor ou à vela fosse de pessoal estrangeiro, durante cinco anos, contados a partir da data desta Lei.

Em 1912 uma firma brasileira e três companhias norueguesas procuraram assumir esse desafio na Bahia. Como veremos no capítulo 3, o interesse nacional brasileiro no norte do país era representado pela recente constituída Companhia de Pesca Norte do Brasil, registrada em Pernambuco. No caso da Bahia, uma dessas empresas norueguesas, a Didrichsen, Moy & Co., de Christiania (Oslo), elaborou um prospecto com o convite de investir em ações de uma companhia chamada A/S Brasil. A intenção expressa era de unir a caça de baleias com a pesqueira comercial "de um peixe parecido com o arenque, com conteúdo alto de gordura", que eles acreditavam poder encontrar em grandes números na costa brasileira. Dessa maneira, eles afirmaram que um lucro podia ser arrecadado fora da temporada baleeira, mas a iniciativa não despertou apoio suficiente para materializar-se.

As outras duas companhias norueguesas eram empresas já estabelecidas no negócio baleeiro, cujos fundadores remontam à caça de baleias em Finnmark e Spitzbergen no fim do século XIX e o começo do século XX. Interessentskapet Vik era uma companhia privada recentemente estabelecida, em 1911, por Lars Christensen de Sandefjord. Lars Christensen (1884-1965) era filho de Christen Christensen (1845-1923), um empresário baleeiro que havia estabelecido um estaleiro em Sandefjord, o Framnæs Mekaniske Værksted. Depois das experiências que Christensen realizou em 1903, quando mandou um pequeno barco de madeira a vapor que havia sido convertido em uma fábrica flutuante para uma expedição exploratória a Spitzbergen, esse estaleiro acabou tornando-se a principal companhia no mundo na conversão de barcos à vela e a vapor em fábricas flutuantes para óleo de baleia. Christensen também era construtor de navios baleeiros, e em 1911 fundou a primeira fábrica na Noruega para o refinamento de óleo de baleia, a A/S Neptun.

Nos anos 1892 a 1894, ciente da crescente crise na caça de baleias no hemisfério do norte, ele enviou duas expedições à Antártica, sob o comando do capitão C. A. Larsen no navio a vela *JASON*, à procura de baleias-francas e de novos campos para a caça de baleias. Essas expedições contaram com o apoio de capital alemão, mas não tiveram nenhum sucesso na captura de baleias — eles encheram seus barcos com peles de foca para não voltar a casa sem nada. Contudo, puderam testemunhar a existência de abundantes números de baleias rorquais, que mais tarde foram exploradas por Larsen e Christensen. O resultado foi que Christensen tornou-se a primeira pessoa a mandar um moderno navio-fábrica, o *ADMIRALEN*, à Antártica, em 1905, a serviço da sua companhia A/S Ørnen, a pioneira da moderna indústria pelágica.

Christensen logo admitiu seus muitos filhos, do quais Lars era o terceiro, no negócio. Lars Christensen tornou-se um dos empresários mais prolíficos dos tempos modernos, com interesses em companhias baleeiras que operavam na Geórgia do Sul, na Península Antártica, no Chile, no Alaska, na África e no Brasil. Chegou a ser o líder de uma das principais companhias baleeiras pelágicas operando na Antártica, a A/S Thor Dahl, que cessou operações somente em 1967, dois anos depois da sua morte. Christensen também realizou, de 1928 a 1937, por meio das expedições *NORVEGIA* e *THORSHAVN*, operações exploratórias na Antártica, durante as quais reivindicou a ilha de Bouvet para Noruega, no ano de 1928, e descobriu nova terra no continente antártico. Também foi responsável pela fundação do museu baleeiro Kommandør Chr. Christensen's Hvalfangstmuseum que existe até hoje.

Lars Christensen envolveu-se ativamente com a caça de baleias em Grytviken, na Geórgia do Sul, em 1909, onde em parceria com o capitão Larsen fundou a companhia Condor, com o propósito de aproveitar os *skrotts* (as carcaças depois de serem retalhadas) usando a ajuda de um barco à vela convertido. Esse empreendimento não foi um sucesso, mas, apesar desse revés, Lars Christensen fundou mais tarde, no mesmo ano, duas companhias no Chile, sendo uma em Corral e outra em San Pedro Sur (ilha de Chiloé); ele enviou o navio-fábrica baleeiro *HVALEN* à Península Antártica em 1910 e em 1912 começou a caçar baleias no Alaska. Parece que seu estratagema era seguir outros que haviam começado operações nessas áreas, e depois de saber do sucesso deles, alvejava esses campos baleeiros, segurando

**FIGURA 2.4.** A expedição baleeira VIK na Bahia em 1912. Sørensen, 1912. (1) O convés de corte. (2) Um pacote de barbatanas de uma baleia-franca com um valor estimado em 40 mil coroas norueguesas. (3) A barbatana de uma baleia-franca. (4) A estação baleeira de "São João", provavelmente Mata de São João na Bahia, onde o navio-fábrica norueguês VIK ancorou para processar sua captura de baleias.

a nata da safra para seu próprio benefício com grandes navios-fábrica e modernos barcos baleeiros, e depois se retirava.

Portanto, não é surpreendente que, depois de informar-se que a caça moderna de baleias havia começado no Brasil em 1911 com certo êxito e que o governo brasileiro estava disposto a oferecer concessões às companhias estrangeiras, Christensen tenha resolvido atuar de uma forma decisiva no país. Naquele mesmo ano, ele estabeleceu a companhia Interessentskapet Vik, registrada em Sandefjord, e com a ajuda do serviço diplomático norueguês negociou uma concessão com as autoridades brasileiras para uma licença com o objetivo de caçar baleias na costa brasileira. Christensen adquiriu um grande barco britânico de 1943 toneladas brutas, converteu-o em um navio-fábrica flutuante no estaleiro Framnæs Mekaniske Værksted, e o rebatizou *VIK*. Para acompanhar essa expedição ao Brasil, ele encomendou dois novos navios baleeiros no estaleiro de Akers Mekaniske Værksted, Christiania (Oslo).

Enquanto esses dois novos navios baleeiros estavam sendo construídos, Christensen procurou trabalho alternativo para o *VIK*. Com a ajuda de associados, ele encontrou emprego para o barco como uma *skrott cookery* (cozinha de carcaças retalhadas)[53] para produzir óleo durante a temporada do verão austral. Conseguiu fazer isso operando

**FIGURA 2.5.** Lars Christensen, dono de navios baleeiros e gerente da expedição VIK.

o *VIK* em associação com o navio-fábrica *THOR I,* da firma Bryde & Dahl, na baía de Godthul, na Geórgia do Sul, com a intenção de enviá-lo ao nordeste do Brasil em maio ou junho 1912. O *VIK* zarpou de Sandefjord em 2 de dezembro de 1911 sob o comando do capitão Lauritz Kristian Andersen, na primeira parte da sua expedição polivalente.

Ao mesmo tempo, Christensen contratou os serviços de um norueguês de 25 anos, Atle Freng (1887-1960), para vigiar a operação brasileira. Oficialmente, uma companhia brasileira – Freng e Companhia – na Bahia se encarregou do gerenciamento dessa concessão, com todos os navios sendo registrados no Brasil e arvorando a bandeira brasileira de acordo com a legislação desse país. Posteriormente, os dois homens viajaram ao Brasil via Nova York, onde o jornal *The Sun* entrevistou Lars Christensen em 24 de março de 1912. A reportagem menciona a visita que os dois noruegueses fizeram à cidade de New Bedford, onde procuraram alguns diários de bordo antigos das viagens realizadas por baleeiros de New England até o Brasil. O jornal reportou que:

> Por enquanto os empresários baleeiros de New Bedford têm estado dispostos a manter os métodos tradicionais, os noruegueses, pioneiros do método de navio-fábrica de caçar baleias, têm feito avanços rápidos na indústria [...] Inferimos do interesse do Sr. Christensen em examinar esses velhos diários de bordo e informações sobre as áreas de cachalotes e baleias-francas, que esses baleeiros modernos estão a ponto de invadir os campos dos navios de caça de cachalote de tempos antigos, e foi com certa preocupação que os empresários baleeiros se deram conta das propostas do Sr. Christensen. Hoje os baleeiros de New Bedford viajam até os Brazil Banks e aos campos de Abrolhos, e como ficam a uma distância curta da Bahia, os vapores da nova companhia brasileira sem dúvida tentarão capturar as baleias deixadas para trás pelos navios de New Bedford [...] As pesqueiras baleeiras da Bahia eram em tempos de outrora as maiores do mundo [...] Depois de acompanhar o início da nova companhia, ele voltará a sua casa na Noruega deixando Sr. Freng a cargo como gerente. (tradução).

Na realidade, o *VIK* chegou à Geórgia do Sul na primeira parte de 1912 para ajudar com a captura de baleias e, ao terminar a temporada de caça, finalmente zarpou para chegar à Bahia em 29 de maio, depois de uma boa viagem para o norte. Na Bahia, o *VIK* esperou a chegada dos seus dois companheiros: os baleeiros *FOGO* (ex-*FLAMME*), que estava viajando para o norte depois da sua primeira temporada na Antártica, e o *MINERVA*, que viajava para o sul na sua viagem inaugural desde um estaleiro na Noruega[54].

De acordo com referências norueguesas (Sørensen: 1912), o *VIK* ficou ancorado na vizinhança de uma estação baleeira que eles chamaram "Soão João" [*sic*]. Existem duas possibilidades para identificar essa localidade. A primeira seria o estabelecimento dos irmãos Duder em São João de Manguinhos, nas águas abrigadas da Baía de Todos os Santos, onde talvez existisse um acordo de benefício mútuo com o *VIK*, que além de capturar as baleias com os seus dois navios baleeiros, ainda processava as *skrotts* descartadas pela companhia Duder and Brother. Esse tipo de arranjo, por meio do qual um navio-fábrica especialmente equipado de uma companhia trabalhava em colaboração com uma firma concorrente não era incomum nos círculos marítimos noruegueses. Por exemplo, Christensen entrou em acordos semelhantes com firmas concorrentes na baía de Godthul (com Bryde & Dahl) e em Grytviken (com A/S Condor), na Geórgia do Sul, e também na África Ocidental.

A segunda — e talvez mais plausível explicação — trata-se da Mata de São João, onde hoje em dia está situada a Praia do Forte, em torno de sessenta quilômetros ao nordeste da Ponta de Santo Antônio na boca oriental da Baía de Todos os Santos. Ali existia uma armação no século XVII, e o lugar desfrutou do benefício de um canal profundo entre o arrecife e a praia, que possibilitava a flutuação das carcaças de baleias até a praia. A ancoragem do *VIK* nessa região não comprometeria a operação da empresa Duder.

A captura registrada durante os próximos cinco meses chegou a 160 baleias com uma produção de 5600 barris de óleo (35 barris por baleia). Embora se presuma que a maioria dessas baleias eram baleias-jubarte, as quais os baleeiros achavam relativamente fáceis de matar e depois virar quando estavam retalhando no mar, existe, também, evidência fotográfica (Sørensen:1912) demonstrando que pelo menos uma baleia-franca-austral tenha sido capturada. A fotografia mostra um pacote de barbatanas de uma baleia-franca a bordo do navio-fábrica, já pronto para o mercado e com um valor de 40 mil kroners (coroas norueguesas).

Não obstante, a companhia reportou um prejuízo de 15 mil kroners. Se isso se deve a uma contabilidade duvidosa não se sabe, mas uma fonte norueguesa (Risting: 1922) afirma que o governo brasileiro atuava de uma maneira insidiosa e não muito prestativa, apesar dos seus pronunciamentos anteriores a favor de impulsionar a indústria. A companhia alegou que o departamento de alfândega e os impostos do governo brasileiro asseguraram, mesmo numa boa temporada, que muito pouco do lucro voltasse para a Noruega. Outro relatório (também em Risting: 1922) revelou que os baleeiros noruegueses não encontravam muitas baleias migratórias ao longo da costa, e que muitas vezes era difícil aproximar-se delas, e que se encontravam longe do continente. Também é bem possível que a localização do *VIK* não tenha sido a melhor, considerando que seus rivais podiam interceptar as baleias migratórias indo ao norte antes que encontrassem os dois navios baleeiros do *VIK*.

Outro informe sobre o empreendimento norueguês, que talvez tenha ainda mais significado, afirma que havia acontecido alguma agitação a bordo do navio-fábrica, causada por tripulantes que “não eram os melhores filhos da sua mãe”. A metade da tripulação foi demitida e substituída por “mão de obra negra” (Tønnessen: 1967). Na realidade, a companhia estava decepcionada com a experiência, e não voltou ao Brasil. Depois de chegar a Nieuwe Waterweg (Rotterdam), em 14 de dezembro de 1912, para descarregar sua carga de óleo de baleia e barbatanas valiosas, o navio-fábrica foi convenientemente vendido a outra companhia norueguesa, a A/S Ækvator, e depois enviado ao Congo

**FIGURA 2.6.** Albert Grøn, gerente e dono da empresa norueguesa A/S Urd.

Francês, em 1913, em busca de baleias-jubarte. Os navios baleeiros foram arrendados a outra companhia que trabalhava na Antártica.

A outra empresa que se interessou pelo Brasil foi a Aktieselskabet Urd, com sede em Sandefjord, na Noruega. A companhia Urd foi administrada por Hans Albert Grøn (1840-1921) — um veterano baleeiro que havia aprendido o ofício em Finnmark com uma empresa chamada A/S Tanahorn, uma firma que mais tarde teve interesses baleeiros nas Ilhas Faroé (onde construíram uma estação terrestre), em Spitzbergen, no Brasil, na África e na Antártica. Risting (1914) e *The Brazilian Review* (12 de março de 1912) reportaram que a Urd teve um capital social de 500 mil coroas norueguesas. Em 1912, a caça de baleias nas Ilhas Faroé entrou em crise devido à pesca excessiva, e, depois de saber das oportunidades potenciais oferecidas no Brasil, Grøn resolveu mudar suas operações para esse país. Com esse objetivo em mente, ele obteve uma licença das autoridades brasileiras e adquiriu um grande barco à vela, o *MELETE*, da Alemanha, para servir de fábrica flutuante e acompanhar dois navios-baleeiros antigos que ele usava para caçar baleias nas Ilhas Faroé, o *URD* e o *SKULD*. Todos esses barcos arvoraram a bandeira brasileira e Jacob E. Tellefsen, o capitão do *MELETE*, era o gerente baleeiro. Zarparam juntos de Latvik, na Noruega, em 5 de maio de 1912. O navio-fábrica viajava ao sul enquanto os dois navios-baleeiros, dependentes de provisões constantes de carvão, chegaram a Lisboa em 18 de maio, a Las Palmas em 24 de maio, a Cabo Verde em 31 de maio e finalmente chegaram à Bahia em 11 de junho. Em Salvador, eles esperaram a chegada do navio-fábrica, com o qual se reuniram seis dias mais tarde[55].

Textos publicados no *Diário Oficial da União* evidenciam que a localização escolhida pela "barcaça" (o navio-fábrica) era Morro de São Paulo, no ponto mais ao norte da Ilha da Tinharé, na municipalidade de Cairu, Bahia, por volta de 33 milhas náuticas ao sul de Salvador. Talvez essa posição fosse uma boa opção, já que seus dois concorrentes na mesma área estavam localizados ao norte e, portanto, eles podiam interceptar muitas baleias para seu próprio benefício. Sabemos que a empresa adotou esse lugar porque em outubro de 1912 a Diretoria-Geral de Saúde Pública multou o capitão Tellefsen por haver descartado carcaças retralhadas no mar na proximidade de praias do Morro de São Paulo, causando um perigo ambiental. Essa evidência sugere que os noruegueses estavam meramente cortando o toucinho da baleia e deixando o resto da carcaça à deriva. Em outras palavras, seu único interesse era a produção de óleo, e o navio-fábrica não possuía uma planta para aproveitar toda a carcaça. Do mesmo modo, essas práticas de desperdício haviam tornado-se a norma na Geórgia do Sul e nas Ilhas Shetland do Sul até que, em 1912, o governo das Ilhas Falkland tomou a iniciativa de regular melhor a indústria.

Em sua primeira temporada na Bahia, a companhia Urd produziu 2500 barris de óleo e, na temporada seguinte (1913), capturou 132 baleias-jubarte e dois cachalotes, que renderam 3111 barris de óleo, 23 barris por baleia (Risting: 1914). A empresa reportou que haviam avistado mais baleias naquela temporada, mas que, por serem bastante magras, ficarem distantes do litoral e estarem migrando tão rapidamente, os pequenos e velhos navios-baleeiros tiveram dificuldades em persegui-las e de aproximar-se delas. Existem vários relatórios da companhia que indicam como essa temporada prosseguiu: a companhia começou a caça no início de julho e, até o fim desse mês, produziu oitocentos barris de óleo; até o fim de agosto, 2 mil barris estavam no porão do navio; e até o fim de setembro esse número chegou a 2850 barris. A temporada terminou na segunda metade de outubro.

Na temporada seguinte, em 1914, a companhia arrendou da A/S Hektor (N. Bugge) Tønsberg um navio-baleeiro moderno e mais veloz, o *MINERVA*, para ajudar com a captura[56]. Em setembro daquele ano, o *Lloyd's Weekly Shipping Index* reportou que o navio-fábrica estava operando na costa de São Paulo — uma indicação de que o *MELETE* pode ter mudado de lugar temporariamente para interceptar as baleias que voltavam ao sul, antes de retornar à Bahia. O *MELETE* partiu finalmente dos campos baleeiros da Bahia em 5 de novembro, e informaram que, naquele ano, as baleias eram mais gordas e estavam em melhores condições. Portanto, a produção de 4300 barris (34 barris por baleia) de 127 baleias-jubarte foi realizada com a ajuda do navio-fábrica que estava mais bem equipado para lidar com a carne e os ossos.

Apesar da boa produção de óleo por baleia, essa captura medíocre e o início da Primeira Guerra Mundial colocaram um fim às operações de companhias baleeiras estrangeiras no Brasil. Os dois velhos navios-baleeiros da companhia Urd, que estavam no fim da sua vida comercial, foram vendidos em 1916. Desmantelaram as instalações de fábrica a bordo do *MELETE*, que voltou a ser usado no comércio marítimo normal. Contudo, esse navio teve a desgraça de encalhar em Morant Bay, Pedro Cays, nas Antilhas, em 3 de setembro de 1915, em sua primeira viagem em lastro desde Sandefjord até Tampa, na Flórida. Depois disso, a companhia foi dissolvida.

Depois de suas breves experiências em águas brasileiras, os noruegueses chegaram à conclusão de que lá a migração anual consistia quase que exclusivamente em baleias-jubarte e que elas não apareceram em grandes números. Por consequência, não era possível para um país tão distante como a Noruega, que arcava com as despesas de equipar uma expedição flutuante, fazer lucro nesses campos baleeiros. Contudo, eles opinaram que firmas nacionais, como a Duder and Brother, podiam sobreviver, já que operavam desde pequenas estações terrestres e contavam com mão de obra barata e meios de se aproveitar de toda a matéria-prima, além de comercializar seus produtos dentro do Brasil. Os noruegueses se deram conta de que para eles o foco da sua indústria agora era a Antártica, com seus campos que eram considerados os mais produtivos no mundo, onde era possível uma captura sazonal de mais de 500 grandes baleias rorquais (baleias-azuis e baleias-fin) em cada temporada, com um grande rendimento de óleo de baleia e, consequentemente, margens de lucro favoráveis.

Foi nesse clima que a Duder and Brother continuou com suas operações, trabalhando com dois navios baleeiros até 1917, quando venderam o *BELLA*. A última temporada da qual temos registros foi em 1920, quando o cônsul norueguês em Pernambuco reportou que a companhia ainda estava ativa nesse comércio. Contudo, mais tarde naquele mesmo ano, o *HELENA* foi vendido ao Uruguai e, desse modo, terminou a associação de longa data da Bahia com a caça de baleias. Em 30 de junho de 1921, a Duder & Company Limited informou à revista *Wileman's Brazilian Review* (24 de agosto de 1921, página 1355) que eles haviam incorporado a companhia da Duder and Brother. Edward Pellew Wilson Duder, Alberto Thomaz Bailie e o advogado Antonio José Fernandes assinaram representando a Duder and Brother. Mais tarde, foi reportado que o local das instalações baleeiras havia sido vendido a Luiz Raymundo Tourinho Dantas[57]. Não obstante, a família Duder continuou com seus interesses comerciais no Brasil, principalmente através de Edward Pellew Wilson Duder e seus descendentes imediatos, mas a quebra da Bolsa de Valores de 1929 e a depressão econômica que seguiu na década de 1930 afetaram enormemente seus negócios. Quando Edward morreu no Rio de Janeiro em 1946, seus investimentos passaram aos seus dois filhos, Edward Wilson Duder (nascido em 1910) e Frederick Wilson Duder (nascido em 1911); este último gerenciou um comércio de exportação de café em Santos por mais de trinta anos. Com suas duas irmãs, Helena Wilson Hunt (n. 1908) e Vera Wilson Franks (n. 1913), todos nascidos na Bahia, eles adquiriram propriedades que incluíam um terreno extenso na margem da praia no local da antiga estação baleeira em Manguinhos. Os arrendamentos dos donos de casas nessa propriedade foram recebidos por um empregado antigo de Edward Pellew Wilson Duder, Olyntho Costa, naquele momento trabalhando na firma de Cory Brothers[58]. Depois da Segunda Guerra Mundial, Edward Wilson Duder mudou para Toronto na Canadá, e em 1963, Frederick Wilson Duder aposentou-se e foi morar na Inglaterra. Em 1966, a família resolveu alienar seus bens em Manguinhos através do advogado Luiz Raymundo Torrinho Dantas, e pode ser que ele mesmo adquiriu alguns desses bens[59].

Somente podemos concluir que o falecimento do comércio baleeiro da empresa Duder and Brother se deve ao declínio catastrófico nos números de baleias-jubarte que migravam ao longo da costa brasileira. Isso se confirmou em 1917 quando o cônsul americano na Bahia reportou: "A atividade baleeira na costa do Brasil está diminuindo e os grupos de baleias [jubarte] que vinte anos atrás eram entre oito e dez agora são meramente dois ou três" [60]. Existem agora muitas evidências mostrando que as baleias jubarte que visitam a Bahia pertencem ao estoque do Atlântico Sul, que cobre as Ilhas Falkland, a Geórgia do Sul e as Ilhas Sandwich do Sul. Monitoramentos recentes de baleias marcadas, feitos por satélite, têm mostrado que elas procuram se reproduzir e passar o inverno austral no Brasil e migram até a Geórgia do Sul e as Ilhas Sandwich do Sul no verão, e muito provavelmente até as Ilhas Falkland também.

A atividade baleeira no hemisfério sul começou na Geórgia do Sul, em 1904, nas Ilhas Falkland, em 1909 e nas Ilhas Sandwich do Sul, em 1911. Entre 1904 e 1915 cerca de 22717 baleias-jubarte foram capturadas por um total de sete companhias baleeiras argentinas, britânicas e norueguesas que operavam navios-fábricas flutuantes e estações terrestres na Geórgia do Sul. Além disso, duzentas baleias-jubarte foram capturadas na estação de Christian Salvesen na New Island das Ilhas Falkland e treze baleias-jubarte por um navio-fábrica norueguês que operava nas Ilhas Sandwich do Sul em 1911, somando 22930 baleias em total[61].

Nas seguintes cinco temporadas, por causa do início da Primeira Guerra Mundial, da consequente demanda por glicerina (um subproduto da produção de óleo de baleia) e do afrouxamento das restrições de caça pelo governo das Ilhas Falkland, a chacina por uma indústria assim chamada "regulamentada" não cessou. Entre 1915 e 1920 mais 2163 baleias-jubarte foram caçadas na Geórgia do Sul, o que levou o total capturado dessa espécie na Geórgia do Sul, nas Ilhas Falkland e nas Ilhas Sandwich do Sul a 25093 baleias. Esse início da caça de baleias no hemisfério do sul teve um impacto muito devastador e duradouro no estoque brasileiro de baleias-jubarte, o que, diante do clima de quase total extirpação dessa espécie, tornou sua caça na Bahia insustentável e significou o fim de uma indústria que havia perdurado por várias gerações.

CAPÍTULO 3

# *Von Söhsten vai à caça*

## A Companhia de Pesca Norte do Brasil

### (1911-1928)

*Os últimos jornais do Brazil annunciam a chegada a Natal do trawler "Alberto Maranhão", importado por um negociante do Recife. É o primeiro navio de pesca a vapor que o Brazil possue e, embora adquirido em segunda mão, [...] é um esplendido trawler e foi provido com todos os recursos da pesca moderna [...] O sr. Julio Von Sohsten [...] merece todos os nossos applausos e todas as nossas sympathias. Elle é estrangeiro de origem, mas é brazileiro porque ama o nosso paiz e porque é casado com uma patrícia nossa [...] Não faltou quem lhe mostrasse riscos enormes para o seu dinheiro e quem, ignorante e cego, procurasse desvial-o e aos seus sócios do emprego feliz e promissor dos seus capitães [...] Parabéns aos srs. Von Sohsten e Mendes Lima [...] Honra ao brilhante Estado do Rio Grande do Norte.*

A PROVÍNCIA, RECIFE, 14 AGOSTO 1910.

Partindo da Bahia em direção ao norte ao longo da costa do Brasil encontramos os Estados de Sergipe, Alagoas, Pernambuco, Paraíba e Rio Grande do Norte; todos, a exceção de Sergipe, eram interligados até 1910 por uma rede ferroviária extensa — a empresa britânica Great Western of Brazil Railway. Foi nesses quatro estados que um empresário chamado Julius von Söhsten chegou a ter uma variedade de interesses comerciais, incluindo uma companhia que focalizava a caça de baleias. Essa era uma região onde nenhuma armação jamais havia sido estabelecida em tempos coloniais ou mais recentes, nem mesmo em algum ponto mais ao norte. Contudo, foi precisamente na Paraíba que foi estabelecida a empresa de caça de baleias mais importante e mais duradoura do século XX: a Companhia de Pesca Norte do Brasil.

Julius von Söhsten nasceu no Recife, em 24 janeiro de 1862. Era filho de Pieter Cornelis von Söhsten, de Buren, Países Baixos, e Emília Marques da Costa Soares, de Pernambuco, cuja mãe, Clarissa Goddard, de pais ingleses, nasceu em Londres. Pieter veio ao Brasil em 1841 para substituir o cônsul holandês em Pernambuco, Gerardus Abraham Brender à Brandis, enquanto este último viajou a Buren para casar-se com a irmã de Pieter, Henrica Volrada. "Sem dúvida [Pieter] era convencido pelo seu futuro cunhado das perspectivas oferecidas a ele no Brasil, um país novo, cheio de possibilidades"[62].

Gerardus voltou a Pernambuco com sua esposa em 1842, mas partiram para a Holanda sete anos mais tarde, em 1849, deixando Pieter a cargo dos seus interesses comercias, e do consulado com a autoridade do cônsul-geral no Rio de Janeiro. Pieter permaneceu no Brasil e tornou-se sócio da firma de G. A. Brender à Brandis em 1851 e o primeiro gerente do The London & Brazilian Bank em 1863, quando esse banco abriu uma sucursal no Recife. David Joslin (1963) comenta que: "O escritório em Recife do Pernambuco [sic] foi bem posicionado para beneficiar-se de conexões britânicas, porque as casas mercantis britânicas eram proeminentes na exportação de açúcar e algodão, e uma ferrovia inglesa tinha sido construída para ligar as plantações do interior ao porto". Pieter demitiu-se do cargo de gerente três anos mais tarde e morreu de bronquite em 1867; seu corpo foi enterrado no Cemitério Britânico do Recife. Todos os descendentes da muito extensa família Von Söhsten no Brasil hoje traçam sua genealogia de volta para Pieter e Emília.

A história de Julius von Söhsten até 1930 é bastante conhecida, pois está registrada no seu manuscrito "A família von Söhsten" que tem sobrevivido à ação do tempo até hoje[63]. Ele casou-se com a paraibana Maria Clementina de Magalhães em 1881, com quem teve quatro filhos. Maria Clementina e seu primeiro filho Eugênio morreram no naufrágio do vapor *BAHIA* em 1887. Julius casou-se de novo em 1891 com Maria Marcina de Barros e Silva, com quem teve seis filhos.

No mesmo ano em que seu pai Pieter morreu (1867), a firma de G. A. Brender à Brandis parou de fazer negócios sob esse nome, que foi substituído pelo nome de Von Söhsten & Company, com G. A. Brender à Brandis como sócio passivo. Essa nova companhia, descrita como "de nacionalidade holandesa", foi inscrita na Junta Comercial de Pernambuco em fevereiro de 1868. Em seu testamento, Pieter havia deixado a seu cunhado Antônio Marques da Costa Soares poderes como liquidante judicial e gerente desta firma, mas depois de nomear dois gerentes incompetentes, a companhia foi fechada em 1879 ou 1880.

Durante o período difícil nos negócios, Antônio Marques obteve para Julius, no começo de 1877, uma posição temporária na firma de Shaw Hawkes & Company, "uma empresa inglesa engajada no comércio de equipamentos por atacado"[64], e mais tarde, naquele mesmo ano, um lugar como júnior na firma de Saunders Bros. & Company. Os sócios dessa companhia de importação e exportação eram Philip Frith Needham e James Campbell Fraser, que foram também os únicos sócios na firma de Saunders Needham & Company estabelecida em Liverpool. Entre os itens importados por eles se encontrava o bacalhau proveniente de St John's, Newfoundland, comprado para a firma de Mendes Lima & Companhia, que mais tarde uniu forças com Julius Von Söhsten no comércio de pesca e na caça de baleias. Saunders Bros. & Company exportava açúcar, algodão e outros produtos encontrados nas então províncias de Pernambuco, Alagoas, Paraíba e Rio Grande do Norte. A companhia também era agente exclusivo de Lamport & Holt (Brazil & River Plate Steam Navigation & Company) e compartilhava com a firma de Johnston Pater & Company a agência da Harrison Line. Além disso, eram agentes da Lloyds de Londres; das Salvage Associations de Londres e Liverpool; da The Liverpool & London & Globe Insurance Company; e de várias empresas de seguros na Alemanha, na Áustria e na Itália. Esse se tornou um campo de formação muito frutífero para Julius, que ia completar dezesseis anos de idade um pouco depois de ser contratado.

Julius foi encarregado da contabilidade e às vezes o deixavam a cargo como gerente durante o ano de 1886. O gerente de Saunders Needham & Company em Liverpool, William Blackburn, chegou a Pernambuco em 1887 e resolveu liquidar o braço brasileiro do comércio, enquanto estabeleceu uma nova firma no Recife — a Blackburn Needham & Company. Quando William Blackburn partiu para Liverpool, em outubro 1887, ele deixou Julius no comando temporariamente, até a chegada do seu irmão Joseph Blackburn desde o Rio de Janeiro, que "demonstrou sua capacidade para comércio e sua aversão para trabalhar"[65]. Naquele momento, quando o futuro da companhia estava ameaçado, William Blackburn nomeou Julius como gerente, em 1888, e mais tarde, em outubro 1890, ele chegou a ser sócio na firma, com os lucros compartilhados em 60% e 40% entre William e Julius. Todos os compromissos anteriores foram mantidos, e ampliaram seus negócios tornando-se agentes exclusivos da Harrison Line.

Em junho 1896 essa sociedade, agora com o nome de Blackburn & Company, foi desfeita com consentimento mútuo[66], mas a firma continuou operando sob o mesmo nome, com o filho mais velho de William Blackburn, Charles, como um sócio júnior. Nesse mesmo ano, o cônsul holandês no Recife se demitiu e Julius tomou conta do consulado, assumindo como cônsul pleno em 1901[67] — posição que ele manteve até 1936. A primeira vez que o nome de Julius von Söhsten apareceu no título de uma companhia foi em 1898, quando Julius e seu sócio Charles Blackburn abriram um filial em Maceió sob o nome de Julius von Söhsten & Company. Essa filial foi encerrada em 1901, mas durante as primeiras décadas do século XX o nome de Julius chegaria a ser bem conhecido no setor comercial. Charles Blackburn viajou a Liverpool em 1900 para assumir o lugar do seu pai em Blackburn & Company, mas a firma foi liquidada em julho 1901, e tornou-se Julius von Söhsten & Companhia.

O negócio enfrentou dificuldades no começo, com pouco rendimento na exportação de algodão e açúcar, principal atividade da firma. Contudo, em novembro de 1908 Julius abriu uma filial em Natal sob seu próprio nome[68]. Anúncios que apareceram nos jornais *Folha do Povo* e *A República* em Natal, em 1910 e 1911, anunciaram:

> Julius von Sohsten. Armazém de compra de algodão, assucar, mamona, cera de carnaúba, borracha de maniçoba, mangabeira. Grande depósito de saccos vasios para caroço de algodão e assucar, assim como estopa e arame para enfardar algodão. Depósito permanente de farinha de trigo recebida directamente da Republica Argentina, e farinha Buda em barricas. (*A República,* Natal, 10 agosto de 1910).

Foi durante esse período que Julius desviou sua atenção à pescaria e, finalmente, à caça de baleias ao longo da costa nordestina do Brasil. Em 1910 ele importou o *ALBERTO MARANHÃO*, um barco de arrasto construído em Hull, Inglaterra, e nomeado em homenagem ao Presidente (governador)[69] do Estado do Rio Grande do Norte. Alberto Maranhão governou em dois períodos, em 1903/1904 e de 1908 a 1913. Parece que Julius resolveu arriscar-se na pescaria no Rio Grande do Norte, como atestado pela mensagem do governador na abertura do Congresso Legislativo do Rio Grande do Norte em 1 novembro de 1910:

> *Industria da Pesca.* Utilizando-me da autorização votada pelo Congresso [de Rio Grande do Norte], contractei com o sr. Julius von Sohsten a exploração da industria da pesca no Estado por meio de barcos aperfeiçoados e modernos, nos moldes dos que se usam nas grandes pescarias. Já foi adquirido pelo contractante um navio de pesca [o *ALBERTO MARANHÃO*], estando em construcção no extrangeiro mais dois, com as installações e aperfeiçoamentos que faltam ao primeiro, ainda não apropriado às condições especiaes da nossa costa. É justo salientar a persevança e esforço do contratante para a criação desta industria. (Relatório do Presidente do Estado de Rio Grande do Norte, 1 novembro de 1910).

No ano seguinte, em 1º novembro de 1911, o relatório do governador sobre o ano anterior refere-se novamente a essa iniciativa:

> *Industria da pesca.* O concessionario sr. Julius von Sohsten, cujos esforços para estabelecer aqui essa industria são dos mais louváveis, encontra sérios obstáculos na formação rochosa de nossas costas. Foram adquiridos mais dois vapores — o *Progresso* e o *Voador* — com todos os petrechos precisos para a pesca. (Relatório do Presidente do Estado de Rio Grande do Norte, 1º de novembro de 1911.)

O *ALBERTO MARANHÃO* começou sua vida como o barco de arrasto a vapor *PLOVER*, construído em 1898 por Earles Shipbuilding & Engineering Company Limited, em Hull, Inglaterra, para a empresa Pioneer Steam Fishing Co. Ltd. (George E. J. Moody, gerente), de Grimsby, Inglaterra. O barco tinha 180 toneladas brutas e foi usado para pescaria nas águas do Mar do Norte e da Escócia. Esse navio passou por vários donos: foi vendido a Akties Fiskeriselskab Norden, na Dinamarca, em 1904, e rebatizado *HELSINGÖR*; logo foi vendido de volta a uma firma em Grimsby, em 1910, e rebatizado *PLOVER*; e depois foi vendido a Julius von Söhsten & Companhia, em Pernambuco, em julho de 1910 e rebatizado *ALBERTO MARANHÃO* (devidamente registrado no *Lloyd's Register of Shipping*). Em 14 de maio daquele mesmo ano a Tesouraria Brasileira autorizou seu delegado fiscal no Rio Grande do Norte a permitir a importação por "Julius Von Sohsten, contractante do serviço de pesca a vapor" desse barco de arrasto livre de impostos[70].

Em 1911, Julius von Söhsten foi mais longe e encomendou os barcos de arrasto *PROGRESSO* (um barco de arrasto a motor de duas hélices construído em Fredrikshavn, Dinamarca), e *VOADOR* (construído em Aberdeen, Escócia); ambos os quais ficaram prontos ainda em 1911. Em 1912, os três barcos foram transferidos à Companhia de Pesca Norte do Brasil, da qual, como veremos, Julius era diretor-gerente. É quase certo que esses barcos foram capitaneados por cidadãos europeus; o capitão do *VOADOR*, por exemplo, foi inscrito como J. Haynes, em 1912[71]. Em 1916, durante a Primeira Guerra Mundial, todos os três foram transferidos ao governo italiano e, de acordo com o *Lloyd's Register of*

*Shipping*, devolvidos a von Söhsten em 1918, mas todos os rastros desses navios se perderam a partir de 1919.

Entretanto, os três barcos continuavam pescando e o *ALBERTO MARANHÃO* também era ativo em transporte por mar. Esse navio foi autorizado a continuar com seu "serviço de navegação" em janeiro de 1913, em conjunto com Lloyd Brasileiro, entre Amarração, no Estado de Piauí, e portos em Pernambuco, e entre Recife e "Roccas" — o farol no Atol das Rocas, 148 quilômetros ao oeste do arquipélago de Fernando de Noronha[72]. Esse serviço continuou até 1915; em março de 1915 o Ministério da Marinha autorizou a Tesouraria a pagar o aluguel desse barco a vapor para transportar comida e outros abastecimentos aos faróis das ilhas Rocas e Rata[73].

Julius von Söhsten teve o apoio pleno do Rio Grande do Norte, de onde veio sua segunda esposa. Conseguiu um contrato com o governo daquele estado, firmado em 2 de setembro de 1910, que lhe outorgou a concessão para pescar no Rio Grande do Norte. Na sequência, ele uniu forças com Mendes Lima & Companhia, que tinha uma concessão semelhante para pescar ao longo da costa de Alagoas (assinada em 25 julho de 1910), e juntos eles estabeleceram a firma de Companhia de Pesca Norte do Brasil, com sede no Recife. O Decreto Presidencial nº 8841, de 26 de julho de 1911, concedeu autorização para essa companhia funcionar no Brasil de acordo com seus estatutos. Esses estatutos foram assinados em 12 de julho de 1911 por Julius von Söhsten como diretor-gerente e Joaquim Lima de Amorim como diretor-secretário, que também assinou como procurador de Antônio Mendes Fernandes Ribeiro, presidente da nova companhia — esses dois últimos pertenceram à casa comercial de Mendes, Lima & Companhia[74]. O texto desses estatutos ainda existe[75] e nos mostra que de um total de 1600 ações, a metade foi atribuída a Julius (500) e a Antônio Mendes Fernandes Ribeiro (300), com membros de família dos diretores compondo o restante.

O objetivo específico da companhia era explorar as concessões que já possuíam no Rio Grande do Norte e em Alagoas, e depois "tornar extensiva a sua indústria a outros estados do norte e especialmente aos da Parayba, Sergipe e Pernambuco, inclusive às águas e costas da ilha de Fernando de Noronha, empregando para tal fim os meios necessários". Os estatutos declaram que "embarcações modernas, quer a vapor, quer mixta (a vela e a motor), ou vapores para pesca no alto mar, com apparelhos aperfeiçoados" seriam adquiridas e que estações terrestres para sua indústria de pesca seriam construídas, incluindo a provisão de qualquer armazém refrigerado que pudesse ser necessário. Existe um ponto interessante nesses estatutos: não havia nenhuma menção da caça de baleias como objetivo, embora o artigo 7 da seção II declarasse que "A empreza poderá estender suas operações em qualquer direcção no intuito de dar maior incremento à sua indústria".

A associação de Julius von Söhsten com Mendes, Lima & Companhia é muito significante para esta narrativa. Fundada em 1875, essa casa comercial tornou-se uma das mais conhecidas e poderosas em Pernambuco e nas províncias vizinhas. Os fundadores eram Antonio Fernandes Ribeiro e João José Rodrigues Mendes — ambos imigrantes portugueses que chegaram ao Brasil em torno de 1860. Em 1902, quando os dois fundadores já tinham falecido, a firma passou às mãos de Antonio Mendes Fernandes Ribeiro, filho de João José, e seu cunhado Joaquim Lima de Amorim — os futuros sócios de von Söhsten. A companhia teve muitos interesses comerciais. Era forte na importação de bacalhau de St John's, em Newfoundland, onde Charles Blackburn, outrora sócio de Julius, representou a companhia. Reginald Lloyd (1913) menciona que Mendes Lima importava quase 100 mil barris de bacalhau por ano para Pernambuco. A firma também era forte nas exportações — açúcar, algodão, café e outros produtos locais — principalmente para a Europa e também para o sul do Brasil, e tornaram-se donos de vários engenhos[76].

O ano de 1911 foi decisivo para Julius von Söhsten. Sua companhia estava pescando com o barco de arrasto *ALBERTO MARANHÃO*, e tinha encarregado a construção de mais dois barcos de arrasto a vapor: o *PROGRESSO* e o *VOADOR*. Parece que em algum momento depois de assinar os estatutos para a Companhia de Pesca Norte do Brasil em julho de 1911, o foco da companhia começou a mudar na direção da caça de baleias e, sendo assim, não surpreende o fato de a atenção de von Söhsten ter se voltado à Noruega[77], o centro mundial das práticas modernas de caça de baleias. Sem dúvida, Julius se deu conta de que a firma de Duder and Brother teve sucesso no seu primeiro ano de caça de baleias, com um moderno navio de pesca ao longo da Bahia. Ciente do número de baleias que passavam pelo litoral da Paraíba anualmente durante suas migrações para climas mais quentes durante o inverno austral procurou entrar nesse comércio. Para alcançar esse objetivo, ele nomeou o advogado Trygve Rynning (1877-1960) da firma A/S Neptun, em Sandefjord, na Noruega, como seu agente, e o gerente de banco Lars Klaveness[78] (1869-1947) do mesmo porto, para conseguir financiamento e providenciar um estaleiro apropriado para o desenho e a construção de um novo navio baleeiro fabricado sob encomenda. O resultado foi que a firma de Akers Mekaniske Værksted de Christiania (Oslo) foi contratada para construir um navio de 145 toneladas brutas baseado em desenhos do navio de caça *FLAMME*, de Lars Christensen, a um custo de 105500 coroas norueguesas (em torno de 17.500 dólares na época). O contrato para o estaleiro número 336 foi assinado em 7 de novembro de 1911, com Lars Klaveness representando a "Companhia de Pesca Norte do Brasil (Ramo de Caça de Baleias)". A entrega foi estabelecida para 1º de maio de 1912.

Ao mesmo tempo a companhia procurou um navio-fábrica para apoiar sua expedição. É quase certo que von Söhsten resolveu fazer isso depois de receber conselhos dos noruegueses. Talvez, inicialmente, ele estivesse em dúvida sobre a melhor localização para estabelecer sua base de pesca e tenha sido aconselhado pelos noruegueses de que a melhor decisão, baseada na experiência norueguesa, era adquirir um navio-fábrica — em vez de uma estação fixada em terra — que podia seguir as baleias durante suas migrações anuais e lançar a âncora em vários lugares onde elas eram encontradas para aproveitá-las ao máximo.

Esse navio-fábrica era um barco à vela de ferro, equipado com maquinaria para o processamento de baleias, que começou a vida como o *DOCHRA*, lançado ao mar por Scotts & Company, de Greenock, na Escócia, em março de 1877, e foi envolvido no transporte de emigrantes para Austrália. O navio foi vendido várias vezes: para MacNeilage Adam & Company, em Greenock, na Escócia (1882); para Nicholson & McGill, em Liverpool (1890); e para Acties Dochra, em Tvedestrand, na Noruega (1902). De acordo com o *Lloyd's Weekly Shipping Index*, o *DOCHRA* navegou de Newport, País de Gales, em 29 de março de 1912, para Tønsberg, na Noruega, quase com certeza transportando uma carga de carvão de pedra para a expedição. Ao chegar lá, em 15 de abril de 1912, o navio passou à propriedade da Companhia de Pesca Norte do Brasil e foi rebatizado como o *PERNAMBUCO*. Como Sandefjord, Tønsberg também era um porto no coração da indústria florescente da caça de baleias, e vangloriava-se por abrigar uma firma de engenheiros marinhos chamada Husø Verft og Mekaniske Værksted (gerente Adolf Anton Foyn), que tinha tornado-se especializada na construção de estações de baleias em terra e na provisão de equipamentos para navios-fábrica no mar. É provável que essa companhia tenha aceitado fazer a reforma do *PERNAMBUCO*, e, embora não tenhamos detalhes desse trabalho, o procedimento padrão naquela época era instalar um número de caldeiras abertas para cozinhar a gordura da baleia e autoclaves à pressão para cozinhar o toucinho e os ossos. Esse trabalho foi realizado durante abril e parte de maio de 1912.

Em 25 de maio de 1912 a expedição sob o comando-geral de Anders Ellefsen (1875-1953)[79] — membro de uma família célebre que foi pioneira em Newfoundland, em 1902 — partiu de Tønsberg para Pernambuco. A expedição consistia no navio-fábrica *PERNAMBUCO*, comandado por H. B. Bjønnæs (capitão de 1912 a 1919), e o navio baleeiro, agora batizado *DANTAS BARRETO* em nome de outro Presidente de Estado (Emídio Dantas Barreto, governador de Pernambuco de dezembro 1911 a dezembro 1915), sob o comando de H. Henriksen. O *Lloyd's Weekly Shipping Index* relata que o *DANTAS BARRETO* entrou em Dartmouth, no condado de Devon, sudoeste da Inglaterra, para abastecer-se de carvão em 8 de junho; Las Palmas em 17 de junho; Cabo Verde em 22 de junho; e chegou a Pernambuco em 1º de julho de 1912. Um pouco depois ele zarpou na direção do porto de Cabedelo na Paraíba. O Índice de Lloyd's também informa que o *PERNAMBUCO* estava em comunicação em 28 de junho na posição 51ºN. 26ºO., o que sugere que ele experimentou uma viagem difícil no Atlântico do Norte. Surpreendentemente, Lloyd's não confirmou a chegada do *PERNAMBUCO* até 3 de dezembro, quando informou que tinha chegado a Cabedelo e estava ancorado perto do porto, funcionando como uma refinaria para óleo de baleia[80].

Não se sabe quando a caça de baleias começou para valer, embora o Índice de Lloyd's confirme que o *DANTAS BARRETO* estava caçando baleias ativamente em 26 de agosto, o que sugere que o navio-fábrica provavelmente já havia chegado ao porto de Cabedelo até aquela data. O último relatório para 1912 no Índice data de 27 de dezembro, quando relatou que ele estava caçando baleias ao longo da costa brasileira[81]. O rendimento de novecentos barris na primeira temporada indica que a caça de baleias começou tarde naquele ano, devido ao atraso na chegada do navio-fábrica e/ou a problemas técnicos. Essa produção de óleo sugere que lograram capturar somente umas trinta ou quarenta baleias e que a companhia talvez tenha perdido a migração principal de baleias-jubarte ao longo da costa.

Na temporada seguinte, de 1913, o rendimento foi mais promissor, já que uma temporada completa de junho a novembro foi possível. Não existem dados para essa captura, mas a produção de 3 mil barris (Risting: 1922) sugere que aproximadamente cem baleias foram capturadas, com um bom mercado para o óleo na Europa. Na conclusão da temporada, a companhia aproveitou a ociosidade do *DANTAS BARRETO* para alugá-lo através do agente Rynning e ganhar taxas muito atraentes para trabalhar na Antártica durante a baixa temporada brasileira, de novembro a maio. Em 1913 o *DANTAS BARRETO* foi arrendado à companhia A/S Hvalen, de Lars Christensen, que teve uma licença emitida pelo governo das Falkland Islands para caçar baleias nas ilhas South Shetland e Graham's Land, e trabalhou com o navio-fábrica *HVALEN*. Em 20 de novembro de 1913 o *DANTAS BARRETO* zarpou de Buenos Aires para a Antártica e voltou a Montevidéu em 10 de abril de 1914[82], antes de finalmente sair do Rio de La Plata, em 26 de maio, em tempo hábil para começar a captura de baleias na Paraíba. Nesse intervalo ele provavelmente foi retirado da água para manutenção na Argentina ou no Uruguai. Esse arranjo repetiu-se em 1914 com a firma de N. Bugge de Tønsberg[83], que também tinha uma licença para caçar baleias numa estação em terra na Ilha Deception das Ilhas South Shetland e usar navios-fábrica ao longo da península Antártica[84]. Foi acordada uma taxa de arrendamento de 22 mil coroas norueguesas para a temporada de seis meses, incluindo a tripulação, os mantimentos e o óleo do motor, com os arrendatários responsáveis pelo carvão na apresentação da fatura. O *Lloyd's Weekly Shipping Index* relata que no começo de 1914 o *PERNAMBUCO* ainda estava ancorado permanentemente perto de Cabedelo. Foi nessa época que von Söhsten, junto com seus conselheiros noruegueses, chegaram à conclusão, baseada na experiência local, que seria mais vantajoso erguer uma fábrica de processamento de baleias em terra em Cabedelo. De fato, o periódico regional *O Jornal* reportou em 1º de setembro de 1913 que o Presidente do Estado da Paraíba tinha anunciado à Assembleia Legislativa que a companhia "Pesca do Norte" de von Söhsten ia estabelecer sua fábrica em Cabedelo. Consequentemente, eles desmancharam a planta a bordo do navio-fábrica e a ergueram de novo no sítio escolhido em Costinha, em frente à Cabedelo (Risting: 1922)[85]. Essa se tornou a base para uma planta que visava uma maior utilização da matéria-prima e na qual existiam oportunidades substanciais para expansão sem as limitações de um navio-fábrica. O *PERNAMBUCO* talvez tenha sido utilizado para transporte local, mas em 1918 foi vendido à empresa Lloyd Nacional, no Rio de Janeiro[86].

Costinha se localiza na Paraíba a 750 quilômetros ao sul do equador, em latitude 7º Sul. Fica na margem ao lado norte do Rio Paraíba, frente ao porto de Cabedelo, que está mais ou menos a vinte quilôme-

**FIGURA 3.1.** Uma baleia-jubarte na plataforma de corte em Costinha, 1920.

tros de João Pessoa. Essa escolha provou ser excelente, já que a caça de baleias continuou lá quase sem interrupção até 1985. A costa do Brasil se sobressai dentro do Oceano Atlântico em João Pessoa, precisamente no Cabo Branco, onde tem um farol em 34°47′48"Oeste – o ponto mais oriental das Américas. Toledo (2009) fornece uma análise útil das vantagens oferecidas por Costinha, não todas das quais teriam sido aparentes imediatamente a Julius von Söhsten e seus parceiros. A plataforma continental na Paraíba é relativamente estreita, e Costinha fica perto do lugar onde baleias de várias espécies se concentram durante suas migrações anuais para acasalamento entre junho e o começo de dezembro – principalmente baleias-jubarte, baleias-espadarte, baleias-de-bryde, cachalotes, baleias-minke-austrais e muito ocasionalmente baleias-fin – e esse fato ajudou a reduzir as despesas gerais. No século anterior, caçadores de baleia americanos e britânicos teriam caçado baleias de uma forma oportunista ao longo dessa região da costa brasileira enquanto viajavam até os campos de caça de baleia mais lucrativos do Atlântico Sul.

O Rio Paraíba é um rio de importância e com boa profundidade de água, o que permitia a Costinha aceitar a proa de uma baleeira e desembarcar as baleias sem risco; além disso, embora esteja perto da boca do rio, ao mesmo tempo está abrigada pelo mar. Havia poucas pessoas morando lá, e a praia estava longe o suficiente de áreas habitadas onde os odores causados pelo processamento das carcaças de baleia e os resíduos industriais teriam tornado essa iniciativa bastante mal recebida. Ao mesmo tempo, essa estação estava em frente ao porto estabelecido em Cabedelo, que era crucial para o comércio de exportação – somente uma viagem de vinte minutos hoje por balsa – e perto do mercado representado pela cidade de João Pessoa. Existia também acesso fácil a água potável, de poços artesianos.

Os mercados promissores para o óleo de baleia e o potencial para incrementar a produção de óleo com a nova fábrica em terra estimularam a companhia a alugar uma segunda baleeira para a temporada de 1914. Os arranjos foram feitos através do agente norueguês Rynning para arrendar o *FOGO* (ex *FLAMME*) da firma baleeira de N. Bugge, em Tønsberg. Existem relatórios mostrando que esse navio, que voltava de uma temporada em águas Antárticas via Montevidéu, sob o comando do capitão e arpoador Albert Andersen[87], estava caçando baleias perto de Ilhéus, na Bahia, em 6 de julho e, depois disso, em Cabedelo[88]. O resultado líquido de 5100 barris de uma captura de umas 130 baleias era oportuno, já que a eclosão da Primeira Guerra Mundial e uma demanda crescente por glicerina – um subproduto da fabricação de óleo de baleia e usado como ingrediente na manufatura de explosivos – criou um mercado para esse óleo.

Em fevereiro de 1914, consciente da necessidade de um navio confiável para armazenamento e transporte, a companhia adquiriu o barco de aço e antigo navio-fábrica *MIMOSA* (Capitão Gundersen) que foi construído como o *QUILPUÉ*, em Glasgow, em 1890. Esse barco zarpou de Tønsberg em 23 de março de 1914 e chegou a Cabedelo em 25 de maio. Ao término da temporada baleeira, o *MIMOSA* teve a responsabilidade de levar toda a produção da temporada à Europa. Ele partiu de Cabedelo aproximadamente em 17 de dezembro de 1914 e, depois de receber passe livre das autoridades britânicas, chegou a Sandefjord em 16 de abril[89]. Contudo, os britânicos descobriram mais tarde que a carga tinha sido vendida por Lars Klaveness a um revendedor particular em Sandefjord e daí à Alemanha através de uma sequência de agentes em Oslo, Dinamarca, e Áustria. Isso causou um mal-estar de certas proporções entre a Noruega e o Reino Unido, por causa do seu valor durante a guerra. Os britânicos advertiram a Noruega que se isso se repetisse eles cancelariam todas as concessões e licenças para caçar baleias nas dependências das Ilhas Falkland, considerados, na época, os campos baleeiros mais produtivos do mundo, onde a Noruega tinha um interesse comercial significativo[90]. Um pouco depois, o *MIMOSA* foi vendido a uma companhia norueguesa, sem dúvida para aproveitar os altos preços para navios de segunda mão devido à Primeira Guerra Mundial.

Várias fontes declaram que a estação baleeira em Costinha foi fechada no período de 1915 a 1923 (veja, por exemplo, Williamson: 1975; Toledo: 2009), mas essa informação tem pouco fundamento. Tanto Risting (1922) como o cônsul norueguês no Recife em 1920 reportaram que a caça de baleias estava sendo ativamente empreendida em Costinha e providenciaram relatórios de captura para confirmar isso, embora a indicação tenha sido de dados decrescentes: 68 baleias e 3300 barris de óleo em 1916; 3 mil barris em 1917 e também em 1918; e 29 baleias e 1300 barris em 1919. O cônsul também informou que a companhia tinha uma planta para a produção de farinha a partir da carne e do osso da baleia – e possivelmente também de farinha a partir do peixe – o que confirma os relatos anteriores de que as suas instalações para derreter gordura de baleia foram transferidas do navio para a terra[91]. O cônsul disse ainda que a companhia operou um navio baleeiro com a ajuda de um arpoador, um engenheiro e um marinheiro de convés, todos da Noruega, com o restante da tripulação sendo de "nativos". O *Lloyd's Register* confirma também que Henriksen, o arpoador inicial no *DANTAS BARRETO*, foi substituído por Jansen em 1915, e que este último ainda comandava o navio em 1925[92].

**FIGURA 3.2.** "Guarnição do antigo navio da pesca da baleia comandado na época pelo norueguês Jansen" 1925. Navio baleeiro DANTAS BARRETO.

Outra evidência que demonstra que a companhia continuou a manter ligações com a Noruega se refere à provável ajuda desse país na supervisão da fábrica. Uma placa de fabricação com o nome de G. HARTMANN KRISTIANIA, descoberta recentemente em uma caldeira abandonada em Costinha, comprova que os noruegueses estavam ajudando a companhia antes do ano de 1925, quando a cidade de Kristiania mudou de nome para Oslo. A caldeira giratória de Hartmann foi desenvolvida pela firma de R. A. Hartmann em Berlim e uma patente norueguesa foi obtida em 1911. Tornou-se um aparato muito eficiente e largamente utilizado para a produção de farinha de óleo e carne das carcaças de baleias, e foi instalado em navios-fábrica e em estações terrestres em escala mundial.

Sabemos por meio de anúncios publicados no jornal *A Província,* de Pernambuco, que "óleo de peixe e óleo de baleia" foram oferecidos à venda de fevereiro a setembro de 1913 no escritório da companhia na Rua Visconde de Itaparica nº 22, no Recife. Também, *O Jornal,* da Paraíba, em dezembro de 1923, menciona uma "bem montada fábrica de óleo de baleia e aproveitamento de resíduos" em Costinha, acrescentando que "ninguém mais explora a grande indústria que tão compensadores resultados têm produzido nos estados do sul". Um relatório norueguês de 1917 relatou que as condições baleeiras eram consideradas melhores que aquelas da Bahia, e que a pressão no estoque de baleias encontrado na Paraíba, consequente da caça de baleias no hemisfério austral, talvez não fosse tão severa como se pensava geralmente[93]. Uma explicação convincente para isso, recentemente verificada, é que uma grande parte desse estoque passava o verão austral nas proximidades das Ilhas South Sandwich, um arquipélago isolado ao leste da Geórgia do Sul, que no período antes de 1927 não tinha sido alvo de atividade baleeira intensiva[94]. A disponibilidade de baleias desse estoque para a estação em terra de Costinha possibilitou a captura de uma colheita anual que era sustentável. Além disso, parece que existia uma demanda local e regional para óleo de baleia, carne de baleia e *guano* (ração de animais e adubo), e que, por causa disso, o braço baleeiro da companhia sobreviveu por tanto tempo. O *DANTAS BARRETO* [95] ainda estava em excelentes condições de serviço. Se a companhia quisesse afastar-se do negócio baleeiro, o navio teria proporcionado um bom lucro no mercado aberto, pois, na época, empresas estabelecidas recentemente na Noruega e no Reino Unido procuravam bons navios de segunda mão para adicionar às suas frotas.

Talvez Julius von Söhsten tenha perdido progressivamente sua confiança no negócio e, além disso, ele estava, de qualquer maneira, preocupado com outros empreendimentos durante esse período. Seu mentor inicial, Alberto Maranhão, relatou ao Congresso Legislativo do Estado do Rio Grande do Norte, em novembro de 1912, que ele tinha "contratado Sr. Julius von Sohsten naquele ano para estabelecer uma usina em Ceará-Mirim" no interior do estado. Julius enfrentou dificuldades, e em 1913 conseguiu uma extensão de um ano para cumprir o contrato, mas a usina nunca foi construída.

Vários anúncios publicados no *The Brazilian Review* e no *A Província,* em 1912 e 1913, demonstram que Julius era um agente no Recife para a Booth Steamship Company, de Liverpool, assim como para a línea Thos. & Jas. Harrison, a Societá Italiana di Navigazione, a Lamport & Holt e para a Lloyd Real Hollandez. Em março de 1918, o novo conselho administrativo da Associação Comercial de Pernambuco foi anunciado, com Julius como um dos diretores. Em julho de 1921, ele informou oficialmente que ficaria como o único parceiro remanescente na empresa de Indústrias Reunidas Norte Rio Grandense e que tinha assumido todos seus ativos e passivos, agora com o nome de Indústrias Reunidas Julius von Söhsten, a qual perdurou até 1935 sob esse nome. Entre julho e dezembro de 1924 vários anúncios apareceram no *O Jornal,* da Paraíba, que proclamaram: "Julius von Sohsten: Parayba, Pernambuco, Alagoas e Natal. Agente das seguintes Companhias de Navegação: Thos. & Jas. Harrison, The Booth Steamship, Lloyd Real Hollandais [*sic*]. Agente da Vacuum Oil Company, N. York. Óleos lubrificantes Gargoyle. Sub-agente da Munsons S. Lines. Exportadores de algodão, assucar, caroço de algodão, couros etc.". com o endereço de 74 Rua Maciel Pinheiro, em "Parayba do Norte".

Em 1929, ou possivelmente em 1928, Julius von Söhsten resolveu afastar-se do negócio da caça de baleias e da pesca. Uma curiosidade duradoura é que quando ele escreveu suas memórias (provavelmente em 1931[96]) ele forneceu muitos detalhes da sua carreira e de seus interesses comerciais, mas não tem nem sequer uma menção da sua empresa baleeira, nem da pescaria, o que sugere que a lembrança desse investimento talvez tenha sido uma fonte de bastante desilusão. De acordo com Ricardo Luiz von Söhsten, um descendente que mora hoje em Recife, Julius perdeu muito dinheiro nessa época numa transação que envolveu um negócio de açúcar em Pernambuco — ele perdeu muito comprando uma grande quantidade de açúcar e vendendo-o por um preço inferior. Isso aconteceu no ano da Quebra da Bolsa de

Valores, em outubro de 1929, que inaugurou a Grande Depressão. Pescadores aposentados em Costinha apontam "a casa do holandês" perto da estação baleeira abandonada, onde dizem que Julius von Söhsten morava quando era gerente da companhia.

A Companhia de Pesca Norte do Brasil continuou sob a gerência de Mendes, Lima & Companhia, como descreveremos no próximo capítulo desse livro.

CAPÍTULO 4

# *Sob nova gerência*

## A Companhia de Pesca Norte do Brasil

### (1928-1957)

*A carne de baleia é vendida ao preço de seis cruzeiros o quilo, podendo uma baleia fornecer duas toneladas de carne. Se houver entendimento e conjugação de esforços entre as várias Companhias de pesca de baleia existentes no Brasil, poder-se-á abastecer grande parte da população do país com carne de baleia, muito mais barata e muito saborosa. Não resta dúvida que a baleia, no momento atual, poderá constituir-se em sucedâneo da chamada "carne sêca", com grande economia para o povo.*

NEWTON VIANA, "VAMOS COMER BALEIA".
REVISTA DA SEMANA, JORNAL DO BRASIL, 28 DE JULHO DE 1951.

Como já vimos, Antônio Mendes Fernandes Ribeiro e Joaquim Lima de Amorim da firma Mendes Lima & Companhia eram parceiros chaves com Julius von Söhsten e grandes acionistas na fundação da Companhia de Pesca Norte de Brasil em 1911. Portanto, é provável que eles tenham aprovado a iniciativa de começar a caça de baleias em 1912. No ato de firmar os estatutos da firma em 12 de julho de 1911, Joaquim Lima assinou como representante legal de Antônio Mendes. A intimidade do relacionamento comercial entre os dois demonstrou-se de novo quando Joaquim Lima assinou como procurador para Antônio Mendes, em junho de 1918, numa proposta para que a fábrica de curtumes de Antônio Mendes em Cubatão, no Estado de São Paulo, fosse incorporada pela Companhia Manufactora de Taninos e Analinas no Rio de Janeiro[97]. Antônio Mendes mostrou um interesse especial pela construção ferroviária, para os engenhos que a firma gerenciava, e por seguros, enquanto que Joaquim Lima revelou um talento no setor bancário. Contudo, ambos focalizaram o negócio da cana de açúcar, especialmente em Pernambuco, na produção e venda do produto, na procura de safras de cana em outros locais, e a aquisição de engenhos que não podiam quitar seus empréstimos.

Quando Joaquim Lima morreu, seu inventário registrou 29 usinas e engenhos[98]. Em 1926, o genro de Joaquim Lima, Manuel (ou Manoel) Baptista da Silva (nascido em 1890) entrou na firma, tornando-se Manuel *Mendes* Baptista da Silva, e com o passar do tempo ele chegou a ser o maior acionista na Mendes Lima & Companhia, e presidiu o sindicato de donos de engenhos de Pernambuco em 1933. Sob a liderança de Manuel Mendes a firma de Mendes Lima permaneceu como uma das empresas de importação e exportação mais importantes de Pernambuco, e ainda um grande investidor na produção de cana de açúcar. Mas, quando o governo resolveu em 1942, que somente bancos podiam financiar as atividades de açúcar no Brasil, Mendes Lima solucionou o problema fundando um banco, o Banco Nacional do Norte (mais tarde conhecido como Banorte). Em 1947, a firma de Mendes Lima converteu-se em uma sociedade anônima – Mendes Lima S.A. – e Manuel Mendes permaneceu como presidente até sua morte em 1962.

Este cenário é importante para entender melhor o próximo período da história da Companhia de Pesca Norte do Brasil. A firma de Mendes Lima havia se concentrado inicialmente na importação de bacalhau, depois começou a dominar a indústria açucareira em Pernambuco, antes de finalmente entrar no negócio bancário. Em 1929, quando Julius von Söhsten se afastou da companhia baleeira, Mendes Lima ainda estava investindo intensamente na produção de açúcar. Naquele ano, por exemplo, sua usina Trapiche em Pernambuco teve 43 quilômetros de estrada de ferro, e a capacidade de moer 300 toneladas de cana de açúcar e fabricar 3 mil litros de álcool em um só dia. Contudo, eles foram por natureza homens de negócio e não industriais; investidores de capital de risco no jargão moderno. Por exemplo, eles venderam a usina Catende em 1920, que havia sido adquirida em 1907, e essa usina tornou-se até 1929 a maior produtora de açúcar no Brasil.

Não existe nenhuma documentação primária citando o afastamento de Julius von Söhsten do negócio baleeiro, e fontes secundárias variam entre os anos de 1928 e 1929. Toledo (2009) afirma que von Söhsten vendeu, em 1929, as suas terras, o navio baleeiro (o *DANTAS BARRETO*), e todos os equipamentos a Mendes Lima & Companhia, Indústria e Comércio S. A., que teve pouca experiência na caça de baleias, e ele acredita que a Mendes Lima desistiu de caçar baleias no início da Segunda Guerra Mundial, em 1939. Cavalcante & Rabay (2010) acreditam que von Söhsten afastou-se em 1928 e que o período seguinte da Mendes Lima terminou em 1939, que são os mesmos dados publicados em Madruga (1980). Não sabemos com certeza se os diretores da Mendes Lima – parceiros de von Söhsten a partir do ano de 1911 – ainda eram acionistas no negócio baleeiro naquela época, mas parece provável, uma vez que essa companhia assumiu todos os ativos da atividade baleeira. Também parece provável que von Söhsten vendeu sua participação em 1929, levando em conta os tempos turbulentos (a quebra da bolsa) e suas perdas naquele ano em uma grande transação de açúcar.

O que podemos afirmar é que o negócio em Costinha ainda estava ativo em 1930. O jornal *A Provincia* em Pernambuco reportou em 23 de maio de 1930 uma solicitação da firma Pernambuco Powder Company (fabricantes de pólvora) de uma licença para transportar do Recife à Paraíba cinco caixas de 120 quilos cada uma de "pólvora negra para fins industriaes, destinadas à Cia. Pesca Norte do Brasil, para uso junto à pesca da baleia". Também sabemos que em março de 1939 houve um pedido oficial (publicado no *Diário Oficial da União*[99]) para "aforamento de terrenos de marinha situados à margem esquerda do rio Paraíba, no município de Santa Rita, no Estado de Paraíba, em que é interessada a firma de Mendes, Lima & Cia" – uma concessão de privilégios sobre uma propriedade que deveria ter estado no mesmo lugar ou nas proximidades da estação baleeira de Costinha. O

*DANTAS BARRETO* era um navio que na década de 1930 facilmente teria encontrado um comprador na florescente indústria baleeira internacional, mas continuou em posse da companhia e, portanto, ainda estava ativo em Costinha[100]. Um dos trabalhadores aposentados da companhia, Severino Freyre, lembra que na época da Mendes Lima, quando a empresa se interessava somente na produção de óleo, eles venderam uma parte da carne por um dólar americano o quilo. Deixaram que membros da comunidade levassem os cortes menos agradáveis em sacos, gratuitamente, e eles agregaram sal fino para torná-la mais apetitosa. Vizinhos na comunidade chamaram essas pessoas de "urubus"[101].

A questão do que aconteceu depois de 1939 continua em aberto. Nenhuma documentação primária tem emergido à luz do dia, e a maioria dos historiadores acredita que Samuel da Silva Galvão tornou-se o novo dono e gerente "por volta de 1939" (Toledo: 2009), ou "em 1939" (Scaico: 1978; Madruga: 1980; Cavalcante & Rabay: 2010). Não obstante, existem boas razões para acreditar que o negócio permaneceu com a Mendes Lima & Companhia até depois da Segunda Guerra Mundial, e que eles o deixaram inativo durante esse intervalo. Não existe nenhuma estatística para a captura de baleias no período de 1929 a 1946 inclusive. Também, a caça de baleias teria sido perigosa durante uma boa parte da guerra — o Brasil entrou no lado dos aliados em agosto de 1942, e submarinos alemães afundaram vários navios brasileiros ao longo da costa, especialmente no nordeste. Não é de surpreender que existam evidências demonstrando que a companhia enfrentava sérias dificuldades nesse período. O *Diário Oficial da União* reportou em 26 de março de 1942 que a empresa não cumpria com a lei de 1940 que exigia o fornecimento da contabilidade do ano em curso e os anos anteriores, e foi multada em 100 mil réis. Em outubro de 1947 o *Diário Oficial da União* informou que as exigências da lei foram atendidas, e foi nesse ano que estatísticas sobre a captura de baleias em Costinha começaram a estar disponíveis de novo. Masahiro Saito, o antigo gerente de estação em Costinha para a Companhia de Pesca

Norte do Brasil, lembra que um ex-tripulante do *DANTAS BARRETO* lhe disse que Samuel Galvão assumiu controle da empresa em 1946[102]. Como veremos mais tarde neste capítulo, foi logo depois desse ano que Samuel Galvão adquiriu dois navios baleeiros de segunda mão.

O período de gerência de Samuel Galvão coincide com a aprovação de legislação de grande importância internacionalmente, a qual afetou a prática da caça de baleias no Brasil. Em 24 de setembro de 1931, a Convenção para a Regulamentação da Pesca da Baleia foi aprovada em Genebra pela Liga das Nações, que proibiu capturar ou matar baleias-francas (incluindo a menção específica da baleia-franca-austral) por todos os governos contratantes à convenção. Foi uma resposta ao esgotamento dramático dos estoques desta espécie. O texto também proibiu "capturar ou matar os filhotes de baleias ou baleias novas não desmamadas, as baleias não adultas e as baleias fêmeas acompanhadas de filhotes (ou novas não desmamadas)". A convenção foi promulgada pelo Brasil através do decreto nº 23456 de 14 de novembro de 1933, e a convenção entrou em vigor internacionalmente em 16 de janeiro de 1935. Em 1937, a proteção para a baleia-franca fornecida pelo acordo da Liga das Nações em 1931 foi prolongada, com protocolos firmados em 1938 e 1945, e até hoje permanece em vigor.

Nove países assinaram em 8 de junho de 1937 a Convenção Internacional para a Regulamentação da Pesca da Baleia, que entrou em vigor em 10 de novembro de 1948, mas o Brasil não era um signatário[103]. Contudo, a legislação mais significante foi acordada em 2 de dezembro de 1946 – a Convenção Internacional para a Regulamentação da Pesca da Baleia. Cinquenta e nove países assinaram essa convenção, incluindo o Brasil, cuja meta era "estabelecer um sistema internacional de regulação para a caça à baleia que assegure a conveniente e eficaz conservação e desenvolvimento dos estoques de baleias". O artigo III dessa convenção criou a Comissão Baleeira Internacional (CBI). A intenção era entrar em vigor em 10 de novembro de 1948, mas o Brasil ficou para trás e somente aprovou o texto da convenção por decreto legislativo nº 14 em março de 1950, depositando sua ratificação em maio de 1950, e promulgando a lei através do decreto nº 28524 de 18 de agosto de 1950.

Muito provavelmente, foi em 1946 que Samuel da Silva Galvão – um empresário nascido em Portugal, mas que morava na Paraíba – comprou o negócio baleeiro da Mendes Lima & Companhia, e começou a fazer investimentos na empresa. Inicialmente, ele operou com o *DANTAS BARRETO*, e em 1947 a companhia capturou onze baleias-jubarte e quatorze baleias-espadarte; uma diversificação interessante já que, até onde sabemos, anteriormente a companhia havia caçado principalmente as baleias-jubarte[104].

Samuel Galvão adquiriu dois navios baleeiros para substituir o *DANTAS BARRETO*, já envelhecido, depois da temporada de 1947[105]. O primeiro a operar em Costinha, a partir de 1948, foi o *BELMONTE* de 249 toneladas brutas, o qual tem uma história interessante. Foi concluído em abril de 1929 por Akers Mekaniske Værksted em Oslo (estaleiro nº 437) como *THORARIN* para Bryde & Dahls Hvalfangerselskap A/S (gerenciado por A/S Thor Dahl), uma companhia baleeira pelágica com base em Sandefjord, na Noruega. Em 1940, foi transferido à companhia Nortraship, gerenciada pelo governo norueguês em exílio, e em janeiro de 1941 o *THORARIN* escapou, junto com o navio-fábrica *THORSHAMMER*, do cruzador auxiliar alemão *PINGUIN* que já havia interceptado a frota baleeira norueguesa nos campos baleeiros da Antártica e capturado três navios-fábrica. O *THORARIN* saiu para Grytviken, na Geórgia do Sul, onde se reuniu com o *THORSHAMMER* em 20 de janeiro de 1941, e durante 1942 os dois navios procuraram cachalotes na costa do Peru. Em novembro de 1942, o War Shipping Administration dos Estados Unidos sequestrou o *THORARIN*, e o converteu para serviço militar, e depois o transferiu à Guarda Costeira dos Estados Unidos onde foi rebatizado *USCG BELMONT (WYP-341)*. Ele participou em operações de patrulha na zona EASTSEAFRON desde estações em Balbao, Panamá (zona do canal), e Miami.

Ao terminar a guerra, o *BELMONT* foi descomissionado em outubro de 1945, devolvido em novembro daquele ano à empresa A/S

Thor Dahl na Noruega, e convertido de volta para servir como um navio apropriado para a caça de baleias. Foi então, quando Samuel Galvão o adquiriu. Um informe no *Diário Oficial da União* em 23 de agosto de 1948[106] relata que o *BELMONT* foi vendido à Companhia de Pesca Norte do Brasil por US$ 53000,00 sob uma licença de importação outorgada entre 16 e 31 de maio daquele ano. A mesma licença concedeu a importação de um "canhão com garfo giratório p/ pesca de baleias" e vários arpões, todos fabricados na Noruega e importado através da Inglaterra, além de "molas amortecedoras p/peças de baleia" e "um aparelho de rádio-telefonia americano". No Brasil o navio foi rebatizado com o nome de *BELMONTE* e começou a caçar baleias de 1948 até sua última temporada em 1958[107]. Contudo, as estatísticas de captura para 1948 e 1949, quando a maior parte da captura consistia em baleias-jubarte e baleias-espadarte (também, uma baleia-azul, uma espécie rara no Brasil, foi caçada em 1948), demonstram somente um pequeno aumento comparado com 1947. Talvez o *BELMONTE* chegou tarde na temporada de 1948, e ele tenha tido problemas de manutenção no ano seguinte. O *DANTAS BARRETO* ainda estava operando em 1950, apesar da sua idade avançada (como o jornal *A Noite* informou em 14 de junho de 1950), e foi relegado para os ofícios de navio baleeiro de reserva e rebocador, levando baleias desde os campos baleeiros até Costinha quando o *BELMONTE* estava ocupado.

---

**A Baleia-azul e a Baleia-fin.**

A baleia-azul (Balaenoptera musculus) e a baleia-fin (Balaenoptera physalus) são duas grandes baleias rorquais de barbatana que têm uma distribuição global com migrações no verão até os mares circumpolares. A baleia-azul tem uma média de 25 metros de comprimento e a baleia-fin tem uma média de 21 metros. Estas baleias não foram capturadas pelos baleeiros tradicionais. A baleia-azul raramente aparece nas costas do Brasil, e somente existem três capturas documentadas no período moderno de 1911 a 1965, enquanto que 87 baleias-fin foram caçadas entre 1911 e 1972.

Ambas as espécies foram caçadas extensivamente no oceano Atlântico do Sul. Em 1966 a baleia-azul recebeu proteção global. A baleia-fin foi protegida pela Comissão Baleeira Internacional no oceano Atlântico do Sul e no norte do Pacífico em 1979 e no Atlântico do Norte em 1986.

Ambas as espécies estão categorizadas pela Lista Vermelha da União Internacional como ameaçadas.

Parece que Samuel Galvão nomeou um agente na Noruega para agir em seu nome na aquisição de barcos e equipamento, e na contratação de engenheiros e artilheiros noruegueses com experiência. Várias correspondências sobreviventes indicam que esse agente provavelmente foi Edward B. Binnie (1884-1956), que nasceu nas Ilhas Falkland, tornou-se em 1912 um oficial de atividade baleeira e alfândega, e o primeiro magistrado de Graham's Land e das Ilhas Shetland do Sul (hoje parte do Território Antártico Britânico). De 1914 a 1927 atuou como magistrado na Geórgia do Sul, uma ilha subantártica que a partir de 1904 tornou-se um refúgio para a indústria baleeira austral moderna, e de 1929 ele era secretário a bordo de navios-fábrica trabalhando nas águas antárticas[108].

Existem dois rascunhos escritos à mão em inglês por Binnie endereçados a "Samuel Galvão Esq., Director, Companhia de Pesca Norte do Brasil," os quais infelizmente não estão datados, mas provavelmente foram escritos por volta de 1952 ou 1953. Em uma das cartas Binnie parabeniza Samuel Galvão por ter escolhido "línea baleeira inglesa" e ele se compromete a procurar os custos de "serrotes de osso". Também ele menciona seu contrato, informando a Samuel Galvão que havia enviado um telegrama aceitando sua oferta, e agregando que havia entregado outro contrato para um gerente baleeiro/engenheiro norueguês chamado O. F. Ovesen, que Binnie descreve como "um dos poucos engenheiros que podiam ter levan-

**FIGURA 4.1.** Edward B. Binnie, o agente norueguês da Companhia de Pesca Norte do Brasil desde c. 1950.

tado a estação a um nível mais alto e duplicado seu valor intrínseco". Termina a carta recomendando que o engenheiro "deveria estar *in loco* para examinar os navios baleeiros antes de começar a captura".

Na segunda carta, Edward Binnie escreve a Samuel Galvão sobre cambotas de reposição para um dos navios baleeiros (provavelmente o *BELMONTE*) e a contratação de Ovesen, que aparentemente havia chegado a um acordo com a companhia depois de algumas dificuldades iniciais sobre o contrato. Sabemos que isto aconteceu porque Ovesen preparou um relatório, datado 4 de novembro de 1953, da captura de baleias em Costinha para a Bureau of International Whaling Statistics. Parece, também, que Edward Binnie estava planejando viajar ao Brasil, em companhia das cambotas – "Espero sair da Noruega para Costinha por volta do final de maio, porque eu considero aconselhável começar o quanto antes" – mas talvez ele não tenha feito essa viagem porque sabemos que, em 1953, sua saúde começava a debilitar.

O segundo navio baleeiro, o *CABO BRANCO*, foi adquirido por Samuel Galvão em 1950. Também foi construído, como o *BELMONTE*, em 1929 por Akers Mekaniske Værksted, Oslo, batizado com o nome *ENERN* para Hvalfangerselskapet Atlas A/S. (Chr. Nielsen & Co. A/S., gerentes) em Larvik, e trabalhou com o navio-fábrica *SOLGLIMT* nos campos baleeiros pelágicos da Antártica. Em julho de 1940 foi fretado pela Marinha Real Holandesa durante sua estadia no porto de New Orleans, e mais tarde destacado à Marinha Real Britânica como um barco de patrulha operando nas Antilhas durante a guerra, antes de ser devolvido à companhia A/S Odd em St. John's, Newfoundland, em agosto de 1946. Samuel Galvão comprou o navio em março de 1950, e ele foi rebatizado *CABO BRANCO*. Caçou baleias desde 1950 até a temporada de 1959[109].

A caça de baleias em Costinha agora desfrutava de um novo fôlego, com um norueguês, John C. Larsen, apoiado por Wilson Galvão,

**FIGURA 4.2.** O DANTAS BARRETO sendo desmontado na praia de Costinha, c. 1955.

filho de Samuel Galvão, como artilheiros no *BELMONTE*, e outro norueguês, Haakon W. Haakonsen, no *CABO BRANCO*. Haakonsen provavelmente chegou a Costinha um pouco depois de terminar a guerra, e ele tem a fama de ter ensinado a arte de arpoar a Wilson Galvão (Kishiwada: 2004). O número de baleias capturadas aumentou exponencialmente a partir de 1950. No período de 1950 a 1956, inclusive, caçaram 1255 baleias (uma média de 180 por temporada), incluindo muitas baleias-espadarte e baleias-de-bryde – em torno de 1140 animais, representando 91% da captura. Essas baleias foram caçadas principalmente nos meses de agosto e setembro (Williamson: 1975). Também capturaram 107 baleias-jubarte[110] no mesmo período, além de sete cachalotes, e uma baleia-fin – esta última raramente encontrada no Brasil e, de acordo com Kishiwada (2004), foi capturada por engano. O óleo de baleia permaneceu como foco principal do negócio, mas Samuel Galvão começou a vender carne de baleia na comunidade local, alcançando de cinquenta a sessenta toneladas por ano, e as barbatanas secas foram exportadas a uma companhia francesa para a fabricação de espartilhos para mulheres e colarinhos elegantes para homens. Parece que o entulho de ossos dos fogões tenha sido jogado fora por Samuel Galvão. Isso acumulado na parte de trás da estação atraía nuvens de moscas e aborrecia a população local. Existe a possibilidade de que não tenham conseguido um mercado para a farinha de carne e osso, e que os custos de produção superaram a receita.

### A Baleia-espadarte e a Baleia-de-bryde.

A baleia-espadarte ou baleia-sei (Balaenoptera borealis) é uma baleia rorqual de barbatanas que tem uma média de comprimento de quinze metros para machos e dezesseis metros para fêmeas. As baleias-espadarte brasileiras se encontram no mar em águas com uma profundidade abaixo de cem metros, e foram caçadas em grandes números pelos baleeiros modernos.

A baleia-de-bryde (*Balaenoptera edeni*) tem distribuição entre 40°N e 40°S, não realiza migrações, e evita as regiões frias e polares. A baleia-espadarte é o oposto, aparecendo desde os trópicos até as regiões polares e realizando migrações entre as altas e baixas latitudes. Os padrões de migração da baleia-espadarte são ainda pouco conhecidos. No entanto, existem indícios de que a população que frequenta a costa brasileira é a mesma do Mar da Scotia. Uma baleia que recebeu uma marcação "Discovery" nessa região em fevereiro de 1962 foi capturada por baleeiros na costa do Rio de Janeiro em maio de 1963.

A baleia-de-bryde somente foi distinguida como uma espécie distinta da baleia-espadarte em 1912; contudo, mesmo depois disso as duas foram comumente confundidas durante muitos anos. É uma baleia tropical com uma distribuição global, e uma média de comprimento de doze metros para machos e treze metros para fêmeas. Também se encontram nas águas do Brasil, e foram caçadas em pequenos números por navios baleeiros modernos.

Em 1980 estimava-se uma população de baleias-espadarte no hemisfério sul, em torno de 24 mil animais, representando uma redução do estoque inicial de mais ou menos 100 mil, e nenhuma recuperação dessa população ainda não foi detectada em águas brasileiras.

Ambas as espécies estão protegidas pela Comissão Baleeira Internacional desde 1979. A baleia-espadarte é categorizada pela Lista Vermelha da União Internacional como ameaçada. Já a baleia-de-bryde possui dados insuficientes para uma categorização.

---

Não obstante, parece que Samuel Galvão inicialmente teve ambições mais altas. Os deputados na Assembleia Legislativa de São Paulo, em maio de 1951, debateram informes os quais anunciavam que Samuel Galvão, “diretor-gerente da Companhia de Pesca Norte do Brasil na Paraíba”, pretendia distribuir carne de baleia na cidade de Rio de Janeiro[111]. Parece pouco provável que isso se materializou, mas o jornal *A Noite* no Rio de Janeiro relatou uma notícia desde a Paraíba, em agosto de 1951, informando que a companhia continuava com “estudos para a industrialização do charque de baleia, que será exposto à venda ainda este ano, pois os testes efetuados foram satisfatórios”. O mesmo jornalista menciona que Wilson Galvão detinha o recorde de captura, com quinze baleias arpoadas.

Provavelmente Samuel Galvão queria aproveitar da grande novidade do seu produto e ele convidou jornalistas da mídia nacional para servir de testemunhas, como um fator chave na sua campanha de marketing. Em 28 de julho de 1951, a *Revista da Semana* do *Jornal do Brasil* publicou uma reportagem de cinco páginas com a manchete “Vamos Comer Baleia – Carne Saborosa e Nutriente”. O jornalista Newton Viana acompanhou a tripulação do *CABO BRANCO* em uma caça em torno de vinte milhas da costa da Paraíba. Ele notou que a carne de baleia era consumida no porto de Cabedelo por mais de 600 pessoas, e uma foto no texto tem a legenda “Este trabalhador paraibano está saboreando um filé de baleia e declarou que é muito gostoso”.

Na época da sua visita dois noruegueses trabalhavam na companhia: Olav Halle, especialista na preparação de carne de baleia (que eles cortavam em tiras e também enlatavam), e o artilheiro Haakonsen no *CABO BRANCO*[112]. Newton Viana notou que o arpão era amarrado a um cabo de 650 metros e que, depois de ser arpoada, a baleia “procura fugir furiosamente, ainda vivendo algum tempo, percorrendo centenas de milhas [*sic*], até perder as forças e entregar-se aos seus perseguidores”. Logo recolhiam a baleia ao costado do barco e injetavam ar comprimido na sua cavidade abdominal de maneira que flutuasse. Quanto ao produto, o jornalista escreve que uma baleia-jubarte podia produzir de 60 a 120 tambores de óleo (cada tambor com 180 quilos), enquanto a baleia-espadarte fornecia menos óleo, mas uma carne mais saborosa.

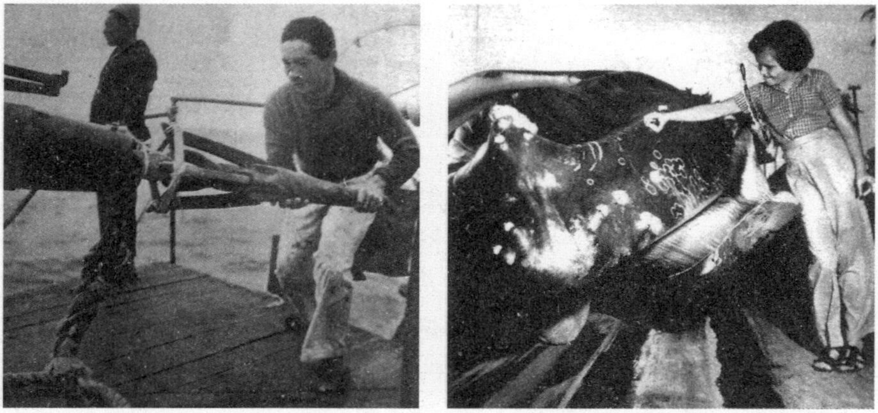

**FIGURA 4.3.** A caça de baleias desde Costinha. Revista *O Cruzeiro*, 25 de agosto de 1951. A bordo do *CABO BRANCO* (1).

Em agosto daquele mesmo ano a revista nacional *O Cruzeiro* publicou uma reportagem escrita pelo seu jornalista Arlindo Silva, que também havia acompanhado um dos navios baleeiros de Samuel Galvão desde Costinha. A manchete grita "Baleia à vista!" e tem o subtítulo "A carne que vamos comer". O texto tem várias fotos interessantes tiradas pelo fotógrafo José Medeiros durante a tarefa de quatro dias documentando a caça no mar.

> Diariamente, às quatro e meia da manha, dois barcos de pesca, especialmente importados da Noruega, deixam o porto paraibano de Cabedelo rumo ao mar alto, em busca de baleias. São navios muito velozes e muito maleáveis, de 250 toneladas de deslocamento, e com uma tripulação de dezessete homens. Seus nomes são *BELMONT* [*sic*] e *CABO BRANCO*. As embarcações são providas de aparelhos de radiotelefonia e radiotelegrafia, através dos quais estão em permanente contato com a sua base. O campo de ação desses barcos é uma vasta faixa de mar, entre a Baía da Traição [ao norte de Costinha] e o Cabo Branco, ponto extremo-oeste [*sic*] do Brasil, e a uma distância média de vinte milhas da costa.

Esse jornalista menciona que o arpão é munido de "uma granada que detona no interior da baleia," e que foi necessário injetar a baleia com ar para mantê-la à tona, através de um tubo de borracha inserido na cavidade do corpo da baleia[113].

A participação de Samuel Galvão na companhia terminou no final de 1957, quando os japoneses assumiram controle da empresa. Apesar de caçar números apreciáveis de baleias até a temporada de 1956 (houve um total de 214 baleias naquele ano), há uma redução perceptível em 1957 (somente 117 baleias) e, de acordo com Kishiwada (2004), isto podia ter sido causado pelo mal estado de um dos navios baleeiros – talvez o *BELMONTE*, que foi retirado de serviço baleeiro depois da temporada de 1958.

Escrevendo no *O Semanário* do Rio de Janeiro em julho de 1958[114], o jornalista Ivaldo Falconi (que trabalhava para *O Correio da Paraíba* em João Pessoa) explicou que Samuel Galvão havia vendido o negócio "em virtude de dificuldades financeiras, inclusive execuções fiscais, chegou ele a uma situação em que não era possível manter o negócio". Kishiwada (2004) também cita isso:

> Na década de 1950 a situação financeira da empresa começou a se deteriorar e o acionista majoritário viu-se na obrigação de vender seu controle. No processo de transferência da companhia, o Banco do Brasil S.A., como representante dos credores da empresa, fez uma proposta de venda à INBRAPE [Indústria Brasileira de Pescados e Frios S. A.], que tinha participação acionária da empresa Nippon Reizo Kabushiki Kaisha (hoje Nicherei Corporation).

Os japoneses procuraram aumentar sua participação em atividade baleeira em escala mundial, onde quer que existissem oportunidades para se assegurar de matéria prima a médio e longo prazo, a qual era considerada essencial para a sobrevivência das suas empresas, e essa estação baleeira em Costinha atendeu às suas necessidades e aspirações. A história do gerenciamento japonês na Paraíba é tema de um capítulo mais adiante neste livro.

CAPÍTULO 5

# *A bombilança*

## Apegando-se à atividade baleeira em Imbituba

**(1938-1973)**

*O bombe-lança era um tubo de aço ou galvanizado que tinha 80 centímetros a 1 metro, eles usavam de acordo com o tamanho da baleia, com uma ponta aguda super afiada, ali recebia a carga com dinamite, pólvora, espoleta de tempo e o estopim, depois de cravada na baleia tinha o tempo certo de explodir, de 1 a 2 minutos para recuar, mesmo assim eles perdiam muitas baleias. Muitas vezes a embarcação não tinha potência para arrastar a baleia. Procuravam sempre matar a baleia justamente bem perto da área, para eles poderem arrastar ela até uma praia qualquer para fazer o desmanche.*

DORVALINO MANOEL DA ROSA, EM CUJA HOMENAGEM O MUSEU BALEEIRO EM IMBITUBA É NOMEADO. (CITADO EM MACHADO: 2007).

Existe um museu hoje no Brasil dedicado à história da caça de baleias, e sua coleção está acomodada no local de um barracão que pertencia à Sociedade Indústria de Produtos de Pesca. O museu localiza-se na Praia do Porto, um pouco ao norte do promontório onde a cidade de Imbituba sobressai no mar. Este galpão cobria uma área de 360 metros quadrados, e processava baleias desembarcadas na Praia do Porto, e na Praia da Vila ao sul de Imbituba, e também baleias trazidas de outras praias na região até que a caça cessou em 1973[115].

O reconhecimento da importância histórica desse local remonta a uma iniciativa tomada em 1981 por um dos principais conservacionistas brasileiros, vice-almirante Ibsen de Gusmão Câmara, quando ele pediu que José Truda Palazzo Jr. pesquisasse por evidências de

**FIGURA 5.1.** Manoel Rosa, um dos últimos caçadores de baleias em Imbituba.

que a baleia-franca-austral havia reaparecido na costa de Santa Catarina[116]. Essa baleia havia sido avistada no final da década de 1970, mas esses eventos foram considerados isolados. A comunidade científica, naquele tempo, acreditava que a baleia-franca-austral estava praticamente extinta devido à caça comercial intensiva[117], e que a Convenção para a Regulamentação da Pesca da Baleia de 1931 e o Acordo Internacional de Londres de 1937, que protegia essa espécie internacionalmente, não haviam contribuído a um ressurgimento significante desse estoque. Truda Palazzo organizou o trabalho de voluntários nessa pesquisa, e eles descobriram uma população reprodutiva de baleias-francas em 1982 na costa de Santa Catarina, o que estimulou a criação do projeto mais antigo de conservação de baleias no Brasil – o Projeto Baleia Franca.

O barracão havia caído em ruínas depois de o último zelador, José Herculano Pires, falecer em 1981, mas uma petição foi preparada pelo projeto e assinada por habitantes locais e outras partes interessadas, e em 1998 o barracão foi declarado patrimônio histórico pelo município de Imbituba. Essa situação jurídica permitiu que o terreno fosse expropriado, e o sítio foi reformado entre 2001 e 2002 com a ajuda de várias empresas locais e o Fundo Internacional para o Bem-Estar Animal. O museu abriu ao público em setembro de 2003, com as exposições apoiadas pela Petrobrás, que patrocinou o Projeto Baleia Franca de 2002 até 2008.

É surpreendente descobrir que a atividade baleeira comercial começou de novo em Santa Catarina durante o último século, e que continuou até tão tarde como o ano de 1973. Temos visto como as primeiras armações de Lagoinha (fundada em 1772), Itapocoróia (1778), Garopaba (1793) e seu anexo em Imbituba (1796), entraram em colapso no começo do século XIX, com o fechamento de Itapocoróia em 1829 – o ano que sinaliza a cessação quase completa da caça de baleias-francas através daquele século no Brasil.

Não obstante, existem evidências mostrando que a captura esporádica de baleias-francas-austrais continuou ao longo da segunda metade do século XIX e dentro do século XX, e que essa caça estendeu-se até o limite do alcance dos caçadores na costa brasileira até a Bahia, como antes. Furniss (1909) descreve como baleias-francas foram capturadas ocasionalmente naquela época na Bahia, desde Caravelas até Salvador ao norte. Até existe uma prova mais convincente, que é uma fotografia tirada em 1912 (Sørensen: 1912) a bordo do navio-fábrica *VIK*, um barco tripulado por noruegueses, mas registrado no Brasil, que estava operando na Bahia naquela temporada. A fotografia mostra as barbatanas completas de uma baleia-franca suspensa por correntes da retranca acima do convés, enquanto há outra imagem da barbatana completa e empacotada pronta para transporte. Podemos afirmar que essas eram realmente as espessas barbatanas pretas de uma baleia-franca-austral por causa do seu número, aproximadamente 230, e seu comprimento de mais de 2,3 metros que tornaram pequenos os tripulantes no convés. A explicação provável para essas capturas é que a baleia-franca-austral, depois de suportar uma perseguição quase implacável durante os séculos XVII e XVIII, agora estava se recuperando depois do fechamento das armações brasileiras e o declínio rápido da indústria pelágica dos Estados Unidos. Essa recuperação se confirmou quando navios baleeiros modernos a vapor capturaram 544 baleias-francas na Geórgia do Sul no período 1907 a 1918, e três nas

Ilhas Orkney do Sul, uma nas Ilhas Falkland, e outras oitenta e oito na região do Estreito de Magalhães em 1907 a 1908.

Temos visto também como a caça de baleias-jubarte prosperou em Salvador e Caravelas no fim do século XIX e o começo do século XX, mas essa atividade também cessou até a década de 1920. Talvez seja ainda mais extraordinário que o governo brasileiro tenha procurado regulamentar a caça de baleias num decreto geral sobre a pesca aprovado em 25 de outubro de 1923[118]. Quiçá fosse uma tentativa de promover a caça de baleias, ou, mais provavelmente, fosse um reconhecimento de que a caça, empregando os métodos antigos das armações, continuava esporadicamente no Brasil e que essa atividade precisava ser regulamentada com uma nova legislação.

Essa diretiva evidentemente procurou esclarecer a lei sobre práticas que presumivelmente haviam resultado em disputas, que possivelmente surgiram devido à escassez de baleias nessa época na costa do Brasil, e estabelecer as multas por infringir a lei. O artigo 97 estipula o padrão mínimo para que funcionasse uma armação; deveria possuir pelo menos dois barcos adequadamente equipados. O artigo 98 afirma que o uso de um arpão que não estivesse devidamente identificado retira do dono qualquer direito de reparação. Já o artigo 101 proíbe a prática de utilizar um barco de uma armação para impedir o movimento de barcos de outra armação, de fazer qualquer barulho que pudesse afugentar a baleia e de interferir no ato de arpoar por outras tripulações.

O decreto também prevê a partilha em partes iguais do produto da caça entre barcos de armações diferentes que houvessem acordado previamente uma sociedade para arpoar baleias juntos (artigo 102). Também, contém conselhos específicos sobre a etiqueta a ser seguida no mar: "Si o patrão de uma embarcação, tendo já arpoado uma baleia, pedir o auxilio de embarcações de outra armação para segural-a ou matal-a e este fôr prestado, o producto da pesca será dividido em partes iguaes pelas embarcações" (artigo 103), e "Quando uma embarcação encontrar uma baleia já arpoada por outra, pertencente à diversa armação, que, por qualquer circumstancias, não a pòde acompanhar nessa occasião, conservando, porém, ainda a baleia o respectivo arpão, o producto da baleia será dividido em partes iguaes entre a embarcação que a arpoou e aquella que a houver encontrado" (artigo 104).

Pela primeira vez o bem-estar dos tripulantes é considerado pela nova lei – "Cada tripulante de embarcação que fôr para o mar terá um cinto de salvação" (artigo 106), e se um homem caísse no mar "o patrão fará cessar immediatamente a pesca, mandando cortar a linha, si assim fôr preciso, e occupar-se-há exclusivamente em fazer recolher o tripulante cahido ao mar, embora esteja próxima outra embarcação" (artigo 105). O artigo 113 se refere à remuneração dos pescadores:

> Os tripulantes das embarcações vencerão as soldadas diárias e percentagens sobre o azeite, ambar e barbatanas, segundo o ajuste feito, que será exarado no ról de equipagem, mencionando-se, também nelle, quanto ás percentagens, o prazo em que devem ser pagas.

Também introduziram um elemento de profissionalismo: o patrão e o arpoador agora teriam que possuir certificados de competência emitidos pelas capitanias, e todos os tripulantes deveriam ser pescadores registrados.

O governo reforçou essa legislação em 1934 no Código de Caça e Pesca, Seção 1, Capítulo X, Artigos 94 a 105, "Da pesca da baleia e outros cetáceos"[119]. Contudo, o artigo inicial, número 94, parece abrandar as regras:

> Será permitida a caça dos cetáceos, inclusive a baleia, aos pescadores que, não dispondo de embarcações e aparelhagem apropriadas, a façam em canoas, ou outras embarcações movidas a vela ou a remo.

Isso, "desde que os pescadores não se sirvam de armas de fogo", e os tripulantes "não estejam a serviço de terceiros, nem obrigados a entregar a êstes o produto de sua caça". No lado positivo, o artigo 96 segue a Convenção de Genebra de 1931 na proibição da captura de "filhotes de cetáceos, ou cetáceos novos não desmamados, assim como os que ainda não atingiram o estado adulto e as fêmeas acompanhadas de filhotes". O artigo 102 vai mais longe na matéria de remuneração:

> Os artilheiros ou arpoadores e as equipagens das embarcações baleeiras serão contractados de modo que sua remuneração dependa do tamanho, espécie, valor das baleias capturadas e quantidade de óleo extraído e não somente do numero de baleias capturadas.

São motivos de especulação as razões pelas quais esses decretos foram introduzidos em 1923 e 1934, embora saibamos que a caça de baleias continuasse em Caravelas, no sul da Bahia, até a década de 1920. E parece provável que capturaram baleias de uma forma oportunista em Santa Catarina nas décadas iniciais do século XX – se aparecesse uma baleia nas águas costais que podia ser capturada, os pescadores a perseguiam. Contudo, essa legislação ainda estava vigente quando recomeçaram a caça de baleias para valer em Santa Catarina no ano de 1952, com a introdução do canhão-arpão. Foi motivado principalmente pelo lucro que podia ser feito vendendo óleo de baleia às fábricas de curtumes no Estado do Rio Grande do Sul, tal como a companhia Fasolo em Bento Gonçalves.

No ano de 1938 patentearam uma invenção no Brasil que demonstra que caçaram baleias naquela época na região que abarca da Ilha de Santa Catarina ao sul, passando por Garopaba e Imbituba, até o Cabo de Santa Marta perto da cidade de Laguna – aproximadamente a área coberta hoje pela Área de Proteção Ambiental da Baleia Franca. A invenção foi a bombilança, e tem um exemplar disto em exposição no museu. A solicitude de uma patente para "um arpão explosivo de lançamento manual para a pesca da baleia" foi publicada na *Revista da Propriedade Intelectual* em 27 de outubro de 1938 por três inventores em Santa Catarina: Atílio Emílio Pitigliani, Uggere Pitigliani, e Antônio Fulvio Uldirico Pitigliani[120]. Eles caracterizaram esse arpão assim:

> Por constituir-se de um cilindro metálico ôco, provido de uma ponta guarnecida de farpas, fixas ou móveis, em forma de anzol, e que se fixa a um cabo de madeira por meio de uma hasta metálica fina.

Havia muito tempo que baleeiros americanos utilizavam *bomb lances* – a sequência de patentes remonta a 1846 – mas a versão brasileira teve uma novidade, o acréscimo de uma corrente elétrica:

> O cilindro é cheio de uma substância explosiva apropriada, sendo a explosão motivada pelo emprego de um estopim ou por fios condutores a que se faz passar a corrente elétrica de uma bateria de pilhas ou acumuladores.

A intenção era reduzir o tempo que levava para matar a baleia, e assegurar uma melhor proporção de captura para as poucas baleias que fossem avistadas, e parece que a técnica era cravar a bombilança munida de dinamite nas costas da baleia no mesmo momento em que arremessassem o arpão principal. Tratava-se de um procedimento arriscado, dado o perigo de choque elétrico para os tripulantes, e se o estopim fosse já acesso e a baleia mergulhasse com o impacto do arpão principal, a bombilança tinha que ser lançada ao mar para evitar que o barco fosse arrebentado.

Um pescador que caçava baleias em Imbituba, José Honório Martins, lembra essa atividade entre os anos 1950 e 1965[121], e ele foi testemunha dos procedimentos seguidos em três etapas, as quais quase com certeza sobrepuseram. Martins começou com um arpão manual, e ele lembra como a perseguição levava muito tempo e que a morte acontecia de forma lenta. Segundo ele, o barco era tripulado por um patrão, um arpoador, e quatro remadores. Martins também se lembra do uso da bombilança, um arpão de oitenta centímetros de comprimento, e recorda que o barco levava quatro bananas de dinamite, dois estopins de oitenta centímetros, e duas espoletas. Palazzo & Carter (1983) reproduziram extratos de uma entrevista com José Herculano Pires, zelador do barracão na época, que começou a trabalhar na Sociedade Indústria de Produtos de Pesca em 1952, e durante seus dezesseis anos na empresa tornou-se capataz[122]. Pires lembrou que:

> Antes dos canhões eram utilizadas as "bombilanças" que é uma lança pontiaguda, com um cabo de madeira e, no centro, entre as duas extremidades, tinham dinamites embutidas em um tubo de 60 cm. por 1 polegada de diâmetro. Estas lanças eram carregadas por um homem, que ia em um barco a remo até bem próximo da baleia e acendia a dinamite para logo depois enfiar a lança na baleia. No mesmo barco ia também o arpoador que enquanto a bombilança acertava a baleia, ele lançava o arpão para segurar a pesca. O arpão ia preso na extremidade por uma corda muito

**FIGURA 5.2.** Canhão-arpão usado no *FORMIGA*. Museu da Baleia, Projeto Baleia Franca.

> comprida; quando era dada a laçada, que a baleia sentia que estava sendo atingida e fugia, o arpoador ia dando corda até ele diminuir a velocidade e esticar a corda, fazendo com que o barco tomasse a mesma velocidade da baleia.

O trabalho era perigoso, e se o barco se acercasse perto demais, com a baleia lutando dentro da água, o barco poderia virar – o que aconteceu com Martins em uma ocasião. Ele recorda também que a empresa empregava três barcos, e que um deles, o *FORMIGA*, estava equipado com um canhão-arpão na proa, o mesmo que está em exposição no museu, e que parece ser uma evolução sofisticada da bombilança. Outras fontes afirmam que esse canhão foi introduzido em 1952. Relatórios enviados à Comissão Baleeira Internacional na época indicam que outros barcos usados pela companhia foram o *VESPER* no ano de 1953 e o *CELESTE* em 1956[123].

Martins era membro de uma tripulação de quatro ou cinco pescadores que trabalharam no *FORMIGA*, uma lancha pequena de aproximadamente cinco metros de comprimento e 1,5 metro de largura, a qual ele considerou um barco seguro[124]. A introdução do canhão-arpão tornou o trabalho menos perigoso, já que a distância até a baleia era maior que com os arpões manuais. Ele lembra também que o *FORMIGA* foi o único barco a aventurar-se nos últimos anos de vigência da empresa. Martins nasceu em 1934 e, já idoso, ele recordou dois incidentes que deixaram uma marca permanente na sua memória: o choro de uma baleia arpoada perto do seu filhote que lhe parecia semelhante ao choro de um ser humano, e um homem que foi curado da lepra depois de consumir óleo de baleia. Também lembrou que havia um pedaço de carne tirado próximo à cauda e quando ele pediu, eles lhe deram, e essa carne era saborosa, com um sabor parecido à carne de tartaruga.

Martins lembra que, dependendo das condições no mar e o vento, o reboque da baleia ao barracão podia levar até dois dias e duas noites, e que geralmente levavam a carcaça até a praia mais perto, onde era retalhada, e depois transportavam os pedaços de toucinho até o galpão em Imbituba por caminhão. Um representante da companhia, que ficava em Imbituba, pagava os pescadores. Palazzo & Palazzo (1989) comentam que por causa da longa demora entre a captura e o processamento a empresa não aproveitava a carne de baleia, e que eles simplesmente enterravam os restos da carcaça na praia.

As instalações da fábrica em Imbituba eram primitivas e mal conservadas, e ficavam dentro de um velho barracão de alvenaria. As vigas do teto estavam cobertas em depósitos oleosos acumulados depois de anos de cozinhar toucinho. Existiam duas caldeiras onde processavam o óleo, uma com a capacidade de doze toneladas (72 barris) e a outra de oito toneladas (48 barris). Colocavam tiras de toucinho dentro das autoclaves onde eram sujeitas a pressão de vapor durante três horas para retirar o óleo. Os resíduos e os cortes com menos toucinho também eram jogados dentro da caldeira para não desperdiçar sequer uma gota do óleo, e o resíduo desse processo jogado depois no fogo para produzir mais calor para a caldeira. Quando o toucinho havia se transformado em óleo, os trabalhadores colocavam água dentro da autoclave para que o óleo subisse à superfície, de onde era retirado. O zelador José Herculano Pires lembra ter provado a qualidade do óleo, medindo sua acidez pelo gosto – quanto mais ácido, menor a qualidade e seu valor comercial. Ele concluiu que "Era um serviço sujo, mas saboroso".

Armazenavam o óleo em tambores de duzentos litros. Martins afirma que o óleo de uma baleia podia encher entre vinte a trinta tambores, equivalentes a algo entre 25 e 35 barris, (entre quatro e cinco toneladas), mas talvez isso remontasse a um período anterior. As duas autoclaves de toucinho originais estão hoje em exposição no museu, junto com a chaminé de ventilação e o misturador de resíduos[125]. São os únicos remanescentes do barracão original que mostram como extraíam o óleo. Alguns pescadores lembram que José Herculano Pires guardava óleo extraído da língua da baleia que os pais davam às suas crianças como cura para parasitos. Além do óleo, também aproveitavam das barbatanas, as quais os pescadores na comunidade utilizavam para fabricar agulhas para remendar suas redes.

Pires lembra que eles capturaram uma média de somente seis baleias por temporada, e que esse número podia alcançar dez baleias num ano bom. As estatísticas do Projeto Baleia Franca mostram que entre 1954 e 1963 caçaram quase trinta baleias, com capturas anuais de entre três a cinco baleias. Alcançaram o auge em 1957, quando grandes números apareceram entre agosto e o fim de setembro; "Elas passavam no mar que pareciam troncos de madeira preta boiando". Mataram dez baleias naquele ano, embora duas fossem perdidas no mar. Relatórios oficiais para o período de 1964 a 1973 demonstram que somente capturaram quinze baleias, mas, como reconhece o projeto, essa cifra provavelmente é inferior ao número real de baleias caçadas. Porém, esses números foram publicados no *Report on the Santa Catarina, Brazil, Whale Fishery: 1954-1973*, um relatório apresentado pela SUDEPE (Superintendência do Desenvolvimento da Pesca) à Comissão Baleeira Internacional em 1977, que também alega que não era possível identificar as espécies, mas que "todas as baleias capturadas eram inteiramente pretas". Palazzo & Carter (1983) citam a opinião da Fundação Brasileira para a Conservação de Natureza (FBCN) que concluiu que o relatório "continha sérios equívocos", e que a análise dos restos de esqueleto, de fotografias, e de descrições mostra claramente que a espécie caçada era a baleia-franca-austral. Palazzo & Carter chegaram à conclusão de que, até em uma estimativa conservadora, pelo menos 350 baleias foram caçadas no período de 1953 a 1973, e que um número significativo de fêmeas com sua cria e de baleias jovens foram mortas nesse período[126], prejudicando severamente a habilidade da espécie de fazer uma recuperação completa da sua população[127]. Dado que esses animais teriam sido baleias-francas-austrais, pode ser alegado que a caça fosse ilegal sob a Convenção de Genebra de 1931 (visando especificamente a baleia-franca) que entrou em vigor em 1935; o Acordo Internacional para a Regulamentação da Caça da Baleia de 1937 (embora Brasil não fosse signatário); e a Convenção Internacional para a Regulamentação da Caça da Baleia de 1946, promulgada pelo Brasil em agosto de 1950. Contudo, o Brasil se retirou unilateralmente da convenção internacional no período de dezembro 1965 a dezembro 1973, e pode não ser uma coincidência que a caça de baleias em Imbituba cessou finalmente em 1973.

Muito provavelmente é por essa razão que tem resultado impossível encontrar qualquer documentação primária sobre a companhia, ou as companhias, que caçavam baleias nesse período desde Imbituba. Escrevendo sobre a caça de baleias em 1961, e com uma experiência pessoal da caça na região do Rio de Janeiro, Watase (1969) se refere a uma base baleeira construída em 1948 no sul do Brasil – presumivelmente em Imbituba – que naquele ano de 1969 ainda estava em funcionamento. Tönnessen & Johnsen (1982) e os relatórios da Comissão Baleeira Internacional concordam que o começo desse esforço para estabelecer o negócio em um padrão comercial mais moderno remonta ao ano de 1948, com a fundação de uma empresa chamada Sociedade Indústria de Produtos de Pesca. Foi essa a companhia que introduziu o canhão-arpão montado no *FORMIGA* em 1952. De acordo com fontes citadas em Palazzo & Palazzo (1989) essa base foi autuada em 1965 como não higiênica e teve sua licença revogada, e a firma cessou sua atividade baleeira em 1967.

Não obstante, esse não foi o único negócio baleeiro em Imbituba nesse período, e pode ser que o barracão da Sociedade trocou de dono, ou que simplesmente foi utilizado de forma intermitente sempre que capturasse uma baleia depois de 1967. O relatório de Palazzo & Carter sobre "A Caça de Baleias no Brasil", circulado antes do 35º encontro da Comissão Baleeira Internacional em 1983, identifica duas companhias em Imbituba que anteriormente estavam caçando baleias – a Sociedade Indústria de Produtos de Pesca (que eles dizem estarem caçando baleias de 1952 a 1967), e a Companhia Pesqueira da Costa (caçando de 1950 a 1962). Os autores conseguiram confirmar com relatos de donos e trabalhadores antigos que eles haviam capturado baleias-francas[128]. Arlindo Costa da extinta Companhia Pesqueira da Costa agregou que essas empresas haviam vendido óleo a uma empresa chamada Indústria Química de São Leopoldo, e a uma fábrica de curtumes chamada Indústria de Curtumes Oleosul, ambas em São Leopoldo no Rio Grande do Sul. Palazzo & Carter também afirmam que em alguma data em 1965 a Sociedade Indústria foi proibida de caçar baleias, e que daquele momento em diante a companhia incentivou os pescadores locais a matar baleias clandestinamente com o equipamento da empresa, e lhes pagaram por metro de comprimento para as baleias capturadas. Nesse período a companhia empregou somente um trabalhador em tempo integral, o capataz, e contratou cinco ou seis trabalhadores temporários quando surgia a necessidade. Palazzo & Palazzo (1989) identificam uma terceira empresa envolvida na caça de baleias, uma companhia pesqueira que pertencia a Aldo Pitigliani – provavelmente um membro da família Pitigliani que patenteou a bombilança em 1938 – cujo negócio esteve situado ao lado da Sociedade Indústria, e que da mesma forma fechou em 1965. Os autores acrescentam que Aldo Pitigliani era dono de um veículo de transporte, que talvez fosse usado para trazer o toucinho de baleias retalhadas em praias vizinhas[129]. Parece certo que somente teve um barracão em Imbituba no século XX – aquele na Praia do Porto – e que a caça de baleias continuou esporadicamente e de uma maneira clandestina até 1973, num período em que Imbituba ainda era isolada e distante da regulamentação governamental.

O trabalho no barracão era árduo. Machado (2007) cita o trabalho de uma pesquisadora, Fabiana Souza, que entrevistou José Demésio dos Santos, um pescador que começou a caçar baleias a partir de 1950.

> Antes de chegar ao barracão, os homens retalhavam a baleia na Praia da Vila, depois era colocada dentro do caminhão, onde era mandada para o barracão. Dentro do barracão trabalhavam mulheres, que cortavam em pedaços pequenos para derreter o óleo, era uma nojeira. Por fim tinha o octoclave [a autoclave], que derretia os pedaços grandes, tanto homens como mulheres trabalhavam juntos. Mas no barracão grande só trabalhavam homens.

Fabiana Souza entrevistou outro pescador, Neci de Oliveira, que nunca saiu em um barco baleeiro, mas se lembrava claramente do retalhamento de toucinho no barracão, atividade que ele presenciou desde que tinha cinco anos de idade. Trabalhavam por peça, e eram pagos conforme o número de latas de óleo que eles enchiam. O dono desse galpão era Aldo Pitigliani, que saía para a rua convidando pessoas a trabalhar quando tinha uma baleia. Levava de três a cinco dias para tratar uma baleia. Oliveira recordava que não existia nenhum contrato; "Era uma grande escravidão, se quês tanto, trabalha, se não, fica sem trabalhar, a gente era necessitado tinha que se sujeitar àquilo ali".

Assim foi a realidade da caça de baleias em Imbituba, um comércio cujos alicerces remontaram ao século XVIII e que sobreviveu, contra todas as probabilidades, até a segunda metade do século XX.

CAPÍTULO 6

# *Um novo amanhecer em Costinha*

## Baleeiros chegam da Terra do Sol Nascente

**(1957-1965)**

*A aplicação indiscriminada dos textos legais [referentes à participação estrangeira na pesca no Brasil] à presente conjuntura transformaria o louvável propósito de proteger o País contra capitais eminentemente predatórios, em inglória perseguição de trabalhadores [japoneses] humildes, na sua quase totalidade inteiramente absorvidos pela cultura nacional, eis que quase sempre radicados definitivamente no Brasil, com mulher e filhos brasileiros, quando não já naturalizados.*

CODEPE (CONSELHO DE DESENVOLVIMENTO DA PESCA), PORTARIA 970-62, NO. 1. 5 DE JANEIRO DE 1962.

Os interesses japoneses na caça de baleias no Brasil, e suas contribuições em geral como imigrantes ao país, tornaram-se bem enraizados e de grande importância durante o século XX. Os japoneses haviam caçado baleias a partir de estações baleeiras na costa do Japão desde tempos muito remotos, e a partir do início do século XVIII eles capturavam baleias-francas no Oceano Pacífico. A primeira captura de uma baleia por uma companhia japonesa empregando métodos modernos realizou-se em 1900[130].

Embora sem ligação inicialmente com o negócio de caçar baleias, foi um pouco depois disso que a primeira de várias ondas de imigrantes japoneses chegou ao Brasil. Essa migração começou com a assinatura de um acordo com o Estado de São Paulo em 1907 com o intuito de trazer 3 mil japoneses para trabalhar na agricultura naquele Estado[131]. O primeiro navio a transportar imigrantes do Japão foi o *KASATO MARU*, que chegou ao porto de Santos em 18 de junho de 1908, com 165 famílias e 48 pessoas solteiras (um total de 781 imigrantes) para trabalhar nas plantações de café de São Paulo.

A absorção desses imigrantes dentro da cultura brasileira provou ser muito difícil, e durante décadas nipo-brasileiros foram vistos como atrasados e culturalmente tão diferentes que eles permaneceram marginalizados no campo, trabalhando nas plantações de café de São Paulo e Paraná e no cinturão agrícola que rodeia a cidade de São Paulo. A imigração começou de novo depois da Segunda Guerra Mundial, estendendo-se ao longo de dez anos desde 1952 e alcançando um pico de 7041 imigrantes no ano de 1959. A percepção negativa que muitos brasileiros tiveram dos japoneses foi desafiada na década de 1960, quando aconteceu um êxodo de *nikkeis* do campo até a área urbana de São Paulo, e esses recém-chegados tornaram-se notáveis por causa do seu sucesso em negócios e nas profissões, com uma reputação invejável de estudar e trabalhar duro. Segundo o censo nacional de 1988 havia 1228000 nikkeis morando no Brasil, com 887 mil deste número radicados no Estado de São Paulo, incluindo 326 mil na cidade capital. Trata-se da maior população japonesa de qualquer país, fora do Japão mesmo.

Ajudou, também, nessa integração o fato de que nas décadas de 1960 e 1970 o Japão chegou a ser um dos países mais ricos do mundo, um sinônimo de modernidade e progresso. Não obstante, quando trabalhadores japoneses chegaram para trabalhar no negócio baleeiro – como descreveremos neste capítulo – sua aparência e suas práticas culturais ainda podiam causar espanto. Por exemplo, um trabalhador antigo da estação baleeira em Costinha recorda: “Vimos eles nas suas casas vestidos somente com um pano, como lutadores de sumô!”. Contudo, com o passar do tempo muitos deles se naturalizaram e se casaram com brasileiras, e ficaram para fincar raízes no Brasil. Em Costinha, na Paraíba, os japoneses vieram a desfrutar uma reputação geralmente positiva; vários trabalhadores antigos lembram que: "Eles eram patrões excelentes, e sempre pagavam os salários em dia".

A participação japonesa na caça de baleias na época moderna no Brasil remonta a 1957 quando surgiu uma oportunidade para investir na empresa baleeira cambaleante de Samuel Galvão em Costinha. Essa companhia ainda negociava sob o nome de Companhia de Pesca Norte do Brasil, mas não estava com uma boa saúde comercial, com os acionistas preocupados com os retornos cada vez menores e o prospecto de execuções fiscais. Caçando com dois navios, ambos fabricados em 1930, e uma estação terrestre construída seguindo princípios noruegueses, o negócio sofria com falta de investimento, apesar do apoio de artilheiros e engenheiros da Noruega. A captura anual de baleias estava estagnada e até caindo, e parecia que existiam menos oportunidades para vender a produção de óleo de baleia e farinha de carne e de osso. Embora vendessem alguma carne de baleia para o consumo local no Brasil, e exportassem barbatanas à França, o único produto industrializado naquele momento, segundo Kishiwada (2004), era o óleo de baleias-espadarte e jubarte, que enviavam às fábricas de curtumes no sul do Brasil, e o óleo dos cachalotes eventuais que foi remetido à indústria química. Parece que a companhia havia concluído que não existia uma demanda suficiente para justificar um aumento de produção. Além disso, também havia questões ambientais associadas com o lixo das caldeiras que aparentemente eles não reciclavam[132].

Na mesma época houve uma pressão crescente sobre os estoques globais de baleias no Oceano do Sul e a Antártica, onde os japoneses tiveram interesses pelágicos substanciais. A baleia-azul, o maior mamífero que vive hoje, havia sido explorada intensivamente a partir da introdução de navios-fábrica a meados da década de 1920, e eram muito escassas, e agora as baleias-fin também enfrentavam uma ameaça séria. Nesse cenário de estoques empobrecidos de baleias, e enfrentando uma pressão crescente de grupos de interesse conservacionista e da Comissão Baleeira Internacional, os baleeiros japoneses procuraram novas fontes de matéria-prima para suas necessidades. Juntamente com isso, existia no Japão um desejo de desenvolver oportunidades comercias em escala mundial e proporcionar empregos para seus cidadãos em um mercado que estava se tornando cada vez mais global.

As práticas de gerenciamento japonesas e os mercados para os produtos da baleia no Japão foram consideravelmente diferentes das suas contrapartes europeias e brasileiras. Ao passo que os últimos focalizaram sua atenção na produção de óleo de baleia, óleo de cachalote, e farinha de carne e de osso, os japoneses concentraram sua produção tradicionalmente em carne de baleia salgada e congelada, e toucinho para o consumo humano. As baleias-espadarte, de tamanho médio que não havia sido sujeita a pressões comerciais significativas, ainda eram encontradas nas costas do Brasil em números razoáveis, e constituíram uma espécie ideal para conversão nas iguarias tão cobiçadas da culinária japonesa. Ainda mais importante, os japoneses haviam começado a voltar sua atenção à baleia-minke-antártica, uma baleia rorqual relativamente pequena de em torno de oito metros de comprimento, que havia sido caçada desde pelo menos 1930 por baleeiros costeiros no Japão e que teve uma distribuição circumpolar no Oceano do Sul. Essa espécie também se encontrava nas águas do Brasil no inverno austral, e podia ser caçada para fornecer uma boa quantidade de carne. A baleia-minke não havia sido considerada suficientemente grande, do ponto de vista comercial, para serem capturadas por baleeiros, tanto europeus como japoneses, por enquanto os estoques de baleias maiores – as baleias-azuis, as espadartes, e as baleias-fin – fossem abundantes. Porém, o declínio drástico nos estoques de baleias-azuis e baleias-fin despertou um interesse pela baleia-minke. As experiências de caçar essa espécie na Antártica demonstraram que elas existiam em abundância, com a primeira captura feita pela expedição do *NISSHIN MARU Nº3* ao Oceano do Sul em 1963 a 1964.

Portanto, é provável que o potencial para caçar baleias-espadarte e baleias-minke-antárticas no Brasil para o consumo humano, junto com a oportunidade para desenvolver uma estação pesqueira que já existia, foram os fatores que seduziram os japoneses a cobiçar o negócio de Samuel Galvão. Foi uma época em que a economia japonesa esteve no seu apogeu, com uma crescente confiança e habilidade de adquirir participações em companhias estrangeiras, e de explorar oportunidades para sustentabilidade e crescimento a médio e a longo prazo. A reputação japonesa para o trabalho duro e uma ética comercial aguda, juntamente com sua extensa experiência no comércio marítimo, fizeram que fosse natural que eles tomassem interesse nas indústrias pesqueiras e baleeiras brasileiras.

Foi nesse clima de oportunismo que a companhia japonesa Nippon Reizo Kabushiki Kaisha, com sede em Tókio, se interessou no negócio baleeiro de Samuel Galvão em Costinha. Durante o governo de Juscelino Kubitschek (presidente de 1956 a 1961) várias companhias pesqueiras estrangeiras, incluindo as grandes empresas japonesas da Nippon Reizo e da Taiyo, receberam autorização presidencial para operar seus próprios navios pesqueiros no Brasil. No caso da empresa Taiyo, sua empresa baleeira no Brasil – fundada um pouco depois da empresa da Nippon Reizo na Paraíba – estabeleceu-se em Cabo Frio, no estado do Rio de Janeiro, e é tema do capítulo seguinte. Esse estímulo oficial por parte do governo brasileiro foi motivado pela ideia de inserir tecnologia avançada e equipamento moderno na frota nacional para poder aumentar a perícia pesqueira no país e impulsionar a produção de comida. No caso de Costinha, no nordeste do Brasil, existia outro motivo: servir uma região que naquele momento era considerada pela Organização Mundial da Saúde e outras entidades como marginalizada e praticamente indigente, com uma expectativa de vida para homens de somente quarenta anos e 45 anos para mulheres[133].

De acordo com um texto preparado pelo Diretor Executivo do CODEPE (Conselho de Desenvolvimento da Pesca, criado em 1961) a pedido do Conselho de Ministros e publicado no *Diário Oficial da União* em 12 de janeiro de 1962[134], a Nippon Reizo firmou um contrato com a Inspetoria Regional de Caça e Pesca no Recife, Pernambuco, em 14 de dezembro de 1956. Esse contrato permitiu que a companhia trouxesse um navio pesqueiro, o *KAIKO MARU Nº13* (352 toneladas/1952), sob a "autorização excepcional" do Presidente da República para realizar pesquisas pesqueiras nos mares do nordeste do Brasil, e deu permissão para fornecer o produto desta pesca como comida para a população local. A concessão foi de somente um ano, com a condição de que ao terminar esse período o concessionário deveria providenciar a naturalização de dois terços da tripulação, incluindo posições de comando e oficiais. Na realidade, o *KAIKO MARU Nº13* retornou ao Japão em 19 de agosto de 1957 e foi substituído pelo *AKAGI MARU* (543/1945). Numa tentativa de regularizar a situação em relação à naturalização do navio, colocaram o nome *PRESIDENTE KUBITSCHEK*, hastearam a bandeira brasileira, registraram o barco no Tribunal Marítimo, e forneceram uma tripulação de brasileiros. O CODEPE concluiu que isto abriu "um precedente magnífico" para a futura regularização de navios estrangeiros operando nas águas territoriais brasileiras.

Seguiam novos contratos, todos focalizando a pesca de atum, começando em abril de 1957, com um acordo entre a Nippon Reizo e, mais uma vez, a Inspetoria Regional no Recife que autorizou a chegada do *KAIKO MARU Nº 7* (195/1948). Essa embarcação voltou ao Japão depois do período de dois anos de concessão sem ser incorporado à frota nacional, em contravenção do que se esperava no acordo. Outros contratos foram assinados mais tarde com as Inspetorias Regionais de Salvador (em agosto de 1957) e do Recife (em setembro de 1959). A Nippon Reizo agora estava com o pé dentro do país, com o fornecimento de atum a uma firma no Recife chamada INBRAPE (Indústria Brasileira de Pescados e Frios S. A.) para armazenamento, congelamento, e comercialização – uma companhia na qual a Nippon Reizo possuía muitas ações.

Contudo, o contrato significante para a incursão da Nippon Reizo dentro do negócio da caça de baleias no Brasil foi assinado em 9 de maio de 1959, entre a Divisão de Caça e Pesca do Departamento Nacional da Produção Animal e a Companhia de Pesca Norte do Brasil – agora conhecida pela sigla COPESBRA – representada pelo procurador do Dr.

Gilberto Bezerra da Silva, presidente da companhia. A primeira cláusula explicava que a COPESBRA, em colaboração com as firmas de Nippon Reizo K. K. e de sua associada Hokuyo Suisan K. K., eram autorizadas "em caráter excepcional" de trazer ao Brasil quatro navios arrendados por um período de dois anos sob os termos da concessão outorgada pelo Presidente do Brasil na "Exposição de Motivos" nº 523 do Ministério de Agricultura, datada de 21 de julho de 1958. Isso era excepcional já que o Código de Pesca de 19 de outubro 1938 especificou que "Às embarcações estrangeiras e às nacionais guarnecidas por estrangeiros é proibido o exercício da pesca em águas territoriais brasileiras".

A segunda cláusula explicitou o objetivo do acordo de dois anos:

> A concessão tem por fim exclusivo o exercício da caça e industrialização da baleia na região Nordeste do Brasil, com navios e aparelhamentos modernos para aumento da produção da caça e consequente aproveitamento dos subprodutos e da própria carne da baleia. Os processos a serem empregados na caça da baleia serão os mais modernos, constando de arremesso de arpão automático por tiro de canhão da proa do navio, não sendo permitida a aplicação de processos antiquados que redundam em morte inútil dos cetáceos.

Outras cláusulas no documento especificavam que "após dois anos de atividades dos barcos [a tripulação] obrigatoriamente [será] integrada por 2/3 (dois terços) de brasileiros, sendo entregues a brasileiros o comando das embarcações e os cargos cujo preenchimento exijam títulos de habilitação" e que durante esse período os navios teriam permissão, surpreendentemente, de hastear a bandeira japonesa. Mais extraordinária foi a cláusula de autoexclusão, explicando que todas as medidas para nacionalizar os navios deveriam ser tomadas "ressalvados os casos de força maior ou se esta medida vier em detrimento ou prejuízo da outorgante-concessora". Três anos e meio mais tarde o CODEPE reportou, secamente, que até onde podiam afirmar todos os contratos assinados pela Nippon Reizo e a COPESBRA agora estavam vencidos, e embora essas companhias insistissem na existência de um despacho presidencial que teria autorizado que eles continuassem operando no Brasil, esse documento "se encontra extraviado".

O relatório do CODEPE de 5 de janeiro de 1962 refere-se às "dificuldades incalculáveis" que enfrentaram na coleta de informações relevantes, e a "turbulência administrativa que se instalou [...] pela ausência de um órgão coordenador" na fase recente de "marchas e contramarchas dêsse tramite tumultuário," e até "discursos causticantes de membros do Congresso Nacional e das Assêmbleias Estaduais [...] assim é que uns contratos foram renovados e outros, não; uns barcos, ante a caducidade das respectivas permissões, foram paralisados; outros não; outros ainda aguardam solução, sem que se localizem os respectivos processos; e até mesmo revalidações *sine die* [sem data marcada] foram concedidas". Quanto ao caso específico da COPESBRA:

> Uma exposição pormenorizada das concessões relativas ao presente grupo [a COPESBRA e a INBRAPE], retratando a atual situação das emprêsas e respectivos barcos, constitui tarefa quase impossível ante a carência e precariedade dos dados coligidos. A despeito das reiteradas e exaustivas buscas efetuadas para a compilação de todos os elementos atinentes ao exame da matéria, peças fundamentais deixaram de ser localizadas. Cumpre esclarecer que não existe em nenhuma Repartição fichário sistematizado para que fôsse possível exercer o contrôle preciso dos barcos estrangeiros que operam no País.

Apesar do CODEPE expressar essas desconfianças no futuro, foi dentro de um clima de encorajamento oficial que a Nippon Reizo entrou em negociações para adquirir a Companhia de Pesca Norte do Brasil, e estender seus interesses no Brasil da atividade pesqueira até a caça de baleias. Foi Takeo Satu, casado com uma mulher de uma família influente em Pernambuco, que representou a Nippon Reizo no Brasil, e que atuou como intermediário entre o Banco do Brasil, que representava os principais credores, e a Nippon Reizo[135]. O resultado foi a entrega de uma proposta a Samuel Galvão para que ele vendesse a empresa à INBRAPE; uma companhia registrada no Recife na qual a Nippon Reizo possuía uma participação majoritária. A INBRAPE era uma firma que pescava atum e lagosta, e que teve instalações para congelamento, processamento e enlatamento, supostamente arrendadas a eles pela Caixa de Crédito de Pesca.

A INBRAPE finalmente assumiu o controle dos ativos de Samuel Galvão no fim de 1957 pela soma que aparentemente teria sido de trinta milhões de cruzeiros. Ao fazê-lo, a Nippon Reizo (precursora da Corporação Nichirei) adquiriu uma participação de controle na COPESBRA, que permaneceu como uma companhia registrada no Brasil, com o capital dividido entre acionistas brasileiras e japonesas – 60% e 40% respectivamente (Ishigami: 1977). Para tornar a aquisição da COPESBRA ainda mais viável, a Nippon Reizo incorporou as atividades pesqueiras de atum e lagosta da INBRAPE. Dr. Guilherme Campelo Rabay, que mais tarde tornou-se um diretor da companhia, foi nomeado representante legal para a COPESBRA, mas o resto da gerência superior consistia somente de japoneses. A empresa estabeleceu dois escritórios administrativos, no Recife e em João Pessoa.

Não todos os brasileiros aprovaram essa transação. O jornalista Ivaldo Falconi da Paraíba escreveu no *O Semanário* do Rio de Janeiro em julho de 1958 que[136]:

> A opinião pública brasileira ainda não tomou conhecimento dos escândalos que ocorrem no setor da pesca, onde trustes estrangeiros começam a firmar seu domínio, com graves prejuízos para a economia do País e a própria defesa nacional. [...] Recentemente, os nipônicos instalaram firmas destinadas a explorar a indústria da pesca no Nordeste do Brasil. O truste Nippon Reizo, que domina o mercado mundial de pesca, organizou a emprêsa denominada Inbrape, que começa a desenvolver amplas atividades.

Ivaldo Falconi desconfiou que as mãos de políticos brasileiros estivessem atrás da transação. Ele identificou um oficial do governo, o diretor do Departamento de Frios do Ministério de Agricultura, que teve a oportunidade de estudar a atividade baleeira e pesqueira no exterior, e havia retornado ao Brasil onde posteriormente ele se tornou um diretor da INBRAPE[137]. Falconi concluiu ceticamente que: "Nessas condições, estamos com um funcionário que estudou, por conta de nosso govêrno, o problema da pesca da baleia para prestar serviços a um truste internacional. E o mais grave de tudo é que êle continua bifronte, isto é, servidor do governo e do truste". O jornalista paraibano lamentou muito que "a fábrica de óleo de baleia caiu em mãos de Nippon Reizo".

Em dezembro do mesmo ano outro jornalista do nordeste do Brasil, João Silveira do *Jornal do Comércio* do Recife, deu sua opinião no *O Semanário* sob a manchete "Gatunagem do Truste Nippon Reizo"[138] que "os espertalhões nipônicos" estavam "pescando lagosta e peixe de primeira em nossas águas e transbordando-os para outros barcos, em alto-mar, a fim de vendê-los no estrangeiro, a fim de os colocarem no exterior, sem pagar impostos e direitos alfandegários, é CONTRABANDO com tôdas as letras". O texto termina:

> A Nippon Reizo estaria colaborando com o Brasil se fôsse uma emprêsa que se tivesse nacionalizado. Todavia, isso não poderá jamais acontecer, porque se trata do tentáculo de um poderoso truste internacional. A melhor solução, diante de tanto contrabando, de tantas irregularidades, de tanto enriquecimento ilícito, tanta evasão de divisas, seria cancelar a autorização.

Essa empresa que tanto criticaram, a Nippon Reizo Kabushiki Kaisha (Sociedade Anônima), foi fundada em 24 de dezembro de 1942 como a Teikoku Marine Products Control Company, um conglomerado de dezoito empresas pesqueiras e outras companhias associadas com um capital combinado de 50 mil Ienes. Fundou-se em conformidade com a Portaria de Controle das Indústrias Pesqueiras de 19 de maio de 1942 do governo japonês durante a guerra, e atuou como uma agência central para controlar os negócios de pesca, tais como as vendas de produtos marítimos, produção de gelo, e armazenamento refrigerado. Em 1º de dezembro de 1945, um dia depois de abolir-se a portaria de controle, a companhia foi reorganizada como uma firma privada governada pelo código comercial e rebatizada Nippon Reizo Company Limited, com sede em Tókio. Essa nova companhia foi listada na Bolsa de Ações de Tókio a partir de 1949. Através dos próximos trinta anos a companhia, hoje geralmente conhecida como a Corporação Nicherei, tornou-se um dos mais importantes produtores no Japão de comida congelada e um líder no armazenamento refrigerado de produtos marítimos, comercialização de produtos de carne, processamento de alimentos, serviços de alimentação, com a pesca e negócios no exterior no centro das suas atividades, (Saito: 1978)[139].

Nippon Reizo deu-se conta que havia várias questões de importância que precisavam ser tratadas urgentemente para tornar viável o negócio baleeiro em Costinha. Eles identificaram as seguintes: aumentar o número de baleias capturadas por dia; introduzir tecnologia japonesa de ponta na estação terrestre; melhorar a qualidade do óleo; reciclar o lixo das caldeiras; e melhorar a qualidade e a quantidade da produção de carne, (Kishiwada: 2004). Uma das primeiras iniciativas foi introduzir navios baleeiros mais modernos. Tanto o *CABO BRANCO* como o *BELMONTE* estavam desgastados; o último em mau estado. Os dois navios caçaram baleias em 1958, mas na temporada seguinte o *BELMONTE* ficou no porto e o *CABO BRANCO*, com Wilson Galvão como artilheiro, trabalhou somente a primeira metade da temporada até a chegada de dois navios baleeiros japoneses, o *DAISHIN MARU Nº1* (Minakoshi como artilheiro) e o *DAISHIN MARU Nº2* (Wilson Galvão).

Esses dois navios baleeiros modernos, ambos de mais de 500 toneladas brutas, foram construídos num estaleiro na Noruega em 1942, e foram comprados pelo "associado" de Nippon Reizo, a Hokuyo Suisan K. K. de Tóquio. Cada navio levava uma tripulação de cinco japoneses e 23 brasileiros; os últimos trabalharam no convés e na casa de máquinas. Segundo Kishiwada (2004) os brasileiros "assimilaram rapidamente a técnica japonesa do corte e retalhamento". A resposta foi imediata. Houve um aumento no número de baleias capturadas em 1959 — um total de 315 comparado com 128 na temporada anterior. Desse número, 294 eram baleias-espadarte que representaram 93% da captura.

Não houve muito diferença na área de caça e nos métodos de captura se comparamos com as temporadas anteriores. O foco era a baleia-espadarte, encontrada cerca de trinta milhas de Costinha num raio de mais ou menos vinte milhas (6° 58' - 7° 20'S de latitude; 34° 00' - 34° 30'O de longitude). Nesse período, antes da introdução de cotas de caça, o navio baleeiro saía de Cabedelo por volta das quatro horas da madrugada. O método empregado para matar a baleia era arremessar um arpão seguido um pouco depois por um segundo arpão que tinha uma granada na ponta. Contudo, o uso da granada contribuiu a uma perda de quase quinhentos quilos de peso animal devido à deterioração e contaminação da carne com a pólvora. Além disso, a exposição ao ar livre e o sol diminuiu a rigidez da carne. Com a baleia amarrada ao costado pela cauda o navio partia em busca de outras baleias, e por volta das seis horas da tarde, ao pôr do sol, interrompiam suas atividades. O navio chegava a Costinha entre dez horas da noite e meia-noite, dependendo do número de baleias capturadas, onde desembarcavam as baleias e as arrastavam com guinchos poderosos até a plataforma de corte. Às vezes não caçavam nenhuma baleia, como Kishiwada (2004) relatou mais tarde.

Uma das metas principais era melhorar a qualidade dos produtos saindo da fábrica. Isso foi considerado de importância fundamental para eles encontrarem mercados sustentáveis dentro do Brasil e dentro do mercado principal de exportação ao Japão. No seu texto sobre a caça de baleias no Brasil, Kishiwada (2004) enfatiza a convicção da empresa nessa época de que em hipótese alguma deveria ser utilizado carne na produção de óleo, ("jamais colocar algum pedaço de carne nas autoclaves de pressão"), e que a carne deveria ser apreciada pelo seu próprio valor. Antes disso, com Samuel Galvão, somente os cortes mais nobres de carne foram aproveitados para o consumo humano e, como consequência, uma grande parte da carne foi cozida nas caldeiras. Isso não era somente um desperdício de carne de boa qualidade, mas também uma prática que produzia um óleo escuro que o mercado não gostava. Provavelmente foi por essa razão que Samuel Galvão encontrou tantas dificuldades para vender seu óleo. Para resolver essa questão, a empresa contratou dez trabalhadores japoneses especializados no corte e retalhamento da baleia, e "eles treinaram os operários da região e transferiram o *know-how* do corte" (Kishiwada). Tão logo chegasse uma baleia-jubarte, espadarte ou minke no ponto de desembarque cimentado da praia antes da plataforma de corte, guinchos a vapor a arrastavam até o canal de lavagem para remover a areia, sangue e outros resíduos. A partir desse momento eles seguiam um processo de controle rigoroso para assegurar que os produtos finais estivessem na melhor condição de aproveitamento. Basicamente, a baleia era dividida em duas partes: o toucinho e a carne, ambos levados a um lado da plataforma de corte, e os ossos, pele com gordura, vísceras e a cabeça ao outro lado.

Depois de retalhar o toucinho do corpo da baleia e colocá-lo de lado para ser posto nas doze autoclaves para produzir um óleo claro e de boa qualidade, os trabalhadores viraram sua atenção à carne. Era de grande importância que lidassem com a carne de uma maneira rápida e dentro de 33 horas depois da morte da baleia, caso contrário começava a autólise — a destruição do tecido por suas próprias enzimas. A introdução de operários especializados provou ser um grande sucesso; mandaram de volta cinco dos japoneses em 1962, e dois anos mais tarde somente permaneceram dois japoneses em Costinha. Trinta trabalhadores brasileiros haviam aprendido o ofício. "Comparando-se o rendimento da carne com a rapidez do trabalho, não havia muita diferença entre a mão de obra brasileira e a japonesa" (Kishiwada: 2004). Em média durou apenas vinte minutos para processar uma baleia-espadarte na plataforma de corte.

Outro desafio foi como promover as vantagens de comer carne de baleia entre a população local. Já existia no nordeste do Brasil a prática de salgar e secar a carne no sol para fazer charque. A COPESBRA se esforçou no desenvolvimento da charque de baleia, e eles enviaram um engenheiro ao sul do Brasil onde a tecnologia da preparação de charque era muito avançada. Esse gerente visitou duas plantas de processamento, em Ribeirão Preto, São Paulo, e em Bagé, no Rio Grande do Sul. A produção de charque começou em Costinha em 1961, embora pouca carne fosse destinada para fazer charque naquele ano. No ano seguinte, quando a estação operou com um só navio, praticamente toda a carne foi processada como charque, com o resto vendido como carne fresca na comunidade local.

Lidaram separadamente com o restante da carcaça: ossos, papo, barbatanas, cabeça e cauda. Essas partes foram guinchadas através de uma rampa até uma plataforma superior, abaixo da qual foram alojadas dezoito caldeiras de pressão com uma capacidade de cozinhar 226 toneladas. Ali cortavam a cabeça com uma moto-serra, e colocavam a cabeça e os ossos e outro material dentro das autoclaves através de aberturas na plataforma para fabricar um óleo de qualidade inferior. Secavam e moíam os resíduos para fazer adubo. Lidavam com os cachalotes separadamente, porque a carne do cachalote não é comestível, e seu óleo não pode ser misturado com o óleo de baleias de barbatanas. Além disso, as autoclaves onde cozinhavam o óleo de cachalote tiveram que ser lavadas meticulosamente para evitar contaminação. O óleo de espermacete foi utilizado tradicionalmente na fabricação de velas finas para a igreja, mas nessa época teve outros usos como lubrificante industrial, e para propósitos de cosméticos, e nas fábricas de curtumes para processamento de couro. Utilizavam baldes para coletar esse óleo que ficava dentro do reservatório na cabeça do cachalote.

Apesar de todos esses esforços a COPESBRA encontrou dificuldades inicialmente na abertura de novos mercados. De fato, ao terminar a temporada de 1961 chegaram à conclusão de que era melhor prescindir dos serviços de um dos navios, o *DAISHIN MARU Nº 2,* para reduzir despesas e evitar um déficit operacional. Portanto, o número de baleias capturadas em Costinha caiu de 521 em 1961 a 284 na temporada de 1962, e permaneceu com números semelhantes até 1965. Já que menos baleias foram sendo desembarcadas na estação, a gerência começou a focalizar o manuseio e marketing da carne de baleia no intuito de "fornecer uma fonte de proteína barata e de boa qualidade à população de baixo poder aquisitivo" e a carne de baleia começou a ser oferecida pela metade do preço da carne seca (Kishiwada: 2004).

O gerente de uma companhia de alimentação por atacado em João Pessoa provou uma amostra de charque de baleia e considerou que seria aceitável no mercado. Pontualmente, ele se comprometeu a aceitar a produção inteira, empregando os mesmos canais de distribuição que ele teve para a carne. Naturalmente, a COPESBRA estava encantada, na expectativa de que as vendas decolariam, mas isso não aconteceu, e a empresa naquele momento estava assustada pensando no que iam fazer com seu estoque. Contataram vários atacadistas e empresários que nunca antes teriam lidado com a carne de baleia, descrevendo seu valor nutritivo comparado com a carne de vaca, mas apesar desses esforços o mercado não respondeu.

Afortunadamente para a COPESBRA, do nada apareceu um atacadista da Bahia com uma encomenda bastante grande, o que induziu mais interesse no mesmo estado, e incentivou o distribuidor de outrora, na Paraíba, a tomar uma atitude. A venda provou ser um grande sucesso, tanto assim que a inteira produção da próxima temporada foi vendida com antecedência. Com o passar do tempo, a metade da produção era vendida para a Bahia e o restante aos estados de Pernambuco e da Paraíba. O êxito desse negócio tornou-se um fator chave na decisão da companhia de seguir caçando baleias no Brasil, e deu-lhes a confiança de iniciar mais investimentos tanto no mar como em terra.

A companhia também encontrou uma solução ao problema do lixo das caldeiras que consistia em ossos e outros desperdícios que haviam acumulado durante a época de Samuel Galvão, e que constituía um sério perigo ambiental. Quando a estação estava em mãos de gerentes noruegueses esse material foi convertido em farinha de carne e de osso, mas parece que havia sido jogado fora por Galvão na sua obsessão de produzir óleo. Com o apoio da Cooperativa Agrícola de Tomé-Assú no estado do Pará, descobriram que esse entulho podia ser transformado em adubo para as plantações de pimenta. Além disso, havia um mercado para as barbatanas, que foram exportadas à França, e outros subprodutos para a fabricação de artesanatos. O braço pesqueiro da COPESBRA também começou a diversificar, pescando merluza e tubarão.

Com os métodos de trabalho melhorados, e as mudanças na infraestrutura da fábrica impostas pela nova administração entre 1958 e 1965, a empresa desfrutou de estabilidade e lucratividade. Esses benefícios se estenderam à comunidade local de Costinha e às pessoas que moravam no município mais amplo de Lucena[140]. O emprego de trabalhadores durante os cinco meses da temporada da caça atingiu 270 operários permanentes e temporários, embora esse número diminuísse a aproximadamente 170 pessoas na entressafra. Desses empregados dez eram japoneses — os gerentes, administradores, e os principais engenheiros — os quais desfrutaram de um prestígio social na Paraíba que contrastava com os apuros sofridos pelos primeiros imigrantes japoneses quando chegaram ao país. Muitos deles desfrutaram de um alto padrão de vida e vários deles ficaram no Brasil depois de a última baleia ser caçada em Costinha, integrando-se bem com a população local e casando-se com mulheres brasileiras.

Ao mesmo tempo, nesse período, graves preocupações estavam sendo expressas em círculos tanto políticos como públicos acerca das questões morais e legais atrás das atividades dos japoneses no Brasil. Alegavam que seis navios pesqueiros pertencentes à subsidiária da Nippon Reizo, a INBRAPE, estariam pescando, e que esse negócio havia deixado de ser naturalizado através da criação de capital misto nacional e estrangeiro. O mesmo ocorreu no sudeste, com dez navios da firma Pescados Oceania do Brasil, subsidiária da companhia Taiyo. Afirmaram, também, que não haviam incorporado o número de tripulantes brasileiros exigido pelas concessões, nem haviam hasteado a bandeira brasileira depois do período alocado de dois anos. Na sua declaração de opinião de 5 de janeiro de 1962, o CODEPE lamentou que todas as tentativas para nacionalizar os navios haviam sido em vão, já que para serem registrados os navios precisavam de uma licença de importação, que não era exigida na época, e que isso havia dado lugar a um impasse legal. O CODEPE também argumentou que para os brasileiros, as práticas a bordo dos navios japoneses eram bem diferentes da experiência local da pesca, sendo dominado por longos períodos no mar, trabalho "inusitadamente severo," uma dieta diferente ("algas marinhas e peixe cru"), uma língua e religião diferentes, e nenhuma oportunidade para se comunicar com seus familiares em terra. O relatório agregou: "Haja vista que o pescador brasileiro, dada sua maior estatura, para caber no espaço reservado a seu sono, é obrigado a encolher-se, adotando uma posição penosa".

Não está claro se algumas dessas polêmicas em torno da operação de empresas estrangeiras tiveram qualquer influência sobre a conduta do negócio baleeiro da COPESBRA em Costinha. Contudo, num cenário mais amplo, havia crescentes preocupações emanando da Comissão Baleeira Internacional (CBI) e de organizações conservacionistas de que o Japão estava tentando controlar a caça de baleias no continente sul-americano através da criação de operações de caça nominalmente nacionais, não só no Brasil, mas também, no litoral pacífico no Chile e no Peru. Alegaram que os japoneses estavam fazendo isso para evitar as cotas da CBI e as restrições na caça de espécies ameaçadas de extinção (Day: 1992). Contudo, parece que os japoneses eram confiantes o suficiente nesse período para fazer mais investimentos no negócio em Costinha visando melhoramentos para assegurar sua viabilidade comercial a longo prazo. Parece provável que a confiança japonesa no futuro da caça de baleias em Costinha (e também em Cabo Frio, no Rio de Janeiro) fosse amparada pela falta de vontade oficial da representação brasileira na Comissão Baleeira Internacional — o Brasil foi o último de dezessete países a ratificar o protocolo de novembro de 1956 à convenção internacional de 1946, e não mandou um representante às reuniões anuais da CBI, salvo um representante para os comitês cientifico e técnico somente em 1958. Isso culminou com o afastamento unilateral do Brasil da CBI em 27 de dezembro de 1965, com o governo alegando que não existia mais interesse em participar no acordo internacional, vigorando a partir de 30 de junho de 1966. O Brasil uniu-se de novo à Comissão como membro somente em dezembro de 1973.

Nesse período, a partir de 1957, sob a gestão japonesa, a COPESBRA primeiro adquiriu um navio baleeiro moderno, e logo se empenhou na modernização da fábrica terrestre e na criação de novos mercados para seus produtos. Um aspecto significativo do período de 1960 a 1965 inclusive foi a crescente diversidade de espécies de baleia capturada pela estação. Embora as baleias-espadarte ainda constituíssem 91% da captura total de 2121 baleias nesse período, as baleias-minke-antárticas agora começaram a serem capturadas em números maiores[141]. Como veremos em um capítulo mais adiante neste livro, essa diversificação na captura, e o aumento na variedade e qualidade dos produtos, tornou-se o alicerce no qual se baseou o futuro da caça de baleias em Costinha durante as próximas duas décadas.

CAPÍTULO 7

# *Intermezzo: Quando o oriente encontra o ocidente*
## A companhia Taiyo Fishery em Cabo Frio
### (1960-1963)

*O aroma é tentador! É carne de baleia.*
*Mais nutritiva, mais saborosa, mais barata.*

ANÚNCIO DA TAIYO FISHERY PUBLICADO NO JORNAL ÚLTIMA HORA, RIO DE JANEIRO, 29 DE MAIO DE 1961.

Em uma maneira semelhante à experiência da Nippon Reizo em Costinha na Paraíba, porém, um pouco mais tarde, outra companhia japonesa começou a caçar baleias no Brasil no século passado; desta vez desde Cabo Frio, no estado do Rio de Janeiro. Essa empresa era a Taiyo Fishery Company Limited, hoje em dia conhecida como a Corporação Maruha.

A história dessa companhia remonta ao fim do século XIX quando Ikujiro Nakabe e seu pai fundaram um negócio de processamento de peixe chamado Hayashikane Shoten em 1880, centrado na área de Osaka no Japão. A firma acrescentou a caça de baleias ao seu portfólio comercial em 1907, depois de transladar-se a Shimonoseki, quando fundou a empresa baleeira Tosa Hogei K. K., como resposta à introdução de técnicas modernas norueguesas no Japão. Durante a década de 1920 e o começo da década seguinte a companhia se fundiu com outros interes-

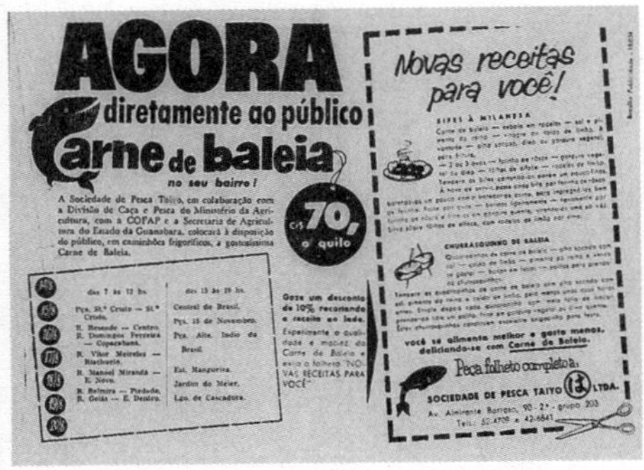


**FIGURA 7.1.** Anúncios da empresa Taiyo, Última Hora, Rio de Janeiro, maio e agosto 1961.

ses baleeiros japoneses, e em 1936 uniu-se com outras duas empresas baleeiras para emergir como uma nova grande empresa chamada Taiyo Hogei K. K. trabalhando em associação com a firma Hayashikane Shoten K. K., as duas com sedes, respectivamente, em Tóquio e em Shimonoseki. Nos anos de 1936 e 1937 as duas companhias lançaram em conjunto seus próprios navios-fábrica, *NISSHIN MARU* (16.764/1936) e *NISSHIN MARU Nº2* (17.579/1937), para se tornarem uma das empresas pelágicas de maior importância no mundo. Seguiu um período de crescimento e diversificação, que abrangeu a construção de navios, preparação de conservas, empacotamento e restaurantes.

Durante a Segunda Guerra Mundial, quando o governo japonês apoderou-se da sua frota baleeira, ambos os navios-fábrica foram afundados, e ao concluir a guerra o nome da empresa mudou de Taiyo Hogei K. K. para Taiyo Gyogyo K. K., também conhecida como a Taiyo Fishery Company. Essa companhia enfrentou muitas dificuldades no período imediatamente depois da guerra, já que havia perdido seus navios baleeiros e pesqueiros no exterior e outros ativos, mas com uma autorização especial outorgada pelo General MacArthur, Comandante Supremo das forças aliadas de ocupação, eles recomeçaram a caça de baleias nas Islas Bonin, no Japão, e na Antártica em 1946. Em 1949, a Taiyo mudou sua sede para Tóquio, e dois anos mais tarde um novo navio-fábrica, o *NISSHIN MARU (2)* (16.774/1951), foi lançado para substituir um barco cisterna convertido para atuar como navio-fábrica e usado desde 1946; isso constituiu a primeira fase de uma importante reconstrução da sua frota baleeira pelágica que até 1961 consistia em quatro grandes navios-fábrica operando no Pacífico do Norte e na Antártica. A companhia foi reestruturada na década de 1950 e, ganhando confiança na sua tecnologia e nos seus métodos provados e testados, a Taiyo buscou *joint ventures* no exterior, especialmente em conjunto com países em desenvolvimento.

O Brasil foi uma escolha obvia. O primeiro alvo da Taiyo foi a pesca, e eles assinaram um contrato em 29 de novembro de 1958, na sede da Divisão de Caça e Pesca do Departamento Nacional de Produção Animal do Ministério de Agricultura no Rio de Janeiro, entre essa divisão e a Companhia de Pesca Taiyo, cujo procurador era Katsumi Okuma[142]. Essa concessão permitiu que a Taiyo, em colaboração com a companhia brasileira Pescados Oceania do Brasil (na realidade uma *joint venture* estabelecida pela Taiyo), trouxesse quatro navios pesqueiros ao Brasil "em caráter excepcional e experimental". Esse acordo repousou sobre os termos da autorização outorgada pelo presidente do Brasil na "Exposição de Motivos" do Ministério de Agricultura nº 814 de 15 de outubro de 1958 — três meses depois da concessão semelhante outorgada à Nippon Reizo, na Paraíba. O "fim exclusivo" da concessão foi descrito como "o exercício da pesca e a industrialização do pescado" em sociedade com Pescados Oceania do Brasil Limitada, empregando uma frota de um máximo de dez barcos "de propriedade da outorgada-concessionária" durante um período de dois anos a contar da data do início das atividades pesqueiras. Durante esse período os barcos teriam tripulações japonesas, "sendo-lhes permitido, de forma excepcional, hastear a bandeira japonesa". Contudo, a concessão veio com certas obrigações: a exigência legal de que ao terminar o período do contrato dois terços dos tripulantes seriam brasileiros, incluindo o comando do barco e todos os cargos cujo desempenho exigia certificados de competência[143], e promover durante o prazo de vigência da concessão a nacionalização dos navios "mediante a organização de empresa de pesca com capitais nacionais e estrangeiros, observadas as disposições legais que regem o assunto, ou, na hipótese de não poder, por motivos supervenientes, organizar dita empresa, vendê-los ou arrendá-los a brasileiros". O foco do negócio nesse documento é a pesca e processamento de sardinhas exclusivamente para o mercado exterior, e o preparo de "peixe salgado-sêco ou de salmoura (tipo frescal) para abastecimento das populações de fraco poder aquisitivo". Mas o interesse principal da Taiyo era pescar atum e eles trouxeram vários barcos atuneiros e barcos de arrasto ao Brasil.

Quase dezenove meses mais tarde, em 17 de junho de 1960, o mesmo procurador Katsumi Okuma assinou um acordo de parte da Sociedade de Pesca Taiyo entre essa empresa (outra *joint venture* da Taiyo, com sede na cidade de São Paulo) e a Divisão de Caça e Pesca[144]; dessa vez visando a caça de baleias e o processamento de produtos relacionados numa base estabelecida na Praia dos Anjos, em Arraial do Cabo, Cabo Frio, no estado do Rio de Janeiro. A concessão permitiu que essa empresa brasileira, em colaboração com a Taiyo, pudesse trazer ao Brasil ("em caráter excepcional") dois navios baleeiros arrendados e um navio de transporte para operar durante duas temporadas de caça, sob os termos de mais uma "Exposição de Motivos" expedida pelo Ministério de Agricultura em abril daquele ano[145]. Esses navios eram o *SEKI MARU Nº. 12* (471/1952) e o *FUMI MARU Nº. 12* (473/1951), ambos com motores de 2 mil HP. O navio de transporte foi limitado a somente carregar carne e só podia ser usado durante a temporada de caça de baleias[146].

A segunda cláusula é significativa, e demonstra o que realmente motivava o governo brasileiro a concordar com essa concessão. O negócio baleeiro deveria ter como objetivo:

> A produção da caça e aproveitamento integral dos produtos derivados e da própria carne do cetáceo. As instalações serão feitas de sorte que possibilitem o abastecimento do povo brasileiro com a carne da baleia e demais produtos fabricados, alimentos ricos em proteína, suficientes e adequados sob o ponto de vista sanitário e do aproveitamento integral da baleia.

Além disso, o contrato insistiu que "os processos a serem empregados na caça da baleia serão os mais modernos, constando de arremesso de arpão automático por tiro de canhão da proa, não sendo permitida a aplicação de processos antiquados". Repetiram as mesmas condições como do contrato anterior a respeito da composição da tripulação e da nacionalização dos navios até o fim do período de concessão. Uma cláusula adicional interessante permitiu a saída dos navios das águas brasileiras "temporariamente" fora da temporada de caça "com a autorização prévia das repartições competentes dos Ministérios da Marinha, Agricultura e Fazenda, devendo, porém, retornar ao país antes do início do prazo de pesca vindouro".

Além disso, o contrato exigia que toda a atividade estivesse em conformidade com a Convenção Baleeira Internacional, com temporadas de caça fixadas em seis e oito meses para as baleias de barbatanas e os cachalotes respectivamente. A empresa deveria "observar rigorosamente o Regimento da Convenção Internacional da Pesca da Baleia," e o governo determinou que inspetores brasileiros fossem escolhidos para monitorar o cumprimento dessa convenção em Cabo Frio. Contudo, num reflexo da inquietação do governo naquele momento quanto à convenção internacional, as partes contratantes podiam tomar "adequadas medidas a respeito no caso de possíveis modificações no Regimento da Convenção ou no caso de desligamento do Brasil da Comissão Internacional da Pesca da Baleia". De fato, o Brasil se afastou da convenção cinco anos mais tarde, em 1965.

A Taiyo escolheu Cabo Frio para montar sua estação baleeira por várias razões. Já vimos como uma armação foi estabelecida nesse lugar na década de 1740, mas foi completamente abandonada até o fim desse século. Embora parecesse que não houvesse nenhuma atividade baleeira organizada no período até 1960, os japoneses foram atraídos para Cabo Frio pela mesma razão — sua proximidade ao estoque de baleias ao longo da plataforma continental na frente desse promontório. Escrevendo em 1961, Sadao Watase[147], que havia trabalhado na companhia de Taiyo em Cabo Frio, explicou que durante a 13ª expedição baleeira da empresa à Antártica, eles haviam pesquisado a costa do Brasil no navio *FUMI MARU Nº16* (599/1954), que pertencia à frota de *NISSHIN MARU*. Os resultados obtidos incluíram respostas a um questionário sobre a aceitação de carne de baleia para o consumo humano, o que encorajou a firma a estabelecer uma base em Cabo Frio[148].

Uma explicação adicional pela escolha de Cabo Frio relaciona-se com o número de japoneses que viviam no Brasil. O maior número de imigrantes da história — 28819 no total —, num período de cinco anos, havia chegado do Japão entre 1955 e 1959, principalmente destinados ao estado de São Paulo. E a existência desses migrantes, juntamente com os muitos nikkeis, se mudando cada vez mais do campo para a cidade capital, convenceu a Taiyo que podiam lucrar vendendo-lhes as iguarias tradicionais japonesas feitas da carne de baleia.

Segundo Watase (1961), a Taiyo começou a construção da estação em Cabo Frio em fevereiro de 1960, e estava quase pronta até o fim de junho, em tempo hábil para a abertura oficial em 9 de julho e o início da temporada de caça naquele ano. Essa iniciativa causou um tremendo rebuliço na mídia. A *Folha de S.Paulo* reportou no começo de julho de 1960[149] que Kenzo Senda, diretor-geral da Sociedade de Pesca Taiyo, havia anunciado a abertura iminente de uma fábrica para óleo e outros derivativos de baleia, e que carne de baleia começaria a ser vendida na cidade de São Paulo a partir de agosto. O mesmo jornal noticiou em 13 de julho que cinco toneladas de carne de baleia haviam chegado ao entreposto de pescado em Cabo Frio, e acrescentou que esse produto em breve seria comercializado simultaneamente nas cidades de São Paulo, Rio de Janeiro e Santos. O jornalista da *Folha de S.Paulo* entrevistou Kenzo Senda que afirmou que a meta era a "criação de mercados para o consumo dos subprodutos da baleia porque a carne comestível, é quase certo, será bem aceita pela população". O diretor-geral explicou que distribuiriam três qualidades de carne de baleia: *akaniku* ("carne vermelha, semelhante ao filé, retirada das costas da baleia"), *oniku* ("carne da cauda, com elevado teor de gordura, semelhante à carne de porco, porém sem seus parasitos nocivos"), e *sunoko* ("carne gelatinosa, retirada do papo da baleia").

A Taiyo caçou principalmente as baleias-espadarte e os cachalotes. Durante seus quatro anos de operação, de 1960 até 1963, eles capturaram 1119 baleias-espadarte (em números que caíram para somente 91 baleias individuais na sua última temporada); 243 cachalotes (em números que cresceram de 28 em 1960 a 97 baleias em 1961, mas que havia caído a 37 no último ano); além de dez baleias-jubarte, treze baleias-de-bryde, e uma rara baleia-azul. Watase (1961) reportou que encontraram a baleia-espadarte numa média de quase cem milhas náuticas da costa, embora acercasse mais ao litoral nos meses de setembro e outubro. A média para a baleia-jubarte era quase 86 milhas náuticas da costa, e o cachalote em torno de 75 milhas, em ambos os casos mais concentrados em zonas de pesca que a baleia-espadarte. Segundo Watase, depois de arpoar e matar a baleia, eles abriam a carcaça e deixavam-na flutuando amarrada a uma boia.

## O cachalote

(Inglês: Sperm Whale).

O cachalote (Physeter macrocephalus), cuja distribuição é global, é a maior das baleias com dentes, e tem uma média de dezoito metros de comprimento para os machos e doze metros para as fêmeas; o maior dimorfismo sexual de tamanho entre os cetáceos. Apenas os machos adultos realizam migrações até as regiões frias e polares. As fêmeas e os machos juvenis deslocam-se entre as regiões tropicais e subtropicais. Esta espécie prefere as bordas de fossas oceânicas e correntes fortes onde existe uma abundância da sua presa principal, as lulas, as quais podem ser capturadas em profundidades de mais de 3 mil metros.

Os cachalotes brasileiros tipicamente encontram-se longe da costa. Foram capturados em grandes números por navios baleeiros americanos a partir de 1773, em uma região conhecida como *Brazil Banks*. As estações terrestres brasileiras raramente caçaram esta espécie até que a chegada de navios baleeiros modernos no século XX aumentou a captura. A caça do cachalote por navios-fábrica foi vetada pela Comissão Baleeira Internacional em 1979, e em 1986 eles ganharam proteção total e abrangente.

Categorizado pela Lista Vermelha da IUCN como uma espécie vulnerável.

---

Uma diferença chave comparando a Taiyo com a Nippon Reizo, que estava caçando baleias no nordeste nessa época, era que a Taiyo para assegurar que o negócio tivesse sucesso, foi obrigada a comercializar seus produtos energicamente no mercado local, e a Taiyo aproveitou do intenso interesse da mídia na novidade de comer carne de baleia, para propagar seu negócio. Convidaram um jornalista da *Folha de S.Paulo*, Neil Ferreira, a acompanhar uma expedição caçadora saindo da Praia dos Anjos em Cabo Frio. A reportagem cobriu seis colunas — quase a primeira página inteira da *Folha Ilustrada* — e foi publicada por esse influente jornal em 19 de julho de 1960[150]. O jornalista saiu às seis da manhã no navio *FUMI MARU Nº 12*, com o capitão Nakamura, o artilheiro Katsumi Yoshizaki, e uma tripulação de 22 homens, incluindo três brasileiros em sua segunda viagem, como aprendizes.

Um detalhe que o atento jornalista notou imediatamente foi o número registrado no diário de bordo de 4050 baleias capturadas pelo navio até a data. O capitão Nakamura deu sua opinião sobre porque

Cabo Frio havia sido escolhido: "porque forma a parte mais saliente, em direção ao leste, da costa; as correntes quentes do norte e frias do sul ali se encontram, propiciando a proliferação do plancto, alimento predileto das baleias de barbatana". Outro fator importante era a posição geográfica em relação aos centros consumidores; somente cinco horas por terra ao Rio de Janeiro, e treze horas por mar ao porto de Santos. Nakamura explicou numa mistura de "inglês, japonês, gestos e desenhos — principalmente desenhos" que na sua experiência a fêmea da baleia de barbatanas é sempre maior que o macho, e se estava nadando com um companheiro macho, e fosse arpoada, o macho ficaria junto e também seria capturado. Acrescentou que o cachalote era diferente, pois o macho tem um harém de fêmeas, de modo que quando a fêmea fosse arpoada o macho saía imediatamente da área.

O canhão-arpão a bordo era de calibre 99 mm, capaz de arremessar um arpão de dezoito quilos carregado com meio quilo de explosivo, normalmente numa distância de sessenta metros da baleia. O capitão disse que Katsumi Yoshizaki, o artilheiro, havia sido empregado nesse posto durante sete anos, e que era considerado o melhor artilheiro da Taiyo, com a reputação de nunca errar o alvo. Depois de consultar um caderno preto que ele carregava, o capitão comentou que Yoshizaki era responsável por 2082 das baleias capturadas pelo *FUMI MARU Nº12*. Yoshizaki havia sido um operador de rádio no último ano da Segunda Guerra Mundial, ingressou na empresa Taiyo no fim do ano 1952, e teve a ambição de bater o recorde de mais de 8 mil baleias caçadas por um artilheiro chamado Kyoto Izué, na época aposentado.

O jornalista podia testemunhar os procedimentos seguidos pela tripulação na captura de duas baleias. O navio utilizava equipamento de sonar para detectar a presença de baleias, e no momento de avistar uma baleia uma equipe de quatro homens subiu até o barril de observação no mastro, a vinte metros do convés, para observar o horizonte. O líder desse grupo era um japonês chamado Yamainota, que levava binóculos e um microfone, e tinha a função de localizar o esguicho da baleia e adivinhar o lugar onde ela emergiria de novo — aparentemente, ele acertava

60% das vezes. Nesse momento o capitão Nakamura começava a transmitir instruções "numa algaravia onde entram palavras inglesas ajaponesidas [*sic*]": "port side" (bombordo), "staroo!" (*starboard* em inglês, ou seja, estibordo), "Eeee!" (vai em frente); e "sloo" (*slow*/devagar). Acertaram a primeira baleia naquele dia no coração e ela morreu em seguida. Amarraram-na a duas boias grandes, junto com a bandeira do *FUMI MARU Nº12* e uma boia radioemissora. A segunda baleia media, segundo o jornalista, 31 metros e pesava cem toneladas — "É a maior já caçada nas costas brasileiras", comentou Neil Ferreira, com grande entusiasmo. Essa podia ter sido a baleia-azul, pouco comum, se não muito rara, nessa parte do Atlântico do Sul.

Tratava-se de promoção gratuita, ativamente cultivada pela Taiyo, e a companhia teve sucesso nessas tentativas de atrair atenção e interesse do público. Watase (1961) lembra que a estação baleeira em Cabo Frio figurava nos itinerários dos ônibus de turismo, e "chegou a ser considerada como uma das dez atrações principais do Brasil". Além disso, a empresa estava disposta a fazer grandes investimentos na propaganda paga. A comercialização dos seus produtos de baleia era fundamental para o êxito do seu plano de negócios, e a Taiyo trabalhou muito seriamente nessa área. Watase descreve como anúncios na rádio foram difundidos mais ou menos dois meses antes de começar a temporada baleeira, direcionados inicialmente aos nipônicos radicados no Brasil. A Rádio Cultura, por exemplo, transmitia mensagens duas vezes por semana, sintonizadas para coincidir com a hora do jantar, que começavam com as características gerais das baleias e logo passavam para descrever o valor nutritivo da carne, e dar conselhos sobre como preparar refeições com esse produto. Difundiam, também, anúncios em português na televisão, e nos jornais locais; e, no início da temporada, a Taiyo convidava diretores de jornais brasileiros e japoneses para uma apresentação num restaurante japonês para anunciar o início da caça de baleias.

Os gerentes da Taiyo se convenceram que um povo que come arroz (como os brasileiros) também comeria peixe, e então porque não a carne de baleia também, como no Japão? A rápida aceitação de atum na dieta brasileira naquele tempo também era encorajadora, e inicialmente suas expectativas foram atendidas e até ultrapassadas. No primeiro mês da temporada de 1960, a demanda superou a produção, até o ponto de que nos mercados vendiam carne de baleia ao mesmo preço da carne de vaca, e os clientes não podiam comprar carne de baleia ao menos que também comprassem algum peixe. Mandaram a carne por caminhão comum ao Rio de Janeiro e São Paulo, e até ao Rio Grande do Sul por caminhão refrigerado onde a consumo era por volta de uma tonelada por dia. Segundo Watase, as autoridades no Rio de Janeiro solicitaram um aumento no volume de carne à venda disponível para essa cidade.

Contudo, quando a euforia inicial começou a diminuir, a demanda caiu abruptamente e nunca mais recuperou o mesmo nível. As vendas de carne de baleia em São Paulo no segundo mês da temporada caíram até dez toneladas por dia, comparado com quase trinta toneladas no primeiro mês, e duas semanas depois caiu a cinco toneladas. O consumo no Rio de Janeiro exibiu um declínio agudo semelhante, e em Santos as vendas de carne caíram até quase zero.

Watase oferece várias explicações para esse fenômeno. Ironicamente, um fator foi o equívoco na apreciação por parte da firma sobre o mercado em potencial entre os japoneses que moravam em São Paulo — a Taiyo havia imaginado que, como no Japão, a carne da cauda encontraria um mercado nessa comunidade como uma iguaria de qualidade, mas os nikkeis preferiram outros cortes da baleia, e finalmente, somente os trabalhadores japoneses em Cabo Frio consumiam o *oniku*. Uma vez que os restaurantes japoneses em São Paulo já importavam carne de baleia salgada do Japão, isso veio como uma grande surpresa para a Taiyo. Watase lamentou que: "Do outro lado do globo [ou seja, no Brasil] todas as coisas ficam às avessas; até a carne de baleia de primeira categoria não é considerada boa".

De maior significância, a obsessão da Taiyo em fornecer carne sempre em porções em um peso constante; e, a sua falta de atenção ao empacotamento, contribuíram muito à caída da demanda. A carne de baleia foi vendida nos mercados populares em caixas de 25 quilos, e coberta com papel pergaminho e gelo. A Taiyo não se deu conta de que "as cores se alteram para escuro e essa massa grotesca de carne tirou o apetite do povo. Sabemos que há esse defeito, mas não temos uma maneira de melhorar essa situação". Se a Taiyo tivesse pensado em produzir charque, como a Nippon Reizo, talvez tivessem mais sucesso.

Em uma revelação alarmante, Watase também disse que uma parte da carne que estava começando a perder seu frescor foi vendida para as fábricas de mortadela e salsicha, num preço correspondente a 60% da carne fresca, e que essas fábricas misturaram a carne de baleia "sem dizer nada, como se fosse salsicha feita com carne de boi". Além disso, a partir de agosto, o segundo mês da temporada, as baleias costumavam ser mais magras, com uma carne de qualidade menor e um conteúdo maior de fibras. As temperaturas, também, começavam a subir nessa época, o que reduziu o tempo para que se iniciasse a deterioração da carne.

A Taiyo teve mais êxito na sua apreciação do mercado no Brasil para o óleo de baleia. Eles sabiam que em torno de 2 mil toneladas de óleo de baleia eram consumidas cada ano pelas fábricas de curtumes no estado do Rio de Janeiro, e que o óleo era sujeito a taxas de importação de 50%. Watase explica que: "O óleo de baleia penetra fortemente nos tecidos do couro e dificilmente se evapora. Portanto, prolonga o brilho do couro e também não o torna duro". Não foi necessário fazer propaganda para esse produto, já que em 1960 a demanda ultrapassou a capacidade da Taiyo de fornecer o produto por cerca de 30%, e eles receberam várias encomendas para o ano seguinte. Watase comenta que "Às vezes sucedia que nem sabíamos quais eram os fregueses, de tantos que eram". Também produziram óleo de fígado de baleia que venderam às companhias farmacêuticas, e às fábricas de processamento de alimentos por seu valor como suplemento das vitaminas A e B.

Outros produtos vendidos pela Taiyo incluíam farinha como ração animal, comprada por cooperativas nipônicas em São Paulo e por avicultores cujo negócio na época começava a ganhar força. Como no caso do óleo, essa demanda ultrapassou a capacidade da Taiyo em fornecer o produto. No início, descartaram as barbatanas, mas depois as venderam à comunidade japonesa na cidade de São Paulo, para a fabricação de facas para cortar papel, bandejas, e outros artesanatos.

Em relação à temporada de 1960, de 6 de julho até 12 de outubro, Watase proporciona detalhes para cada um dos produtos: mais de 1347 toneladas de carne fresca, 660 toneladas de óleo de baleia-rorqual, 95 toneladas de óleo de cachalote, cem toneladas de farinha e 861 quilos de óleo de fígado. Como exemplo dos valores relativos desses produtos, Watase fornece uma tabela que avalia a produção de uma baleia-espadarte, o animal mais caçado em Cabo Frio. De cada baleia, produziam em média 3400 quilos de carne de primeira qualidade (50% do valor comercial total da baleia), 2061 quilos de óleo de baleia (um pouco mais que 38% do valor total comercial), 861 quilos de carne de segunda, 415 quilos de ossos das autoclaves, 292 quilos de farinha para ração, dois quilos de óleo de fígado e 360 quilos de produtos diversos tais como as barbatanas e dentes.

A Taiyo trabalhou duro em 1961 para melhorar a venda de carne de baleia. O jornal *Última Hora* do Rio de Janeiro reportou em 15 de agosto que duas barracas num mercado em Niterói haviam começado a vender carne de baleia a setenta cruzeiros o quilo, e que existiam planos para adquirir um caminhão frigorífico para facilitar as vendas em vários distritos dessa cidade, como já era o caso no Rio de Janeiro. Seis dias depois, um anúncio da Taiyo no mesmo jornal, e também no *Correio da Manhã* e no *Diário de Noticias*, declarou que o preço por quilo havia caído a sessenta cruzeiros. Em setembro, já tarde na temporada, a Taiyo colocou um anúncio nesses jornais dirigido a colégios e instituições, o que sugere algum desespero para vender seu produto principal:

> A Sociedade de Pesca Taiyo Ltda., responsável para a distribuição da CARNE DE BALEIA oferece aos senhores responsáveis por colégios, asi-

> los, hospitais, clubes, quartéis, orfanatos etc., o seu produto Carne de Baleia para consumo geral[151].

Problemas piores vieram para a Taiyo no ano seguinte, em1962. O jornal *Última Hora* catalogou o progresso de uma prolongada disputa trabalhista, começando com uma reportagem em 4 de julho, de que os trabalhadores brasileiros em Cabo Frio planejavam fazer uma assembleia geral do seu sindicato para discutir várias reivindicações:

> 1. Aumento geral de salários, à base de 60% sobre os salários atuais, a partir de 26 de maio do corrente ano;
> 2. Pagamento do adicional noturno, vencido e vencendo, de 2 anos atrás, conforme determina o art. 157-111 da Constituição Federal;
> 3. Pagamento da taxa de insalubridade, com um abono provisório de 30% geral;
> 4. Reestabelecimento do regime anterior quanto às refeições dos empregados;
> 5. Regularização das anotações nas carteiras profissionais, quanto às funções exercidas pelos empregados e de outras obrigações legais;
> 6. Cumprimento exato do acordo datado de 29 de setembro de 1960[152].

Talvez esses problemas indicassem a falta de uma boa gestão na Taiyo, sinal de uma inabilidade de compreender e adaptar-se à cultura trabalhista brasileira; ao contrário do que acontecia em Costinha, na Paraíba, onde as relações entre os trabalhadores e os gerentes japoneses pareciam ter sido mais harmoniosas[153]. Sem resposta, os trabalhadores entraram em greve em julho de 1962, e foram recompensados com um aumento de 40%. Ainda não satisfeitos, em agosto do mesmo ano, os trabalhadores pediram uma audiência de conciliação no Tribunal Regional de Trabalho reivindicando pagamento da taxa de insalubridade, e para discutir a proposta conciliatória do TRT de mais 10% de aumento e pagamento de horas extras. Em 30 de agosto, o jornal *Última Hora* reportou que o presidente da Associação Profissional dos

Trabalhadores da Indústria de Alimentação de Cabo Frio havia aparecido com um advogado e um diretor do sindicato em três ocasiões no TRT para reunir-se com os patrões da Taiyo, que não compareceram, e que outra greve era iminente. A resposta da Taiyo foi demitir alguns trabalhadores, incluindo o chefe do sindicato, o que precipitou outra greve apoiada por outros sindicatos em Cabo Frio. O fim da temporada de caça acercava-se, e o jornal *Última Hora* deu a notícia em 25 de setembro de que 120 operários haviam sido demitidos — com a justificativa de que o período de entressafra estava começando — com os 25 trabalhadores restantes recusando-se a voltar ao trabalho. As relações permaneceram tensas durante o ano seguinte; e em dezembro de 1963, os trabalhadores exigiram um aumento de salário de 100%; sem dúvida um fator chave na decisão da Taiyo de retirar-se do negócio baleeiro, já que essa foi a sua última temporada em Cabo Frio.

Outro fator que pesava contra o negócio foi a longa distância até o campo de caça, o que aumentou consideravelmente a probabilidade de deterioração da matéria-prima, afetando a capacidade da Taiyo em manter a carne fresca o suficiente para o consumo humano (Kishiwada: 2004). Como consequência, também, cresceram as despesas gerais, e o fato de que capturaram somente 134 baleias em 1963, comparado com 472 baleias no ano anterior, significava que a renda não era suficiente para cobrir as despesas operacionais. A estação podia ter sido mais lucrativa se os estoques de baleia não tivessem sido tão esgotados. Na opinião de Alexandre Zerbini[154], nos primeiros anos da década de 1960, "não restava muita coisa, já que a migração costeira de baleias-jubarte havia sido severamente empobrecida e as baleias-minke não eram tão abundantes como em Costinha, vinte graus de latitude ao norte". Não obstante, a Taiyo permaneceu no Brasil no negócio da pesca. Um decreto federal de março de 1967, por exemplo, autorizou sete navios japoneses a realizarem pesca de arrasto para a Sociedade de Pesca Taiyo[155].

No cenário internacional, enfrentando a probabilidade de uma proibição internacional da caça de baleias, a Taiyo fundiu sua frota baleeira com duas outras companhias baleeiras japonesas, a Nippon Suisan Kabushiki Kaisha e a Kyokuyo Hogei, e outras três empresas menores para formar a empresa Nippon Kyodo Hogei Kaisha Limited (The Japan Joint Whaling Company) em 1976, que operou com uma frota bastante reduzida de 27 navios baleeiros e três navios-fábrica[156]. Contudo, em 1987, num esforço para driblar a moratória proibindo a caça de baleia, que ia entrar em vigor na temporada de 1985/ 1986 na Antártica e em 1986 globalmente, a Nippon Kyodo transferiu seu nome a uma nova empresa tipo holding, a Kyodo Senpaku Kaisha Ltd., que continua até os dias de hoje a caçar baleias no Pacífico do Norte e na Antártica com um navio-fábrica, porém sob o pretexto de pesca científica. Portanto, a longa associação da Taiyo com a caça de baleias ainda continua, numa forma diluída, mas seu empreendimento de quatro anos no Brasil, que começou de uma maneira tão promissora, terminou prematuramente com tanta desilusão para eles.

CAPÍTULO 8

# *Consolidação, controvérsia, e crise*

## Novos produtos, novos mercados, e novos desafios em Costinha

### (1965-1985)

*Uma das características da história da caça de baleias no Japão tem sido a mobilidade dos seus operadores, e essa mobilidade tem desempenhado um papel decisivo na formação e disseminação da cultura baleeira japonesa. Começando no século XVII, pescadores no sudoeste do Japão se transladaram com frequência de um campo baleeiro a outro, dependendo das circunstâncias, e por causa das habilidades especiais envolvidas na caça de baleias e na fabricação de redes e barcos, eles levaram consigo equipes de trabalhadores especializados.*

DESENVOLVIMENTO DA CAÇA DE BALEIAS NO JAPÃO, WHALING LIBRARY[157]. (TRADUÇÃO.)

Em 1965, a caça de baleias em Costinha havia alcançado uma posição onde os benefícios de uns sete anos de investimentos, reorganização, e modernização haviam produzido frutos. A empresa COPESBRA agora se encontrava numa sólida base comercial, com boas relações de trabalho com o governo e também com a comunidade local. A captura anual nessa época se concentrava na caça de baleias-espadarte e baleias-minke-antárticas e não demonstrava nenhum sinal de diminuir. Os padrões de trabalho tanto no mar como em terra eram sólidos e a companhia estava obtendo bons lucros. Não existia nenhuma razão para não acreditar-se que o negócio podia continuar indefinidamente, desde que seguissem um enfoque responsável quanto à gerência sustentável do recurso. Porém, a partir de 1966, imediatamente depois do anúncio de que o Brasil se afastava da Comissão Baleeira Internacional (CBI)[158], aconteceu um declínio perceptível e preocupante na captura, que consistia principalmente de baleias-espadarte, incluindo a baleia-de-bryde com a qual a baleia-espadarte frequentemente era confundida. O número de 72 baleias capturadas em Costinha em 1966 foi somente a metade da temporada anterior; e nos quatro anos seguintes a captura dessa espécie caiu de forma significativa a um nível onde caçavam somente cinco baleias-espadarte em 1972, e nenhuma baleia-de-bryde. O declínio rápido no estoque estava relacionado com a crescente caça da baleia-espadarte por baleeiros pelágicos na Antártica, que agora procuravam essa espécie depois da caída significativa na abundância das baleias-azuis e baleias-fin. Durante três temporadas na Antártica, de 1964 a 1967, baleeiros pelágicos capturaram um total de 56787 baleias-espadarte. O ano de1966 também foi o ano em que a CBI proibiu a caça da baleia-azul, a maior e a mais produtiva e outrora a mais procurada de todas as espécies de baleia, por medo da sua extinção. Essa decisão internacional seguiu a proibição de caçar baleias-jubarte no hemisfério austral, que entrou em vigor no Brasil depois da temporada de 1963. Essa espécie jamais havia se recuperado da investida contra ela nas águas do Atlântico do Sul e na Antártica no começo do século XX, e da matança conduzida por baleeiros pelágicos soviéticos a partir de 1948[159]. Além disso, a Comissão estava, na época, de olho nos estoques de baleia-espadarte e fin, que também mostravam sinais de esgotamento, e essa preocupação teve um interesse especial para Costinha.

A caça de baleias em Costinha, então, somente podia continuar se o recurso largamente inexplorado da baleia-minke-antártica tornasse o alvo, junto com os eventuais cachalotes. A minke-antártica é uma pequena baleia de barbatanas de entre sete e onze metros de comprimento, que tem uma distribuição circumpolar e passa o inverno austral em águas mornas nos trópicos. A caça de baleias-minke na Antártica não começou para valer até 1967 quando 579 foram capturadas por uma expedição japonesa; contudo, enquanto permaneceram estoques suficientes de baleias-fin, a baleia-minke geralmente foi ignorada até 1971.

Isso significou que o estoque de baleias-minke disponível em Costinha em 1965 estava numa condição quase intocada quando a gerência da estação resolveu que o futuro alvo da caça seria focalizar essa espécie. As baleias-minke eram abundantes; a estimativa científica chegava a mais de 300 mil baleias, e eram fáceis de matar. Embora produzisse somente uma quantidade limitada de óleo, (1 a 1,5 toneladas, ou de seis a nove barris, comparado com 2,3 toneladas ou quatorze barris para uma baleia-espadarte), a baleia-minke produzia uma boa quantidade de carne — mais ou menos uma tonelada — e foi a comercialização desse produto que se tornou o foco de atenção em Costinha.

### A Baleia Minke

(Inglês: Minke Whale)

Aparecem duas espécies de baleia-minke na costa brasileira: a minke-antártica (Balaenoptera bonaerensis) e a minke-anã (Balaenoptera acutorostrata). A baleia-minke--antártica é uma baleia rorqual de barbatanas que tem uma média de oito metros para os machos e 8,2 metros para as fêmeas. O nome científico é uma referência à província de Buenos Aires, Argentina, onde foi encontrado o espécime utilizado pelo naturalista alemão Carlos Burmeister na descrição desta espécie em 1867. Tem uma distribuição global e come peixes e krill.

A minke-anã, como o próprio nome popular sugere, é menor, com um comprimento médio de sete metros e uma distintiva faixa branca nas nadadeiras peitorais. Ambas as espécies foram exploradas pelos baleeiros no Brasil, embora atualmente haja um consenso de que a minke-antártica constituía a maior parte das capturas de minke pela COPESBRA, devido a esta espécie apresentar uma concentração em águas oceânicas entre o Rio Grande do Norte e Alagoas durante o período de junho a dezembro. Os baleeiros modernos tipicamente capturavam esta espécie entre 35 e 50 quilômetros da costa, além da plataforma continental.

Os baleeiros antigos não caçaram esta espécie, por ela ter sido considerada pequena demais para os propósitos comerciais, até o esgotamento das grandes baleias no começo da década de 1960 e a crescente demanda por carne de baleia no Japão naquela década. A caça da baleia-minke começou no Brasil em 1964, e com maior ênfase a partir de 1966. A partir de 1978, com a exceção dos poucos cachalotes capturados até 1980, a baleia-minke era a única baleia caçada no Brasil, em um período que continuou até 1985. A Comissão Baleeira Internacional introduziu a proteção global desta espécie em 1986.

Categorizada pela Lista Vermelha da IUCN como pouco preocupante.

---

Williamson (1975) oferece uma boa descrição da baleia-minke-antártica no nordeste do Brasil, onde se encontram frequentemente nos meses de setembro até novembro na borda da plataforma continental em torno de 35 milhas náuticas da costa. Nesse ponto, uma corrente morna equatorial vinda do leste está separada pela terra em dois ramos, uma corrente fluindo ao norte e outra ao sul, e a média das temperaturas na superfície do mar é de 27°C no inverno austral. A COPESBRA já se deu conta de que cada ano, começando tão cedo como no final de junho, as baleias-minke chegavam do sul como baleias individuais e que apareceriam em águas profundas mais ou menos a cem quilômetros de Costinha de onde se deslocariam lentamente ao norte, com algumas baleias chegando à ponta nordestina do

Brasil em latitude 5º sul, a 250 quilômetros de Costinha. Mais tarde na temporada apareceram pequenos grupos, normalmente constituídos de quatro ou cinco baleias, às vezes do mesmo sexo, às vezes de sexos misturados, em números que alcançaram o máximo em outubro quando realizaram as maiores capturas.

A transição da captura que consistia predominantemente de baleias-espadarte e baleias-de-bryde foi extraordinariamente curta. Enquanto que elas representaram 84% da captura em 1964, dois anos mais tarde houve uma inversão, com as baleias-minke nesse momento representando 78% da captura. A companhia teve que enfrentar os desafios de como lidar com o novo recurso e comercializá-lo de uma maneira mais produtiva, e eles resolveram introduzir procedimentos novos e rigorosos tanto no mar como na estação terrestre. Nessa época, antes da imposição de cotas, a temporada começou tradicionalmente em 20 de junho com a expectativa de caçar durante seis meses.

No mar, o navio baleeiro *DAISHIN MARU Nº1* foi substituído em 1966 pelo *KOYO MARU,* um navio de 44 metros de comprimento e 366 toneladas brutas, construído para a Nippon Suisan Kaisha em 1946. Eles também contrataram um novo artilheiro, Tomeichi Sakaguchi; um oficial naval veterano da Guerra do Pacífico que já teve ao seu crédito quase 30 mil baleias[160], e a reputação como um excelente artilheiro com muitos anos de experiência em águas japonesas e antárticas. Trabalhando com uma tripulação de oito japoneses e dezessete brasileiros, esse navio teve a capacidade de matar até dez baleias e depois rebocá-las simultaneamente a Costinha. De acordo com Kishiwada (2004), a metodologia de caça para as baleias-minke era muito específica. Eles prendiam a baleia com um primeiro arpão, e logo em seguida, com um segundo arpão que não carregava uma granada na ponta para evitar a deterioração excessiva da carne, ao contrário do período anterior quando o foco era a baleia-espadarte. Já não mais amarravam as baleias mortas ao costado do navio por enquanto continuavam a procura por outras; injetavam ar comprimido dentro da cavidade do corpo e deixavam a baleia flutuando na superfície atada a uma boia de rádio. Ao pôr do sol, coletavam as baleias, e durante a viagem de volta ao porto os tripulantes sangravam os animais para reduzir a deterioração da carne devido à autólise num esforço para melhorar o controle de qualidade. Os tripulantes que amarravam as baleias ao lado do navio também caçavam tubarões desde o costado, com arpões manuais.

Em 1971, o *KOYO MARU* foi substituído pelo *SEIHO MARU Nº 2*, de 306 toneladas brutas, construído em 1945 para a Taiyo Gyogyo K. K., que vendeu o navio a Nitto Hogei K. K. em 1958. Como seu predecessor, parece que o *SEIHO MARU Nº 2* foi fretado inicialmente pela COPESBRA, mas talvez pertencesse a essa empresa em 1974 quando, segundo o Lloyd's Register of Shipping, passou a hastear a bandeira panamenha e permaneceu em serviço até 1977. Esse navio baleeiro teve uma tripulação de dezessete brasileiros e sete japoneses, consistindo de um comandante, um primeiro oficial, um engenheiro-chefe, um artilheiro, nove baleeiros, e doze marinheiros. O navio carregava um canhão-arpão de 77 mm na proa. A partir de 1972, o método empregado para matar baleias mudou mais uma vez, num esforço para melhorar o rendimento e a qualidade da carne. Arremessavam um primeiro arpão seguido por um segundo (sem ponta explosiva) para matar a baleia, a qual eles deixavam flutuando numa profundidade de quinze metros e sinalizada com uma boia-rádio. O animal era depois sangrado antes de ser rebocado até a estação. A manutenção anual e os reparos habituais foram normalmente levados a cabo entre fevereiro e maio por engenheiros da empresa em Costinha. Se fosse necessário efetuar reparos mais especializados, os navios eram levados à oficina da ISHIBRAS (Ishikawajima do Brasil S.A.) no Rio de Janeiro, ou ao dique seco naval em Natal, no Rio Grande do Norte.

Os procedimentos para lidar com a baleia em Costinha não parecem ter sido muito diferentes dos que anteriormente foram empregados para as baleias-espadarte e baleias-de-bryde. Parece que o esforço principal estava centrado na rápida transformação da matéria-prima em carne de baleia, (o máximo de tempo esperado na plataforma de corte era de vinte minutos), especialmente para a produção de charque, do qual 70% foi destinado para consumo no estado da Bahia e o restante enviado a outros estados no nordeste. Em torno de trinta homens com facões de retalhamento trabalhavam na plataforma de corte, divididos em grupos seguindo a técnica japonesa.

Foi nesta época, provavelmente em 1969, que um jornalista chamado Amaral Netto visitou Costinha e filmou uma sequência inteira desde a caça até a morte a bordo do *KOYO MARU*, e o processamento na plataforma de corte. Amaral Netto foi pioneiro do gênero documental na televisão brasileira, e transmitiu seu show de grande repercussão nacionalmente, a partir de maio de 1968, com a manchete "Amaral Netto: O Repórter"[161]. Nessa visita ele testemunhou a caça e processamento de baleias-minke, além de eventuais baleias-espadarte e cachalotes, e até baleias-jubarte. Já que a caça de baleias-jubarte tinha sido proibida no hemisfério do sul desde 1963, e globalmente desde 1966, esse fato é de grande interesse. Porém, como já vimos, o Brasil havia se afastado unilateralmente nesse período da CBI e, dessa perspectiva, semelhante caça tecnicamente não era ilegal[162]. Amaral Netto reportou que exportaram barbatanas a Paris para a indústria de moda e que, além da preparação de alimentos, produtos de baleia foram empregados nas indústrias de curtumes (óleo de baleia), de adubo (farinha de osso), de lubrificação (óleo de cachalote) e de farmacêuticos (óleo de fígado de baleia). A COPESBRA também continuou nessa época com a pesca de atum, peixe voador e merluza, e recebeu autorização em 1969 da SUDEPE (Superintendência de Desenvolvimento da Pesca) para trazer três navios ao país para estabelecer um negócio de camarões em Belém[163].

Durante a década seguinte de 1970 aconteceram vários eventos no cenário internacional relacionados com a conservação da baleia que finalmente teriam um efeito profundo no futuro da caça de baleias em escala mundial, incluindo as atividades no Brasil. Contudo, os debates estavam sendo conduzidos no exterior, e o Brasil se deu conta de que podia ganhar mais se voltasse à mesa, especialmente com a crescente atividade baleeira na Atlântica do Sul afetando diretamente os seus interesses nacionais. Existia, também, certa preocupação no Brasil em relação a sua reputação negativa nos círculos científicos e políticos por não haver cumprido com os regulamentos baleeiros internacionais. Portanto, o Brasil anunciou em 5 de dezembro de 1973 que ingressaria de novo à CBI[164]. A decisão foi depositada com a CBI em 4 de janeiro de 1974, e promulgada no Brasil pelo Decreto nº 73497 de 17 de janeiro de 1974.

Em junho de 1975, um comissário e dois conselheiros, incluindo Issao Ishigami, vice-presidente da COPESBRA, participaram da reunião anual da CBI em Londres; a primeira representação brasileira por pelo menos 25 anos[165]. Nessa época o movimento contra a caça de baleias estava começando a ser mais proativo, já que os estoques globais das espécies estavam começando a cair um atrás do outro. Até a baleia-minke estava agora sob ameaça. A Taiyo, a companhia japonesa que havia abandonado Cabo Frio em 1963, agora começava a capturar grandes números dessas baleias no Oceano do Sul, empregando dois navios-fábrica refrigerados e especialmente adaptados para esse comércio. Entre 1971 e 1974, esses navios capturaram 10342 baleias-minke[166]. Acrescentando ainda mais pressão sobre o estoque de baleias, já reduzido, quatro frotas antárticas soviéticas também começaram a caçá-las em grandes números a partir da temporada 1972/1973, com o navio-fábrica *SOVIETSKAYA ROSSIA* capturando uma cota de 3 mil baleias naquela e nas subsequentes temporadas.

Deparando com esse desafio, a resposta do Brasil foi de reingressar à CBI, o que significava a sua aceitação das cotas da CBI[167], as quais foram consideradas pela SUDEPE como a agência responsável do governo. A resposta da COPESBRA foi de encomendar um relatório científico intitulado "Minke Whales off Brazil" preparado por Gordon Williamson, um cientista baleeiro britânico, em nome do Japanese Whales Research Institute (Instituto de Pesquisa Baleeira Japonesa). Esse relatório publicado em 1975 oferece um relato geral das instalações da estação baleeira em Costinha, e descreve a biologia e a distribuição da baleia-minke, a qual foi na época a espécie mais capturada.

Uma das observações de Williamson, depois de ter feito uma análise minuciosa da espécie, foi de que "até agora não há sinais de esgotamento das baleias-minke em Costinha"[168] apesar do fato (que ele reconhece mais tarde no texto) que as baleias capturadas lá foram presumivelmente do mesmo estoque como as baleias caçadas na Antártica.

Sua conclusão foi: "Se a população estimada para o hemisfério sul de 300 mil baleias-minke fosse correta, e se elas estivessem distribuídas igualmente ao redor das latitudes, então em torno de 45 mil delas estão vivendo na parte ocidental de 15ºO a 70ºO da Atlântica do Sul e mais ou menos 75 mil na inteira Atlântica do Sul". Williamson terminou seu relatório com um tom cauteloso: "O rendimento anual que esta população podia sustentar não pode ser determinado neste momento, mas teria que ser dividido entre Costinha e os navios-fábrica que caçam o mesmo estoque na Antártica". Provavelmente, a COPESBRA esperava que esse relatório apoiasse com mais ênfase seu desejo de manter os níveis atuais de captura para as baleias-minke, e refutasse a opinião defendida por alguns membros da comunidade internacional que eles capturaram demasiadas fêmeas grávidas e lactantes.

A reação da COPESBRA às cotas impostas pela CBI a partir de 1976 foi de introduzir a exportação de iguarias congeladas de carne de baleia ao Japão, e isso envolveu o emprego de um enfoque ainda mais minucioso e rigoroso quanto aos métodos de produção. De acordo com Kishiwada (2004), a COPESBRA não possuía instalações de refrigeração em Costinha naquela época, e durante dois anos eles levaram os produtos até as instalações de armazenamento no porto de Cabedelo, no lado aposto do rio. Porém, esse processamento não era especializado e afetou a qualidade dos produtos. Portanto, a COPESBRA enviou dois supervisores ao Japão para pesquisar as razões por atrás dessa caída na qualidade dos produtos. O resultado foi que a companhia construiu suas próprias instalações de refrigeração e armazenamento, completadas em 1977, e procurou impor os mais altos padrões de qualidade a fim de assegurar-se do mercado de exportação ao Japão. Começando em 1975, exportaram 120 toneladas de toucinho con-

**FIGURA 8.1.** Vista aérea da estação baleeira de Costinha no ano de 1977.

gelado, cartilagem, e caudas de baleia[169]. Essa quantia subiu exponencialmente de 442 toneladas exportadas em 1977 (incluindo 323 toneladas de carne vermelha) até 850 toneladas em 1979 (660 toneladas de carne vermelha), e alcançou 987 toneladas em 1981 (727 toneladas de carne vermelha)[170].

O processamento da captura em Costinha tornou-se agora muito eficiente e uniformizado, com procedimentos meticulosos empregados para a separação das várias partes da carcaça no intuito de aumentar a produtividade e a qualidade dos produtos. Esses processos começaram na plataforma de corte onde registraram as características morfológicas da baleia. Coletaram os ovários, testículos e glândulas mamárias para pesquisas na SUDEPE; a cera do ouvido para determinar a idade e crescimento da baleia; o conteúdo do estômago para estudar a sua dieta; e as vísceras, que foram enviadas para ajudar em pesquisas conduzidas na Universidade Federal da Paraíba sobre as baleias e suas migrações. Depois, cortaram a cauda e fizeram cortes longitudinais ao longo do lado ventral. Com a ajuda de facões, cabos de aço ligados o guinchos a vapor retiraram o papo, a língua, o toucinho, a carne dorsal, as vértebras, e os intestinos. Cortaram a cabeça com uma motosserra. O trabalho era duro e perigoso, já que o ambiente era traiçoeiro devido ao estado escorregadio da plataforma de corte feita de madeira sob a qual dissecavam as baleias, com as ferramentas afiadas, e com os cabos em movimento e os guinchos na proximidade dos trabalhadores.

Distribuíram a carne entre as três áreas da fábrica: a seção de refrigeração para os cortes de exportação; a seção do charqueado; e a seção para a carne fresca. O papo era levado ao setor de refrigeração para ser congelado. O toucinho e os resíduos de gordura foram levados à seção de toucinho onde extraíam o óleo em autoclaves de pressão a vapor durante doze horas em uma temperatura de 140 graus centígrados. Depois disso, separavam o óleo num processo de centrifugação, e bombeavam o líquido aos tanques de armazenamento. Levaram os ossos e resíduos de carne e as vísceras à planta de farinha onde colocavam o material em autoclaves a vapor para extrair mais óleo. O resíduo desse processo foi moído e empacotado para ser vendido como alimento animal e adubo.

Em 1974, a COPESBRA realizou testes para a produção de carne de sol, como alternativa ao charque. Esse produto exigia menos tempo para a secagem e foi considerado mais apetitoso e nutritivo. A produção começou em 1976, e dois anos mais tarde eles introduziram uma nova tecnologia de pressão, bem como empacotamento a vácuo. Com o passar dos anos, a produção de charque caiu e a de carne de sol aumentou, já que, de acordo com Kishiwada (2004), os consumidores deram preferência a esse produto. Em 1983, processaram somente 83 toneladas de charque, e a partir desse ano não produziram mais charque de baleia.

Contudo, a prioridade permaneceu focalizada na carne para exportação. Os produtos destinados para exportação eram levados por caminhão ao porto do Recife. A COPESBRA classificou os produtos especialmente para o mercado japonês, e eles incluíam *kanoko, aka-*

*niku, kabura, unesu,* e *oba*[171]. Quantidades menores foram transportadas em kombis especialmente condicionadas. No Recife colocavam os produtos em armazéns no porto que pertenciam à companhia Cibrazem para aguardar exportação ao Japão, onde a distribuição estava nas mãos da Nippon Reizo. Os produtos destinados aos mercados internos eram transportados por caminhão. Empacotavam a charque, a carne de sol, a farinha de carne, a carnarina (adubo de carne) e a farinha de osso em sacos de cinquenta quilos. Levavam os produtos para vender nos mercados locais de Cabedelo e João Pessoa em barcos pequenos. Um subproduto interessante era o *tubalhau,* filés secos e salgados de carne dos tubarões que os marinheiros capturavam no mar quando eles atacavam as carcaças de baleia amarradas no costado do navio baleeiro. Nessa época, o número de trabalhadores na estação baleeira durante a temporada de caça era entre 200 e 220, dos quais dez eram japoneses. Esses números incluíam entre 100 e 130 trabalhadores temporários que moravam principalmente em casas de taipa e sapê que eles arrendaram da COPESBRA no município de Lucena. Além disso, foi nesse período da década de 1970 que a COPESBRA começou a empregar graduados universitários para as funções de supervisão e administração.

Outro investimento de grande importância depois da decisão de concentrar-se no mercado de exportação foi o de adquirir em 1977 um moderno navio baleeiro, o *KATSU MARU Nº10,* para substituir o envelhecido *SEIHO MARU Nº 2,* com o artilheiro Sakaguchi dirigindo a caça[172]. Esse navio de alto desempenho construído no Japão em 1961, e com 395 toneladas brutas, teve um comprimento de cinquenta metros, uma velocidade em serviço de dezessete milhas náuticas, e foi rebatizado um pouco depois como o *CABO BRANCO (2).* Esse navio foi provido de um rastreador de rota a bordo que permitia a localização das baleias atadas a boias. Além disso, introduziram em 1980 um barco de arrasto de camarão chamado *MISS JULIANA* para rebocar as baleias desde as boias até a estação. Essa iniciativa reduziu o tempo necessário para levar as baleias a Costinha, e ajudou a conservar a carne fres-

**FIGURA 8.2.** Capturando baleias minke desde Costinha no ano de 1977. O navio baleeiro é o *KATSU MARU NO. 10.*

ca, e minimizar a deterioração e os ataques de tubarões, e dessa maneira melhorar a qualidade e o rendimento da carne.

A COPESBRA agora era um negócio substancial, representada por Kiyohisa Kanda como presidente, Issao Ishigami como gerente, e Masahiro Saito como capataz da estação. Como um indicador do lucro gerado pela empresa, em 1977 o gerente antecipou à *Folha de S.Paulo* de 23 de outubro que o valor das exportações ao Japão alcançaria naquele ano pelo menos 550 mil dólares[173]. Ele acrescentou que a soma contratada de 770 mil dólares provavelmente não seria alcançada devido às temperaturas mais altas da água do mar, um pouco acima das temperaturas preferidas pela espécie. Na realidade, o valor de exportação subiu exponencialmente e alcançou mais de 2,5 milhões de dólares até 1980. Ishigami também confirmou que o capital investido ainda foi 60% brasileiro e 40% japonês. Em 15 de abril de 1976, a Nippon Reizo havia investido em torno de 56521 dólares, e possuía 2565128 ações preferenciais de Cr$ 1,00 sem direitos de voto. Eles também reinvestiam seus lucros na companhia.

Em 1978, a revista *Visão* reportou que a COPESBRA estava no 16º lugar numa lista de 41 companhias brasileiras com um faturamento anual acima de 1 milhão de dólares, com um valor baseado em ativos de 30,8 milhões de cruzeiros, e um lucro líquido de 11,9 milhões[174]. A rentabilidade da empresa melhorou devido aos investimentos em produtos destinados ao Japão. O faturamento da COPESBRA no período 1975 a 1978, de acordo com a companhia, foi de 150 milhões de cruzeiros, baseado numa produção de 13238 toneladas, das quais 1389 toneladas foram exportadas ao Japão. Os 253 trabalhadores brasileiros ganhavam naquele período entre 1100 e 2 mil cruzeiros por mês, enquanto que os japoneses no mar e em terra ganhavam entre 32 mil e 64 mil cruzeiros[175].

Ishigami também afirmou numa reportagem extensa sobre a caça de baleias no Brasil publicada na *Folha de S.Paulo* em 23 de outubro de 1977 que 2800 toneladas de carne de baleia seriam produzidas naquele ano, das quais 250 toneladas seriam vendidas como carne fresca, localmente, e pelo menos 500 toneladas exportadas, com a carne restante salgada, da qual 1200 toneladas seriam convertidas em charque, principalmente para ser consumida na Bahia. Outros produtos incluíam a meta de novecentas toneladas de óleo de baleia, consignado principalmente a São Paulo e ao Rio de Janeiro; 150 toneladas de farinha de osso destinadas às plantações de pimenta no Pará; e trezentas toneladas de farinha de carne para ser moída na produção de adubo. Porém, as condições de mercado flutuavam. Em 1981, o subgerente da COPESBRA, Eisuke Igarashi, reportou que trezentas toneladas de óleo de baleia ainda estavam em estoque, e que só recentemente haviam logrado vender uma produção de farinha de osso, devido à recessão econômica.

Outra preocupação importante nesse período foi a crescente pressão sobre os estoques de baleias. Como resposta, a CBI declarou uma moratória contra a captura de todas as baleias grandes pelos navios-fábrica pelágicos (mas não pelas estações terrestres), a que entrou em vigor a partir da temporada 1979/ 1980, ou em 1980 fora da Antártica, apesar das tentativas do Japão de sabotar o acordo. Essa proibição não incluía as baleias-minke. Em 1980, seguindo as recomendações da CBI, a SUDEPE proibiu a captura de cachalotes no Brasil, e Costinha recebeu seu último cachalote naquele ano, embora continuasse na caça de baleias-minke. Contudo, em 1982 uma moratória aplicada a toda a caça comercial de baleias foi acordado pela CBI, a qual entrou em vigor na temporada antártica de 1985/ 1986, e globalmente a partir de 1986[176]. Os limites de captura para toda a caça de baleias foram fixados em zero, embora o Japão, a União Soviética, a Noruega, a Islândia, o Peru e a Coréia registrassem objeções.

A partir de 1981, as cotas para o Brasil foram fixadas pela SUDEPE dentro dos limites negociados com a CBI, e alinhadas ao plano oficial de fornecer uma alternativa econômica à caça de baleias, já que uma proibição parecia ser uma conclusão inevitável. Essas cotas obedeciam aos termos de um decreto emitido pelo gabinete militar da Presidência da República em 15 de abril de 1981. Em 1982, "Considerando as negociações levadas a efeito pelas Delegações do Japão, da União das Repúblicas Socialistas Soviéticas e o Brasil, para a subdivisão da cota estabelecida para a espécie *Balaenoptera acutorostrata*, no hemisfério sul, fixando-se em 948 unidades a do Brasil", a SUDEPE fixou a cota para aquele ano em 854 baleias-minke — 90% da cota determinada pela CBI — com todas as outras baleias a serem protegidas em águas brasileiras[177]. A duração da temporada em Costinha também foi reduzida: noventa dias para capturar a cota de 625 baleias em 1983, e 116 para capturar seiscentas baleias em 1984. A gerência programou o início da caça para coincidir com o auge da temporada baleeira, começando em 24 de agosto em 1983, 10 de agosto em 1984, e 25 de julho em 1985. As táticas de produção também foram mudadas. O número de baleias capturadas por dia foi reduzido, e quando o número de baleias solicitado pela gerência para o dia fosse alcançado, os navios retornavam ao porto. Essa medida ajudou na redução de despesas de combustível para o navio e numa melhoria na qualidade da carne, que transportavam de volta à estação em uma condição mais fresca. Outro bônus, quando traziam a captura mais cedo, foi de providenciar mais tempo de descanso para a tripulação.

Um aspecto lamentável da indústria baleeira em decadência foi o surgimento em escala global de baleeiros piratas, e o comportamento de certas nações que desconsideraram os regulamentos internacionais para a conservação de baleias[178]. Em 8 de novembro de 1981, a *Folha de S.Paulo* reportou sobre uma expedição levada a cabo por um grupo de oito cientistas a bordo do navio soviético *VDUMCHIVYI* (810/1958) nas costas nordestinas do Brasil. Essa missão, liderada por L. Tsumoda, teve o objetivo anunciado de pesquisar a ocorrência e distribuição da baleia-minke e fornecer dados para ajudar na preparação de cotas de captura. Porém, em 1987, Guilherme Campelo Rabay, na época presidente do CIEP (Centro das Indústrias do Estado de Paraíba) e representante legal de longa data da COPESBRA, acusou a União Soviética de ter capturado 256 baleias-minke-antárticas no período de janeiro a março de 1986 com seu navio-fábrica *SOVIETSKAYA UKRAINA* em águas territoriais brasileiras[179].

Hoje em dia é bem sabido que expedições baleeiras soviéticas estavam saqueando estoques de baleias desde 1947, no mundo todo, com pouca consideração por cotas ou pela conservação das espécies[180]. Em outubro e novembro de 1967, algumas fontes alegam que a frota de navios baleeiros do navio-fábrica soviético *YURI DOLGORUKIY* (25.377/1926) capturou ilegalmente 189 baleias-jubarte (na época uma espécie protegida) nas proximidades da Bahia e do arquipélago de Abrolhos, a caminho para a Antártica, e adicionalmente 446 baleias do mesmo estoque em Área de Gerência II da CBI na sua migração ao sul até, e perto de, as Ilhas Sandwich do Sul[181]. Nenhuma dessas incursões foi reportada à CBI na época.

Na segunda metade da década de 1970, houve uma crescente pressão de grupos de conservação contra a caça comercial de baleias,

**FIGURA 8.3.** Um navio baleeiro soviético da frota pelágica *YURI DOLGORUKIY* com uma captura de baleias-minke.

em escala mundial, incluindo as atividades no Brasil. Inicialmente, esses protestos tiveram como alvo os baleeiros pelágicos na Antártica e no Pacífico do Norte. Depois, eles se estenderam para abranger baleeiros costeiros em nações como a Noruega, a Islândia, a Espanha, e o Japão, e fixar em países como o Peru e o Brasil que permitiram que o Japão caçasse baleias sob autorização especial. Já no ano de 1971, algumas pessoas estavam expressando suas preocupações sobre os efeitos a longo prazo da caça de baleias no Brasil. Os jornais em João Pessoa começavam a discutir a ameaça de extinção da baleia-minke e acusavam a COPESBRA de haver matado baleias prenhas, ao contrário do que afirmava a pesquisa realizada por Williamson[182]. Tetsuzo Hayakawa, o gerente da COPESBRA, negou vigorosamente que isso fosse verdade, e afirmou que ainda que os artilheiros jogassem arpões em baleias que estavam desmamando seus filhotes, esses últimos lograriam sobreviver, já que havia evidências de que eles nasceram em águas mais mornas e tiveram idade suficiente para serem independentes das suas mães. Contudo, a empresa admitiu que desembarcava duas vezes mais fêmeas que baleias machos em Costinha.

Essas reportagens contrastaram fortemente com as tentativas bizarras de promover turismo de baleia em Costinha. A chegada de baleias mortas na estação baleeira por muito tempo havia sido uma atração para as pessoas que moravam em João Pessoa, mas agora a COPESBRA resolveu comercializar essa experiência vicária como um pacote turístico a nível nacional. A revista *Veja* anunciou em agosto de 1972 que "O turismo levanta voo", numa reportagem sobre "o primeiro voo fretado do Brasil" do Rio de Janeiro a João Pessoa oferecido pela Transbrasil, com 40% de desconto nas passagens[183]. O jornalista se uniu com 79 turistas para observar a caça de baleias em Costinha. A promoção naquele dia foi um fracasso total, já que faltava "à pista do aeroporto da capital paraibana os 500 metros a mais que de noite permitem acolher jatos," e o avião teve que descer no Recife, resultando numa viagem de "ônibus urbano sem poltronas reclináveis" de três horas e meia. Para agravar a miséria, naquele dia não capturaram nenhuma baleia! Apesar desse revés, uma agência de turismo em João Pessoa tentou outra promoção em fevereiro de 1974[184]. A Agência Tambaú Turismo anunciou "Venha ver um safári na Paraíba", acrescentando, um pouco absurdamente, que "Quem não tem elefante caça baleia". A agência explicou que os turistas podiam acompanhar a chegada das baleias e o espetáculo do retalhamento desde arquibancadas instaladas ao lado da plataforma de corte, uma experiência seguida de oportunidades para saborear a carne de baleia e assistir a exibições de danças folclóricas. Esse empreendimento contava com o apoio total da Secretaria de Turismo do Estado na Paraíba, que difundia informações ao entardecer na rádio oficial, a Rádio Tabajara, sobre as baleias capturadas naquele dia e a hora estimada da chegada em Costinha. O evento tornou-se uma grande sensação turística para a Paraíba, e a Secretaria estimou que nos primeiros anos receberia 20 mil turistas por ano para o "festival baleeiro". As instalações ainda funcionavam em 1977, mas haviam sido desmanteladas até meados de 1981, depois de protestos de grupos de conservação e até distúrbios envolvendo o público nas arquibancadas. Pescadores em Costinha lembram um incidente quando espectadores atiraram pedras contra os trabalhadores na plataforma de corte.

A campanha contra a caça de baleias no Brasil ganhou terreno a partir de 1976, quando o Senador Nelson Carneiro apresentou o projeto de lei N-248 ao congresso, que teria proibido a caça de baleias nas águas territoriais brasileiras. Em 18 de maio de 1977, o jornalista Oswaldo Amorim reportou na revista *Veja* que a Comissão de Justiça do Senado havia se declarado favorável ao projeto para colocar um fim à caça de baleias. Oswaldo Amorim notou que Paulo Nogueira, Secretário Especial do Meio Ambiente, havia recebido denúncias "no sentido de que muitas vezes são abatidas fêmeas grávidas ou acompanhadas de filhotes". Nogueira havia expressado "seu antigo sonho de transformar a costa atlântica da América do Sul num gigantesco santuário de cetáceos" com o apoio do Uruguai e da Argentina, países que havia tempo proibiram a atividade baleeira. Porém, ele lamentou que Alisson Paulinelli, o ministro responsável pela SUDEPE, e o Itamaraty também, ainda pareciam estar a favor da caça de baleias, ("já me opus diversas vezes a eles"), e concluiu que "a pesca de baleias entre nós só vai acabar quando acabar a própria baleia". Paulinelli argumentou que o Brasil consideraria uma proibição se o Japão e a União Soviética também terminassem de caçar baleias na Antártica. Entretanto, duas propostas de projeto circulavam no Senado, e um novo projeto de lei girava na Câmara, que proibiriam a caça de baleias em águas brasileiras durante dez anos. Tudo em vão.

Em face dessa inércia em Brasília, coube à mídia no Brasil continuar com a campanha para acabar com a caça de baleias, e o primeiro tiro foi disparado por Luiz Roberto Tommasi na *Folha de S.Paulo* em 16 de janeiro de 1977. Tommasi escreveu com a autoridade de ser um cientista trabalhando no Instituto Oceanográfico em São Paulo, e seu artigo teve a manchete "Salvem as baleias!" — um slogan que logo se tornaria o grito de guerra para os conservacionistas no Brasil. Luiz Carlos de Souza, um jornalista que trabalhava na *Folha*, seguiu com reportagens mais tarde naquele ano intituladas "As mil vítimas de outubro" e "A rotina anual de extinção de espécie"[185]. Tommasi voltou à *Folha* em abril de 1978[186] para argumentar que já que existia no Brasil desde 1967 uma lei que proibia a caça em geral — Lei 5197 de Proteção à Fauna — a caça de baleias no nordeste era "uma incoerência" frente a essa lei. Ele acrescentou que o artigo 33 dessa mesma lei conferiu poderes à SUDEPE para proibir a caça de baleias. Luiz Carlos de Souza voltou à luta em setembro de 1978 com uma reportagem intitulada (um pouco prematuramente) "Caça à baleia será proibida no Brasil".[187] Ele mencionou um boato de que o presidente Geisel, numa resposta à campanha "Salvem as Baleias!", havia pedido à Comissão Interministerial de Recursos do Mar a preparação de legislação para promover o fim da caça de baleias.

A campanha teve o apoio do vice-almirante Ibsen de Gusmão Câmara, presidente da Fundação Brasileira para Conservação da Natureza; e também da Campanha Popular de Defesa da Natureza; do Instituto Oceanográfico; do almirante Paulo Moreira da Silva, presidente da Fundação de Estudos do Mar; e do oceanógrafo francês Jacques Cousteau. A Fundação Brasileira enviou uma petição no final de 1978 ao chefe de gabinete e ao Ministro de Relações Exteriores, mas a SUDEPE e o Itamaraty responderam com argumentos contra a proibição. A situação não melhorou em 1978, quando o gerente da COPESBRA, Ishigami, e um biólogo da SUDEPE, Solones de Moura, participaram da reunião anual da CBI e voltaram a casa com uma cota alocada de 690 baleias-minke e 24 cachalotes, mas, significativamente, nenhuma baleia-espadarte. Essa decisão deu origem a críticas na mídia brasileira contra a CBI, a SUDEPE e a COPESBRA.

Nem todas as agências federais estavam contrárias à proibição — a Secretaria do Meio Ambiente (SEMA) de fato estava a favor — e, em resposta à pressão considerável do público e da mídia, o tema da caça de baleias voltou à agenda política em 1979. Portanto, a SUDEPE publicou o decreto N-017 em 24 de julho de 1979 anunciando que a caça de baleias em águas nacionais acabaria a partir de 1º de janeiro de 1981. Essa medida agradou aos movimentos conservacionistas, tanto nacionais como internacionais. Mas não aconteceu como eles imaginaram. Em 22 de dezembro de 1980, poucos dias antes de entrar em vigor, o governo de repente revogou a lei através da portaria N-030 da SUDEPE, que eles publicaram numa declaração lacônica de duas linhas no *Diário Oficial da União* em 24 de dezembro[188].

> Artigo #1. Fica sustada a vigência da Portaria nº. N-017 de 24 de julho de 1979.
>
> Artigo #2. Esta Portaria entrará em vigor na data de sua publicação, revocadas as disposições em contrário.

Essa decisão pegou a imprensa de surpresa — a revista *Veja* na sua edição de 24 de dezembro ainda estava anunciando que a proibição entraria em vigor a partir de 1º de janeiro. Essa reviravolta do governo foi influenciada por uma liminar a favor da COPESBRA contra a SUDEPE que argumentou que as cotas da CBI eram praticamente limitadas às baleias-minke, e que esta espécie era abundante e estava aumentando em números. Existia, também, um forte lobby contra a proibição liderado por políticos do nordeste no congresso, e parece que houve pressão comercial por parte dos japoneses também. O governador da Paraíba, Tarcísio Burity, entrou na disputa com uma previsão sombria das sérias consequências sociais devido às perdas de trabalho se continuassem com a proibição. Recuperando-se do seu espanto, a revista *Veja* proclamou em 7 de janeiro de 1981: "De novo na mira: O governo volta atrás e deixa caçar baleias"[189]. A *Veja* citou o Ministro da Agricultura, Amaury Stábile, que deu a explicação oficial. "Foi uma decisão acima de tudo social" baseada nas necessidades da comunidade local em Costinha, acrescentando que o Presidente Figueiredo havia ficado impressionado ao saber que 2 mil pessoas perderiam seus empregos caso a caça fosse interditada, e, segundo Stábile, por essa razão havia autorizado a prorrogação "até que a SUDEPE descubra uma alternativa de trabalho para aquelas pessoas"[190].

O oceanógrafo Luiz Roberto Tommasi voltou à *Folha* em 18 de janeiro para condenar a mudança de ideia do governo, e para refutar um por um os argumentos usados para apoiar essa mudança de política. A COPESBRA argumentou que a caça de baleias era uma atividade tradicional no Brasil; que a atividade estava sob o controle rigoroso da CBI; que a baleia-minke não corria o menor risco de extinção; e que se o Brasil renunciasse sua cota, esta seria explorada pelo Japão e a União Soviética no oceano atlântico. A empresa também citou razões socioeconômicas, e alegou que a sua suspensão resultaria numa perda de receita tributária e numa redução na oferta de proteína para as populações carentes do nordeste. Tommasi replicou que essas alegações eram falaciosas. A CBI não tinha poderes coercitivos e os países-membros não eram obrigados a cumprir suas recomendações, de modo que já "não as têm respeitado frequentemente", pois não existia nenhuma informação mostrando que a população de baleias-minke era estável ou muito menos que estava em crescimento, "já que as estimativas das suas populações são meras suposições mal fundamentadas" e a argumentação das cotas improcedente porque "se todos os países defenderem essa tese egoística a caça à baleia só terminará com a exaustão dos estoques". Tommasi sugeriu que seria mais apropriado se o Brasil usasse sua voz dentro da CBI para adotar práticas de conservação e contribuir ao debate sobre a suspensão total da caça de baleias. Além disso, ele argumentou que não era verdade que a indústria baleeira fosse importante ao Brasil, já que importava muito pouco como fonte de alimentação para o seu povo, e que os mares na Paraíba constituíam uma área crítica para acasalamento e fecundação.

Na mesma edição, o jornalista Nélio Lima demonstrou que a atividade baleeira em Costinha só deu emprego a quatrocentos trabalhadores numa base sazonal, e que a "miséria de algumas dezenas de famílias [...] está servindo de desculpa para a continuação da pesca da baleia no Brasil". Ele citou o chefe da Seção de Ração Balanceada da COPESBRA que lhe havia dito: "A companhia fala muito dos empregos que proporciona, mas não fala das despensas em massa no mês de dezembro", ao terminar a temporada de caça[191].

Em julho de 1981, a delegação brasileira na reunião anual da CBI em Londres votou a favor de continuar com a caça da baleia-minke no

Atlântico do Sul. Porém, alguns cientistas trabalhando na SUDEPE admitiram que suas reputações, tanto profissional como internacional, estavam em jogo a menos que o governo encontrasse uma resolução a longo prazo. Alguns ambientalistas argumentaram que os japoneses haviam estabelecido indústrias nominalmente nacionais na América do Sul, não somente no Brasil, mas também no Chile e no Peru, no litoral do oceano pacífico, para driblar os regulamentos e cotas da CBI, e que Costinha agora era uma "colônia japonesa".

Houve protestos de ativistas no começo da temporada baleeira, quando ao Brasil foi alocado uma cota de 832 baleias-minke e 31 cachalotes pela CBI. Naquele ano a SUDEPE teve a autonomia de fixar uma cota mais baixa em consonância com o desenvolvimento de alternativas econômicas para a caça de baleias, e resolveu conceder à COPESBRA 90% da cota da CBI (749 baleias), mas proibiu a captura de cachalotes. A assessoria de comunicação da empresa publicou um manual intitulado "Reflexões socioeconômicas da pesca da baleia na Paraíba" argumentando que a atividade baleeira trazia benefícios consideráveis ao município de Lucena, e contribuía com importantes oportunidades de emprego. A COPESBRA reivindicou que o homem nordestino "é a razão primeira de nossa defesa", e acusou os "privilegiados habitantes de outras regiões mais ricas, cuja prosperidade e farta mesa permitem colocar animais em precedência ao ser humano" lhes convidando "a vir aqui morar e sofrer e lutar para entender a importância para a Paraíba e em especial para o município de Lucena desta atividade [...] A fome torna o homem indefeso às idiossincrasias dos intelectuais de esquina e da burguesia metropolitana"[192].

Como resposta, uma petição de assinaturas coletada por dezesseis entidades ambientalistas foi entregue ao escritório regional da Secretaria Presidencial de Planejamento no Recife pleiteando a proibição da captura de todas as espécies ao longo da costa paraibana, e declarando que a caça de baleias não trazia nenhum benefício para as populações do nordeste do Brasil. *O Estado de S. Paulo* em 3 de julho reportou esse desdobramento, e acrescentou a sua voz influente daquele momento em diante à campanha contra a caça de baleias. Um jornalista da *Folha de S.Paulo* descobriu em outubro daquele ano que a COPESBRA já não mais dava as boas-vindas aos repórteres que queriam acompanhar a caça no mar, e que eles citaram a *Folha* como um jornal especialmente injusto à companhia[193].

Em outubro de 1982, a *Veja* ofereceu ao público nacional uma crítica dos argumentos usados para defender a caça de baleias no Brasil, baseada num livro lançado naquele mês por Antônio Moacyr Madruga, um geógrafo na Universidade Federal da Paraíba, intitulado *A Questão da baleia: Da Luta Ecológica à Exploração Humana*[194]. O autor teve acesso a dados coletados pela Comissão Interministerial de Recursos do Mar que havia recomendado a suspensão da caça de baleias em 1979. O relatório da comissão havia demolido os dois argumentos mais fortes a favor da caça: a oferta de carne barata à população da Paraíba, e a criação de empregos na região. Madruga demonstrou que nos mercados abertos de 171 municípios na Paraíba somente dez barracas estavam vendendo carne de baleia. Sua pesquisa levada a cabo em quatrocentas casas em Costinha mostrou que a carne de baleia só apareceu no cardápio de vez em quando. Entretanto, a Nippon Reizo estava exportando duzentas toneladas de carne ao Japão cada mês. Madruga também examinou a folha de pagamento da COPESBRA, e descobriu que somente 350 indivíduos foram beneficiados, sendo os salários mais altos pagos aos gerentes japoneses que ocupavam as posições técnicas e administrativas mais importantes na estação terrestre e os postos de comando nos navios baleeiros[195]. Madruga concluiu afirmando que em 1981 a caça de baleias rendeu para o Brasil a soma estimada de 2 milhões de dólares na base de 1008 toneladas exportadas, mas que isso representou menos de 1% do valor total das exportações brasileiras — uma quantia insignificante, ele afirmou, considerando o prejuízo que causou à reputação do Brasil no exterior, dentro da CBI e nos círculos científicos.

Apesar do favorecimento dado aos japoneses na gerência, um pequeno número de brasileiros alcançou posições de prestígio dentro da empresa, motivado principalmente pela iminente ameaça à continuação da caça de baleias. A COPESBRA estava ansiosa para assegurar-se de uma harmonia mais estreita com os políticos e funcionários do governo, e eles nomearam militares aposentados, advogados, e pesquisadores para representar seus interesses, e fazer lobby contra qualquer proibição.

Entretanto, na reunião anual da CBI realizada em 1981, o Brasil absteve-se do voto a favor de uma moratória. No ano seguinte, apesar de ter afirmado que o Brasil estaria saindo do negócio baleeiro, o Brasil não se absteve de votar, posicionando-se contra a moratória. David Day (1992) acredita que o Japão ofereceu ao Brasil US$ 400 milhões para financiar um programa de investimentos na agricultura que asseguraria a sua compreensão quanto à posição japonesa acerca da caça de baleias.

Não obstante, a maré contra a atividade baleeira não podia ser invertida, e na reunião da CBI em 1983, depois de considerável pressão internacional, o Brasil aceitou e assinou a resolução do ano anterior que suspenderia totalmente a caça comercial de baleias a partir de 1º de janeiro de 1986. Uma vez que uma das cláusulas da resolução permitia a captura de baleias para propósitos científicos e de pesquisa, dependendo dos critérios e autorização do governo nacional, a COPESBRA aproveitou dessa brecha para solicitar, no fim de 1984, uma licença especial da SUDEPE autorizando a captura de 470 baleias em nome da "pesquisa científica", a partir de 1986 sob o artigo VIII do acordo internacional[196]. Em troca, a COPESBRA forneceria matéria-prima e técnicos baleeiros para o CEPENE (Centro de Pesquisa e Extensão Pesqueira do Nordeste) na praia de Tamandaré em Pernambuco; um centro que realizava pesquisas em camarões e lagostas, mas não em baleias. A Comissão Interministerial de Recursos do Mar, o Itamaraty, e o novo presidente da SUDEPE, apesar de considerarem essa proposta, a rejeitaram por causa do efeito negativo que despertaria no cenário internacional. Contudo, isso não evitou que a COPESBRA pescasse mais uma temporada em 1985, antes que a moratória entrasse em vigor, quando 598 baleias foram capturadas pelo artilheiro Akio Sato, somando 4 milhões de dólares em exportações ao Japão[197]. Em 1984, o deputado Gastome Righi apresentou um projeto de lei na Câmara para banir a caça de baleias em águas territoriais brasileiras, mas não foi aprovado. Porém, em setembro de 1985 o projeto de lei 124/85 de Righi foi aprovado pelo congresso, e essa lei proibia a caça de baleias e qualquer tipo de assédio a baleias ao longo da costa brasileira. Em 20 de dezembro de 1985, o presidente Sarney assinou o decreto nº 92185 proibindo a caça comercial de baleias em águas brasileiras por um período de cinco anos. Cinco dias depois, a revista *Veja* declarou que com essa medida a COPESBRA não podia continuar com suas atividades, e que eles teriam que vender seu navio baleeiro, dispensando e indenizando seus 112 empregados permanentes[198].

No entanto, figuras-chave na mídia brasileira e nos grupos ambientalistas não estavam convencidas de que a caça de baleias não voltasse depois de um intervalo de cinco anos; e em 1986 a campanha "Salvem as Baleias!" ganhou um novo impulso, conduzida principalmente pelo *O Estado de S. Paulo*[199]. Em junho de 1986, uma petição assinada por mais de 60 mil pessoas, incluindo um grande número de crianças, e promovida pelo jornalista Dagomir Marquezi de *O Estado de S. Paulo*, junto com um lobby intenso por parte de ambientalistas, foi o suficiente para persuadir o presidente do senado, José Fragelli, a colocar a proibição permanente da proposta de Gastone Righi de novo na pauta do Senado[200]. Houve uma oposição enérgica liderada pelo senador Humberto Lucena da Paraíba (que se tornou presidente do Senado em 1987) e seu antecessor, senador Maurício Leite[201]. Outro senador, Fábio Lucena do Estado do Amazonas, argumentou que a proibição criaria muito desemprego. Contudo, depois de várias tentativas fracassadas, o Senado brasileiro, numa sessão extraordinária, aprovou o projeto de lei do deputado Gastone Righi em 16 de dezembro de 1987, e o Senado enviou a lei ao presidente Sarney para sua sanção dentro de sessenta dias. Em 21 de dezembro de 1987, a lei nº 7643 foi publicada no *Diário Oficial da União*. A nova lei decretou que:

Art. 1º Fica proibida a pesca, ou qualquer forma de molestamento intencional, de toda espécie de cetáceo nas águas jurisdicionais brasileiras.
Art. 2º A infração ao disposto nesta lei será punida com a pena de 2 (dois) a 5 (cinco) anos de reclusão e multa de 50 (cinquenta) a 100 (cem) Obrigações do Tesouro Nacional - OTN, com perda da embarcação em favor da União, em caso de reincidência.
Art. 3º O Poder Executivo regulamentará esta lei no prazo de 60 (sessenta) dias, contados de sua publicação.
Art. 4º Esta lei entra em vigor na data de sua publicação.
Art. 5º Revogam-se as disposições em contrário.

O presidente Sarney não perdeu tempo em dar sua sanção, em 18 de dezembro de 1987, e desta data em diante a caça comercial de baleias finalmente chegou ao fim.

CAPÍTULO 9

# *Encerramento*

## Costinha depois da proibição da caça de baleias

### (1986 EM DIANTE)

*A ideia é transformar o lugar em um centro de informações, lazer e estudo, já que aqui foi um dos maiores pólos da pesca da baleia no mundo. O parque é todo ornamentado com estatuetas da baleia Orca, tendo ainda no local um cemitério de baleias, onde foi construído inclusive um mausoléu simbólico [...] O local vai contar com restaurante, salas de vídeo onde serão mostradas cenas da caça, piscina natural, laboratório de larvas de crustáceos, viveiros de camarão, passeios ecológicos e outras atividades.*

BALEIA MAGIK PARK[202].

Vimos como a portaria N-017 da SUDEPE de julho de 1979 propôs a suspensão da caça de baleias, numa medida que entraria em vigor a partir de 1º de janeiro de 1981. Embora o decreto tivesse sido revogado no último momento e a atividade baleeira continuasse em Costinha até a temporada de 1985, isso colocou o governo em aviso prévio da necessidade de encontrar outras opções para a comunidade, levando em conta o efeito provável sobre Costinha e o município de Lucena quando a última baleia fosse guinchada na rampa até a plataforma de corte. A resposta oficial foi de preparar um Programa Alternativo para a Substituição da Caça da Baleia em junho de 1980[203]. Isso contemplava um acordo entre os ministérios da Agricultura (à qual a SUDEPE foi subordinada) e da Marinha, junto com o governo estadual da Paraíba, com a meta louvável de planejar alternativas viáveis à caça de baleias a tempo.

**FIGURA 9.1.** A estação baleeira (abandonada) de Costinha em 2013, mostrando o canal e a plataforma de corte.

O projeto identificou recursos de financiamento, e a SUDEPE esperava com confiança que o dinheiro seria canalizado através de uma cooperativa pesqueira em Cabedelo chamada COOPESCA. Entretanto, o governo federal preparou seus representantes antes da reunião anual da Comissão Baleeira Internacional (CBI) com a seguinte pauta: que o Brasil apoiaria uma moratória sobre a caça comercial de baleias no Comitê Técnico da CBI se a medida tivesse o apoio de três quartos dos países-membros; e que a SUDEPE estabeleceria as cotas anuais para as baleias-minke dentro dos números atribuídos ao Brasil pela CBI, levando em conta o progresso no cenário doméstico do Programa Alternativo e seu objetivo primordial de fornecer "fontes equivalentes de proteína, em preço e volume". Foi uma época quando, segundo dados da SUDEPE para 1981, o número médio de trabalhadores empregado pela COPESBRA era 350, incluindo aqueles empregados de forma sazonal, com um pico de 422 em setembro.

Mas tiveram que abandonar esse plano de 1980. A cooperativa COOPESCA não aprovou o projeto na sua Assembleia Geral em março de 1982. Uma monografia interna preparada pela coordenação regional da SUDEPE na Paraíba em junho de 1982 não ofereceu nenhuma explicação para essa reversão, embora houvesse no documento um tom de exasperação, especialmente agora que todos aceitaram que a caça de baleias teria que cessar dentro de poucos anos e o tempo estava se esgotando[204]. A resposta da SUDEPE foi revisar o plano, e recomendar que o dinheiro federal deveria ser canalizado através do escritório regional da SUDEPE na Paraíba e seu escritório em Cabedelo, frente à Costinha. O projeto visava à construção de novos barcos pesqueiros e uma fábrica de gelo, além de instalações de armazenamento refrigerado, e a provisão de pontos de venda, veículos, assistência técnica, e capital de giro. Porém, a COOPESCA não aceitou essas revisões; aparentemente eles se opuseram a certas condições, especialmente as que tiveram relação com o financiamento do projeto.

Entretanto, a companhia COPESBRA teve que confrontar a probabilidade de que sua atividade principal na Paraíba — a caça de baleias — cessaria dentro de pouco tempo, apesar das tentativas da empresa de examinar a possibilidade de caçar 470 baleias por ano "para pesquisa". Hitoshi Kishiwada, que trabalhava desde 1979 na COPESBRA em posições importantes, lembra que a companhia começou a investigar alternativas à caça de baleias em 1980[205]. Nas suas palavras, a COPESBRA (como negócio baleeiro) estava, em termos econômicos, acabada em 1985, e os diretores se deram conta de que "a área de Costinha do estado da Paraíba [...] [era] um dos lugares mais pobres no Brasil, e [pensávamos] que foi nossa responsabilidade socioeconômica manter o nível de emprego de 200 a 220 trabalhadores naquela área e [portanto] procuramos algum projeto alternativo no campo da pesca, processamento de produtos marinhos, ou no negócio agroindustrial".

Por enquanto, a COPESBRA considerava suas opções e o que aconteceria com os operários. Também parece que, ao terminar a temporada de 1985, a firma entrou em um período de esperar para ver o que aconteceria, de dedos cruzados. Porém, a partir de maio de 1987, uma campanha a favor de uma suspensão compreensiva e permanente da caça de baleias em águas brasileiras (aprovada mais tarde naquele ano), e conduzida de maneira muito profissional, acabou com qualquer esperança remanescente que a COPESBRA tivesse para o seu futuro em Costinha. Dois profissionais da agência de publicidade Standard Ogilvy & Mather, em São Paulo, deram sua expertise gratuitamente, e os ambientalistas encontraram patrocínio entre as empresas associadas com essa agência para uma campanha contra a caça de baleias levada a cabo na televisão e na rádio, além de cinquenta outdoors e 3 mil cartazes[206]. Os outdoors mostraram uma baleia arpoada num mar sangrento, com a legenda: "Grande venda anual! O Senado permite a matança e nem sequer fica vermelho!". Nesse período a empresa aproveitou das instalações modernas de refrigeração em Costinha para comercializar lagosta (que eles capturaram), merluza da Argentina, peixes exóticos das Amazonas, e acerola, mas em 1992 a fábrica fechou os portões para sempre. Por volta do ano de 1993, o *CABO BRANCO (2)* foi levado para sucatear, num desmanche de navios, em Pina no Recife, e muito do equipamento industrial em Costinha foi vendido.

A COPESBRA agora se concentrava nos seus investimentos em Belém. Constituiu um passo natural para a companhia, já que esteve presente lá desde 1970. Um contrato havia sido assinado em 4 de dezembro na sede da SUDEPE no Rio de Janeiro entre Nippon Reizo (Nichirei) de Tóquio, representado por Haruo Saito, e a COPESBRA, representado por Tetsuzo Hayakawa, o procurador da empresa que morava em João Pessoa[207]. Com a autorização do governo brasileiro, a COPESBRA arrendou da companhia Nichirei três barcos de arrasto para pescar camarões, *TAISEI MARU números 1, 2 e 3*, os quais naquele momento estavam sendo construídos no estaleiro DESCO na Flórida. O contrato estipulava que os barcos seriam comprados num preço pré-fixado ao terminar o contrato. A Nichirei também forneceu um empréstimo de US$ 55600 como capital de arranque para estabelecer um negócio de pesca de camarões em Belém, soma que a COPESBRA deveria reembolsar dentro de dois anos. O *TAISEI MARU Nº 1* naufragou em 1978, e a empresa aumentou sua frota em 1979 com a aquisição de mais três barcos, *SHINYO MARU números 50, 51 e 52*. Naquele mesmo ano, a Nippon Reizo (Corporação Nichirei) inaugurou a companhia Amazonas Indústrias Alimentícias S. A. (AMASA) em Belém. Em 1991, a companhia foi reestruturada, removendo seu braço pesqueiro e focalizando a pesca e processamento de camarões; um negócio que realiza até hoje.

Outra iniciativa da COPESBRA foi investir no processamento de frutas no interior de Pernambuco a partir de 1991. Em correspondência com os autores, Kishiwada lembra que foi somente "depois de muitos estudos de viabilidade" que a Nichirei resolveu que a primeira alternativa em substituição à caça de baleias seria a produção de acerola, cultivada perto de Petrolina ao longo do Rio São Francisco. Esta fruta tem a reputação de oferecer o mais alto nível de vitamina C que qualquer outra fruta. "Mantivemos e desenvolvemos o negócio de processamento de acerola até agora. Nesse sentido de oferecer emprego, alcançamos cumprir com a nossa responsabilidade socioeconômica na região nordestina do Brasil". A empresa ainda existe, com o nome de Niagro-Nichirei do Brasil Agrícola Ltda., uma filial da Corporação Nichirei, e comercializa uma variedade ampla de frutas tropicais.

Nem um nem outro desses empreendimentos trouxe benefício direto aos pescadores em Costinha; porém, alguma ajuda veio de uma fonte inesperada — o Reino Unido. A Conferência das Nações Unidas sobre o Meio Ambiente e o Desenvolvimento realizada no Rio de Janeiro em junho de 1992, denominada ainda como ECO-92 e Rio-92, chamou a atenção para a necessidade de dar apoio aos países emergentes para seu desenvolvimento sustentável. Nesse espírito, uma caridade britânica chamada World Vision ajudou a comunidade em Costinha durante três anos, a partir de 1993, com financiamento da então Overseas Development Administration do governo britânico. A meta era apoiar a Associação de Pescadores de Costinha (fundada em

**FIGURA 9.2.** Vestígios do parque temático "Baleia Magik Park" em 2013.

1994) depois do encerramento da estação baleeira, e estes fundos ajudaram com o concerto de barcos pesqueiros, a provisão de armazenamento refrigerado e o fortalecimento da cooperativa. O presidente atual da Colônia de Pescadores em Costinha, Zélio da Silva Nascimento, acredita que "devemos tudo que temos hoje à World Vision".

Ao terminar a década de 1990, a COPESBRA havia se afastado inteiramente de Costinha, e a partir desse ano começava o período mais extraordinário da história da estação baleeira — o estabelecimento de um parque temático chamado Baleia Magik Park. Esse parque abriu em outubro de 2000, e mais tarde os donos acrescentaram uma pousada. O presidente desse negócio era um empresário português chamado Antero Deodato Alves; o gerente era Waldemir José de Lima, que previamente havia trabalhado pela COPESBRA; e o superintendente do parque era France Ferreira. Numa iniciativa bizarra, o canal, onde milhares de baleias haviam sido lavadas para tirar sangue e areia antes de serem guinchadas até a plataforma de corte, foi revestido com azulejos e transformado numa piscina, e construíram na mesma plataforma uma baleia de concreto oca por dentro, com entrada e saída. Perto da antiga plataforma os donos criaram um museu simples com a exposição de arpões, boias, e muito da parafernália baleeira que ainda restava. Abriram apartamentos e um restaurante para a pousada, e em um negócio paralelo chamado Baleia Park Camarão Ltda. eles cavaram tanques para camarões marinhos. Mas esses empreendimentos não tiveram êxito, e finalmente o parque fechou em 2005. Contudo, o IBAMA procurou compensação das duas empresas por não haver devolvido a vegetação ao estado original como exigido por lei, e a litigação continuou durante vários anos. Em maio de 2012, um juiz federal determinou que, apesar de haver fechado os dois negócios em dezembro de 2006, os sócios ainda eram responsáveis pela ação pendente.

O que resta hoje como testemunho à época baleeira em Costinha? Existe um documentário em cores de 35 mm que foi exibido em cinemas no Brasil em 1980, no ano quando parecia que a caça cessaria a partir do ano seguinte. A produtora era a EMBRAFILME, uma companhia estadual de promoção de filmes que fechou em 1990, e a produtora executiva era a Universidade Federal da Paraíba na pessoa de Antônio Moacyr Madruga. A sinopse[208] explica que o documentário trata da "Paraíba, município de Lucena: a morte e a vida, tomando como parâmetro a pesca e industrialização da baleia". A ficha técnica continua, quase incrivelmente, "A caça da baleia na Paraíba e a relação com o suicídio coletivo de Jim Jones. Um filme sobre viventes dedicado a Omulu". (Refere-se ao suicídio coletivo da comunidade de Jim Jones na Guiana acontecido havia pouco tempo, em 1978.) Parece que Madruga estava preocupado com a necessidade de gravar para a posteridade a atividade baleeira em Costinha, e ele mesmo fez um curto documentário em formato Super 8 o qual, atualmente, está sendo digitalizado pelo Núcleo de Documentação Cinematográfica (NUDOC) da Universidade Federal da Paraíba, em João Pessoa.

As instalações abandonadas sobreviventes valem a pena serem visitadas por causa da atmosfera persistente e muito evocativa dos prédios e oficinas, cujas paredes estão cobertas agora com o grafite desvanecedor que outrora promovia o excêntrico Baleia Magik Park. Membros da comunidade de Costinha dizem que o terreno pertence agora a um político local e que não existe nenhum plano para fazer algo com os prédios. Chegando a Costinha desde Cabedelo pelo ferry boat, se tiver a sorte de estar com a maré baixa, o visitante deverá caminhar primeiro do ponto de desembarque da balsa ao longo da praia na direção oposta da boca do rio, e assim tropeçará nos restos da rampa de concreto enterrados na areia que defrontam com o canal de lavagem claramente visível sobre a subida da praia. Se caminhar um pouco mais pela praia, encontrará as colunas de madeira e vigas do molhe da COPESBRA onde atracavam incontáveis barcos trazendo abastecimentos para a empresa. Caminhando ainda mais um pouco, menos que meio quilômetro, aparecem os restos esqueléticos da proa do *DANTAS BARRETO* na areia, juntos com o traçado enferrujado do convés de proa ainda visível na praia. É melhor entrar na estação abandonada pelo portão principal, frente às casas onde moravam os japoneses, e a um quarteirão da "Casa do Holandês" onde vivia Julius Von Söhsten — talvez não a casa atual, mas pelo menos o local. Se pedir ajuda no bar perto da entrada, pode ser que eles encontrem o vigia noturno para lhe mostrar o lugar; é recomendado porque é ele que tem a chave do museu que data da época do Baleia Magik Park. Uma visita à estação revela os guinchos de fabricação japonesa para arrastar as baleias da praia até o canal de lavagem, e outros para levar a carcaça do canal até a plataforma de corte e mais além até as seções especializadas. As autoclaves utilizadas para cozinhar o toucinho, a carne, e os ossos estão de pé na sombra de palmeiras, um pouco além da plataforma. As arquibancadas usadas por turistas foram desmanteladas há muito tempo, mas as oficinas ficam, porém, com janelas quebradas e os forros caindo, ainda assim, é fácil de adivinhar suas funções originais.

Meio escondido num canto, perto de onde secavam o charque de baleia ao sol, e atrás dos apartamentos 12 a 17 da pousada de outrora, aparece um monumento vertical de pedra com vários caracteres em japonês inscritos na frente, e ainda visíveis. Antigos trabalhadores lembram que no início da temporada os japoneses da companhia se reuniram para rezar na frente desse memorial com ofertas de arroz e uísque, já que não havia *sake* a venda na comunidade.

A inscrição em japonês diz:

*À memória dos espíritos das baleias que matamos.*

**FIGURA 9.3.** Autoclaves (abandonadas) utilizadas para cozinhar o toucinho em Costinha, em 2013.

**FIGURA 9.4.** À memória dos espíritos das baleias que matamos.

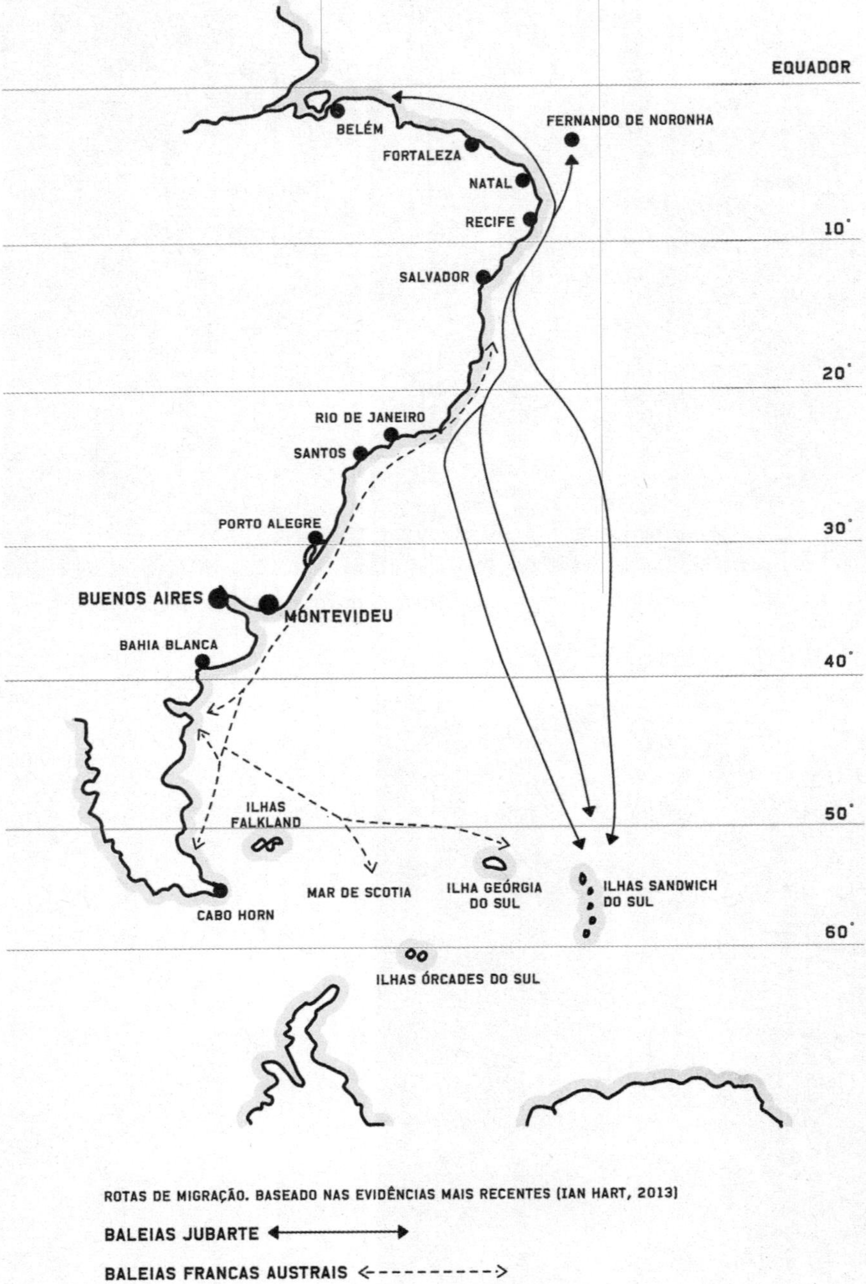


**FIGURA 10.1.** Rotas de migração de baleias-francas e baleias-jubarte.

CAPÍTULO 10

# *Desenlace final*

## O status das baleias hoje no Brasil

*Tem um rapaz aqui que quer falar com o senhor. Quem é? Truda Palazzo. Que é que ele quer? Ele quer falar sobre baleias. Então, mande ele entrar [...] Ele já tinha um conhecimento bastante razoável sobre baleias e ficamos conversando. Depois, daí em adiante, mantivemos contato durante esses anos todos de uma forma ou outra.*

ALMIRANTE IBSEN DE GUSMÃO CÂMARA

Sem dúvida, José Truda Palazzo Junior é o nome mais frequentemente associado com a preservação de baleias no Brasil e a força principal atrás da fundação do primeiro projeto de conservação de baleias no Brasil, o Projeto Baleia Franca. Truda Palazzo começou sua carreira dedicada à militância a favor das baleias, e ao meio ambiente em geral, na sua cidade natal de Porto Alegre. Em 1978, aos quinze anos, juntou-se aos ativistas da Associação Gaúcha de Proteção ao Ambiente Natural e assinou uma petição pública em Porto Alegre chamando para uma campanha contra a caça de baleias[209]. Diz a história — e pode bem ser verdade — que ninguém sabia o que fazer com o manifesto, e então, o jovem Truda Palazzo pegou um ônibus com a intenção de entregar a petição a alguém de autoridade em Brasília. Ele havia ouvido falar que o Almirante Ibsen de Gusmão Câmara esteve comprometido com projetos ambientais, e ao chegar a Brasília ele telefonou ao almirante, que naquela época era Vice-Chefe do Estado Maior das Forças Armadas durante o período de governo militar — um período não acostumado a encorajar protestos.

O Almirante Gusmão Câmara lembrou mais tarde, numa entrevista, que um dia seu ajudante lhe disse que um jovem estava ao telefone solicitando conversar sobre baleias e que, por curiosidade, ele concordou em fazer uma reunião. Dessa maneira começou uma parceria improvável a favor da conservação de baleias[210]. O almirante havia criado a Fundação Brasileira para a Conservação da Natureza, e no ano de 1981 ele enviou uma carta a Truda Palazzo pedindo-lhe que procurasse evidências que apontassem a reaparição de baleias-francas no sul do Brasil. A fundação havia iniciado um projeto de pesquisa para verificar se os avistamentos recentes de algumas baleias individuais constituíam eventos isolados ou se correspondiam a movimentos regulares de migração, isso depois da cessação em 1971 pela União Soviética da sua caça ilegal de baleias-francas-austrais no hemisfério do sul. Caso fosse evidência de migração regular, a fundação queria uma avaliação das medidas que seriam apropriadas para proteger a espécie. Com a ajuda de um grupo de voluntários, Truda Palazzo preparou um folheto com desenhos da baleia-franca e uma descrição das suas características. Para sua surpresa, o número de avistamentos foi maior do que ele esperava, já que era um animal supostamente raro ao longo da costa brasileira. Depois, em 1982, avistaram fêmeas acompanhadas por seus filhotes[211].

Utilizando ferramentas de pesquisa que incluíam a fotografia, um questionário e pesquisas em arquivos de mídia, Truda Palazzo demonstrou que em torno de 206 baleias-francas haviam sido avistadas nos anos de 1981 a 1983, concentradas especialmente ao longo dos litorais de Santa Catarina e do Paraná. Essa descoberta culminou na fundação do Projeto Baleia Franca — o primeiro projeto de conservação de baleias a ser estabelecido no Brasil. Em 1984, Dr. Roger S. Payne começou a colaborar com o projeto, e trouxe consigo seu considerável conhecimento da espécie, acumulado desde o início da década de 1970, através de observações e pesquisas realizadas ao longo da península Valdés na Argentina. Dr. Payne e sua equipe forneceram treinamento *in loco* para os voluntários do projeto a partir de 1986.

Desde o começo o foco do projeto foi duplo, e ainda permanece assim. Em primeiro lugar, a pesquisa científica e o monitoramento da população sobrevivente de baleias-francas-austrais com ênfase na identificação fotográfica de baleias individuais. Em segundo lugar, educação e conscientização do público visando à cessação do molestamento desses animais e redução nos conflitos tão comuns naquela época entre pescadores e baleias, principalmente causados quando as baleias se enredavam acidentalmente em suas redes. Embora continue o trabalho educativo com as comunidades de pescadores, o projeto afirma que hoje em dia não têm tido mais relatos de agressões de pescadores contra as baleias.

Durante os primeiros dezenove anos da sua existência o projeto foi mantido por Truda Palazzo e sua família, junto com pequenas doações de entidades no Brasil e no exterior, até que conseguiu patrocínio, a partir de 2002, da Petrobras, uma empresa de economia mista cujo maior acionista é o governo brasileiro. Depois de fundar o projeto, Truda Palazzo se envolveu em trabalhos de conservação em outros lugares no Brasil, tais como a criação em 1983 pela Secretaria Especial do Meio Ambiente (SEMA) de uma reserva ecológica na Ilha dos Lobos no Rio Grande do Sul, que hoje leva a designação de Refúgio de Vida Silvestre. Em 1985, Truda Palazzo esteve na vanguarda da luta para o reconhecimento do Parque Nacional de Fernando de Noronha, decretado finalmente em 1988, e mais tarde aprovado pela UNESCO como um local de patrimônio mundial em 2003, baseado numa proposta que ele ajudou a escrever[212]. Em 1986, Truda Palazzo fundou e tornou-se presidente da seção brasileira da Coalizão Internacional da Vida Silvestre (IWC/Brasil), uma ONG sem fins lucrativos que está envolvida em pesquisas sobre baleias-jubarte no Alaska e baleias-francas-austrais no Brasil. A IWC/Brasil tem um acordo de cooperação com o Centro Nacional de Pesquisa, Conservação e Manejo de Mamíferos Aquáticos do IBAMA, e mantém o Centro Nacional de Conservação da Baleia Franca, inaugurado em setembro de 2003, para estudos e observações na Praia de Itapirubá Norte em Imbituba, e, durante os primeiros anos, também sustentava o Museu da Baleia Franca, inaugurado no mesmo mês na Praia do Porto em Imbituba.

A partir de 1989, a baleia-franca-austral começava a aparecer na lista oficial de espécies brasileiras ameaçadas de extinção, e em 1995, num sinal do sucesso do projeto em sensibilizar o público, a baleia-franca foi declarada um Monumento Natural do Estado de Santa Catarina[213]. Quatro anos mais tarde, em 1999, Truda Palazzo coordenou uma proposta de projeto enviada ao Ministério do Meio Ambiente para criar uma Área de Proteção Ambiental (APA) da Baleia Franca na costa de Santa Catarina. Essa APA foi estabelecida através da lei federal nº 3254 em 14 de setembro de 2000, baseada num estudo técnico fornecido pelo projeto, e é administrado pelo Instituto Chico Mendes de Conservação da Biodiversidade (ICMBio), criado em 2007, e vinculado ao Ministério do Meio Ambiente[214]. A APA cobre 156 mil hectares da costa centro-sul de Santa Catarina (enseadas, lagoas, dunas, e costões rochosos), começando na ponta mais austral da ilha de Florianópolis e estendendo-se 130 quilômetros ao sul até o Balneário Rincão. Em 1997, Truda Palazzo tornou-se membro da delegação brasileira frente à CBI, e às vezes era nomeado chefe da delegação científica e vice-chefe da delegação plenária, esse último até agosto de 2009.

Foi no mesmo mês de agosto de 2009 que Truda Palazzo e o projeto se separaram, em circunstâncias menos que amigáveis, e a gerência do projeto passou a outras mãos. Esse acontecimento inesperado foi precipitado pela sentença proferida por um juiz a favor da alegação de uma Promotoria de Justiça da cidade de Tubarão de que a Petrobras não podia continuar patrocinando o projeto, já que uma companhia pública (embora de fato a Petrobras seja um empreendimento de capital misto) não podia apoiar o projeto sem submeter-se às leis que regem licitações de entidades estaduais. O dinheiro secou de um dia para o outro, e a situação promoveu tensões entre os membros do projeto. Contudo, as pesquisas e a administração do museu continuam, agora com o patrocínio principalmente da companhia Santos Brasil Logística, uma empresa que oferece armazenamento e instalações para contêineres no porto de Imbituba, concentrados no local onde também se situa o museu.

Existe outro projeto de conservação de baleias no Brasil – o Projeto Baleia Jubarte – que começou em Caravelas, no sul da Bahia, um lugar que, como já vimos, continuou com a caça de baleias utilizando métodos tradicionais até dentro da década de 1920. Caravelas se situa no ponto do continente mais próximo ao Parque Nacional Marinho dos Abrolhos. Foi quando o parque estava sendo estabelecido em 1987, que alguns ecologistas observaram a presença de baleias-jubarte nesta área, a ponto de que o arquipélago dos Abrolhos tornou-se conhecido como o "berço" desta espécie no Atlântico do Sul ocidental. O Projeto Baleia Jubarte estabeleceu-se para oferecer proteção a essa espécie e levar a cabo pesquisas. De acordo com o site do projeto na internet, as primeiras viagens por barco para fotografar baleias-jubarte remontam ao ano de 1988, quando também construíram uma estação terrestre no arquipélago de Abrolhos[215].

O Instituto Baleia Jubarte foi fundado em 1996, como uma organização não governamental com a meta inicial de fornecer apoio ad-

**FIGURA 10.2.** Esqueleto completo de uma baleia-jubarte macho, adulta. Projeto Baleia Jubarte, Praia do Forte, Bahia.

ministrativo ao projeto. Agora que a caça comercial de baleias estava proibida, e o trabalho de educação e conservação do projeto estava dando frutos, os pesquisadores notaram um aumento na população de baleias-jubarte em Abrolhos, e uma recuperação dessa espécie ao longo do litoral norte da Bahia. Isso motivou o estabelecimento de uma segunda base para o instituto, em Praia do Forte, ao norte de Salvador, no município de Mata de São João, onde o Centro de Pesquisa e Educação do instituto leva a cabo educação e pesquisas complementares. Os patrocinadores oficiais do projeto são a Petrobras e o Programa Petrobras Ambiental. No terreno do instituto tem uma tacha (a caldeira de ferro utilizada para derreter o toucinho) e o esqueleto completo de uma baleia-jubarte macho, adulta, medindo 13,7 metros.

A caraça dessa baleia foi encontrada flutuando no sul da Bahia em junho de 2002, e logo rebocada até o Rio Caravelas e enterrada nas margens do rio. Três anos mais tarde, desenterraram o esqueleto e transportaram-no ao instituto. Também na Praia do Forte, nos terrenos do Hotel Tivoli Ecoresort, podem ser vistos os restos extensos de alicerces de fornalhas de uma armação, ainda com as portas de ferro das lareiras intactas.

Crescem os números dessas duas espécies nas águas do Brasil. No caso da baleia-franca-austral, entre 1993 e 2005 houve 68 avistamentos ao longo de um trecho de 400 quilômetros da costa brasileira entre a Baía de Paraty (23° 13'S, 44° 42'O) e Macaé (22° 22'S, 41° 47'O) no estado do Rio de Janeiro. Um encontro internacional realizado em 1998 para examinar o status das baleias-francas no mundo concluiu que restaram em torno de 7500 baleias individuais, das quais 2700 se encontram no Atlântico do Sul, de uma população hemisférica original estimada em 55 mil a 70 mil animais[216]. Karina Groch (2007) cita fontes que sugerem que essa população está crescendo numa taxa de 6,8% ao ano, com avistamentos predominantemente nas costas de Santa Catarina, e em menor escala no litoral do Rio Grande do Sul. Tem havido também alguns avistamentos esporádicos no sudeste do Brasil, e até uma fêmea e seu filhote foram avistados na costa sul da Bahia em 29 de setembro de 1990; na época, o avistamento mais ao norte já registrado. Ainda mais interessante, é que elas foram encontradas em associação com baleias-jubarte, o que sugere um relacionamento entre as duas espécies como tem sido observado no Havaí, embora essa última seja a baleia-franca do Pacífico Norte (*Eubalaena japonica*). A avistagem mais ao norte publicada para a baleia-franca-austral na costa brasileira foi na Praia de Imbassaí, treze quilômetros depois da Praia do Forte, ao norte de Salvador (12°35'10"S; 37°59'43"O)[217].

Outra baleia provocou uma resposta curiosa em Caravelas. Alguns pescadores avistaram uma baleia (que na realidade era uma baleia-franca) perto da praia, e como pensaram que deveria ser uma baleia-jubarte encalhada, eles contataram urgentemente o Projeto Baleia Jubarte, sem dar-se conta de que essa espécie — a baleia-franca-austral — está perfeitamente à vontade nas águas rasas de enseadas e baías. A estimativa atual não verificada do Projeto Baleia Franca chega a uma população de quinhentas baleias-francas-austrais para a costa do Brasil, de uma "melhor estimativa" da CBI de 3 mil baleias para o Atlântico sudoeste como um todo. Contudo, existem relatos de conflitos entre essas baleias e a atividade humana, tais como enredamento acidental, molestamento intencional, e colisões com barcos.

A população de baleias-jubarte demonstra um crescimento ainda mais espetacular. Apesar da grande escala das capturas realizadas nas águas subantárticas no começo do século XX e das capturas ilegais feitas pela União Soviética depois da proibição internacional de 1966, tem havido uma recuperação significante da espécie. A população brasileira da parte ocidental do Atlântico Sul faz parte do estoque de reprodução denominado A, uma das sete áreas de reprodução para essa espécie no hemisfério do sul, que passa o inverno nas águas subtropicais e tropicais onde elas dão à luz e acasalam. As baleias-jubarte estão distribuídas atualmente ao longo da costa brasileira em uma região que vai aproximadamente desde Rio Grande do Sul, em trinta e três graus sul de latitude, até o estado de Pará, quase na linha do equador. A área principal de ocupação é o arquipélago de Abrolhos (16.40S até

19.30S), frente ao sul do estado da Bahia. A COPESBRA reportou que entre 1980 e 1985 seu navio baleeiro, por enquanto perseguia baleias-minke, avistou oitenta e uma baleias-jubarte na costa da Paraíba. Em 2001, o Instituto Baleia Jubarte estimou que existiam 2230 baleias-jubarte somente nesta região, com evidências de que essa população estava crescendo lentamente.

Mais recentemente, têm relatórios de fêmeas com filhotes avistados tão ao norte como Praia do Forte, e outros avistamentos aleatórios ao norte e ao leste de cinco graus sul, nas proximidades do arquipélago de Fernando de Noronha. No ano de 2008, a carcaça de uma baleia-jubarte foi encontrada por pescadores na Praia de Peruquara (00° 42' 26" S e 46° 57' 53" O), em Quatipuru, estado do Pará no Brasil[218]. Esse fato, junto com encalhes de baleias-jubarte ao longo dos litorais dos estados do Ceará e do Maranhão (Magalhães et al: 2008), indica que a população dessa espécie no Atlântico sudoeste está crescendo e provavelmente ocupando de novo as áreas da costa do norte do Brasil onde antigamente costumaram aparecer. Existem relatos históricos de baleeiros holandeses de avistamentos e capturas nessa região nas primeiras décadas do século XIX (Slijper & Van Utretch: 1959). A "melhor estimativa" mais recente da CBI para essa população, baseada em avaliações feitas em 2006, é de 6200 animais. Porém, o número estimado mais atual para toda a costa do Brasil é de 17700, baseado em avaliações apresentadas na Reunión de Trabajo de Expertos en Mamíferos Acuáticos de América del Sur em setembro de 2012 (Zerbini: 2012). Este dado representa 68% da população de aproximadamente 26 mil animais, antes de ser explorada.

Monitoramento por satélite e o trabalho de identificação fotográfica das partes inferiores das caudas de baleias-jubarte brasileiras tem revelado que essas baleias passam o verão austral principalmente na região das Ilhas Sandwich do Sul e, em menor escala, na Geórgia do Sul. Esta observação é intrigante porque quando a caça comercial de baleias começou a partir da Geórgia do Sul em 1904 a situação era bastante invertida. Como já vimos, naquele ano as baleias-jubarte eram numerosas em torno da Geórgia do Sul e 22717 foram capturadas por sete estações baleeiras entre 1904 e 1915, ao mesmo tempo em que houve pouca atividade baleeira nas Ilhas Sandwich do Sul. Cresce a aceitação de que o número relativamente pequeno de baleias-jubarte avistadas na Geórgia do Sul está diretamente ligado à disponibilidade de krill. Em 1904, os lobos-marinhos-antárticos estavam quase ausentes na Geórgia do Sul, depois de haver sido virtualmente eliminados no período de quarenta anos de caça intensa que seguia a publicação do relato do explorador James Cook de 1775, no qual — vale a pena salientar — os biólogos da expedição de James Cook reportaram poucas baleias. Portanto, em 1904 esta ausência de lobos marinhos permitiu que as baleias-jubarte pudessem alimentar-se largamente, e muitas vezes perto do litoral, da grande quantidade de krill que estava disponível depois do desaparecimento dos lobos marinhos. Atualmente, os lobos-marinhos-antárticos demonstram uma recuperação notável na Geórgia do Sul, auxiliada pela ausência de baleias de barbatana devido a sua exploração comercial durante o século XX até a proibição da caça na década de 1960. Estima-se que a população é mais de três milhões e vem crescendo. O resultado é uma pressão severa nos estoques de krill na Geórgia do Sul. Parece plausível que a nova geração de baleias-jubarte brasileiras, em uma resposta a essa concorrência, tem começado a alvejar os campos mais produtivos de alimentação na região das Ilhas Sandwich do Sul coincidente com a Convergência Antártica e a Corrente Circumpolar Antártica onde existe um afloramento de nutrientes. Sem dúvida, é uma hipótese para os biólogos marinhos estudarem mais detalhadamente no futuro.

As estimativas atuais para as outras espécies que outrora foram caçadas no Brasil estão incompletas. Embora a "melhor estimativa" da CBI seja de 515 mil baleias-minke no hemisfério do sul entre 1992 e 2004, a comissão não têm números para as baleias-espadarte e baleias-de-bryde, e os cachalotes.

*Whalewatching* (a observação de baleias) é agora uma atividade popular no Brasil, de junho a novembro. Em Santa Catarina, têm excursões que saem de Imbituba e de Garopaba. O Projeto Baleia Franca recomenda que turistas contatem a APA Baleia Franca para informações sobre as agências autorizadas para oferecer semelhante turismo. Na Bahia, o Projeto Baleia Jubarte fornece uma lista no seu site de internet das agências parceiras que saem para observar baleias desde Praia do Forte, Morro de São Paulo, Itacaré, Barra Grande, Porto Seguro e Caravelas.

A observação de baleias constitui um elemento chave no objetivo de ambos os projetos de conscientizar o público, mas, ao mesmo tempo, essa atividade tem despertado preocupações, já que o número de barcos cresceu. Uma das primeiras medidas tomadas pelo IBAMA, em 1990, um ano depois da sua fundação, foi a definição das normas de operação "objetivando viabilizar a proibição de qualquer forma de molestamente intencional a toda espécie de cetáceo, nas águas jurisdicionais brasileiras"[219]. Em 1996, o IBAMA reformulou as normas para serem aplicadas a todas as espécies de cetáceos, para não deixar nenhuma dúvida sobre que tipo de atividade é permitida[220]. O artigo 2º declara que é vedado às embarcações que operem em águas jurisdicionais brasileiras:

1. aproximar-se de qualquer espécie de baleia (cetáceos da Ordem Mysticeti; cachalote, *Physeter macrocephalus*, e orca, *Orcinus orca*) com motor ligado a menos de 100m (cem metros) de distância do animal mais próximo;
2. religar o motor antes de avistar claramente a(s) baleia(s) na superfície ou a uma distância de, no mínimo, de 50m (cinquenta metros) da embarcação;
3. perseguir, com motor ligado, qualquer baleia por mais de 30 (trinta) minutos, ainda que respeitadas as distâncias supraestipuladas;
4. interromper o curso de deslocamento de cetáceo(s) de qualquer espécie ou tentar alterar ou dirigir esse curso;
5. penetrar intencionalmente em grupos de cetáceos de qualquer espécie, dividindo-o ou dispersando-o;

6. produzir ruídos excessivos, tais como música, percussão de qualquer tipo, ou outros, além daqueles gerados pela operação normal da embarcação, a menos de 300 (trezentos metros) de qualquer cetáceo;
7. despejar qualquer tipo de detrito, substância ou material a menos de 500m (quinhentos metros) de qualquer cetáceo, observadas as demais proibições de despejos de poluentes em Lei.

O artigo 3º proíbe a prática de mergulho ou natação, com ou sem auxílio de equipamentos, a uma distância inferior a cinquenta metros de baleias de qualquer espécie, e os artigos 4º e 5º definem as normas para a operação de embarcações de turismo comercial, incluindo a obrigação de fornecer aos turistas em caráter permanente informações interpretativas sobre tais animais e suas necessidades de conservação. O artigo 7º proíbe a aproximação de quaisquer aeronaves a cetáceos em altitude inferior a cem metros sobre o nível do mar. Pequenas mudanças foram introduzidas no texto pelo IBAMA em 2002, além de uma cláusula vetando a aproximação de um barco a "um indivíduo ou grupo de baleias que já esteja submetido à aproximação, no mesmo momento, de pelo menos duas outras embarcações"[221]. Em junho de 2006, numa resposta ao crescimento exponencial dessa indústria de turismo, o IBAMA emitiu uma Instrução Normativa visando proporcionar à baleia-franca fêmea uma área designada de refúgio durante seu ciclo de reprodução[222]. Essa normativa impôs restrições durante os meses de junho até novembro em certas áreas prescritas dentro da APA Baleia Franca, (as coordenadas precisas aparecem na instrução), efetivamente proibindo nesse período todo tipo de transporte para turismo, seja pago ou não, e a prática de todas as atividades recreativas no mar.

Nesta altura, a reputação do Brasil nos vários grupos ambientalistas em escala mundial havia mudado de vilão a herói — um status aplaudido mais em outubro de 2008, quando o estado de São Paulo estabeleceu uma Área de Proteção Ambiental Marinha ao longo da sua costa, e também em dezembro de 2008, quando um decreto presidencial declarou todas as águas jurisdicionais marinhas brasileiras um Santuário de Baleias e Golfinhos do Brasil, "com a finalidade de reafirmar o interesse nacional no campo da preservação e proteção de cetáceos e promover o uso não letal das suas espécies.[223]" Esse decreto reconhece que: "Estão permitidos a pesquisa científica e o aproveitamento turístico ordenado, nos termos da legislação em vigor", e acrescenta que:

> A União promoverá, por meio dos canais diplomáticos e de cooperação competentes, a atuação do País nos foros internacionais, a articulação regional e internacional necessária a promover a integração em pesquisa e outros usos não letais dos cetáceos no Santuário de Baleias e Golfinhos do Brasil, bem como buscará a conservação dessas espécies no âmbito da bacia oceânica do Atlântico Sul.

No intuito de estender esse santuário até as águas internacionais, o Brasil está na vanguarda dos países que esperam criar um santuário de baleias na Atlântica do Sul. Uma proposta nesse sentido foi apresentada — não pela primeira vez — na reunião anual da CBI realizada na Cidade do Panamá em julho de 2012. Essa medida contava com o apoio, como patrocinadores, dos governos do Brasil, da Argentina, da África do Sul, e do Uruguai, mas novamente não foi aprovada[224].

O Brasil é membro do Grupo de Buenos Aires dentro da CBI, junto com outros oito países latino-americanos. Esse grupo apoia a criação do novo santuário, e no seu comunicado apresentado na reunião da CBI no Panamá eles confirmaram seu compromisso com a conservação de baleias e o fortalecimento da CBI, e se comprometeram a apoiar a observação de baleias de forma responsável. O grupo pediu o fim da captura de baleias para "fins científicos" e a caça "sob objeção", e também afirmou a sua firme oposição a qualquer recomeço do comércio internacional em produtos da baleia.

Para o Brasil, isto representa um afastamento radical da posição que o país manteve menos de uma geração antes, e constitui um epílogo apropriado e muito bem-vindo para este relato dos quase quatro séculos de caça de baleias neste país.

# *Notas*

## Capítulo 1

1. O estudo monumental de Myriam Ellis, *A baleia no Brasil colonial* (1969), é uma fonte chave para informações sobre o período colonial neste capítulo.
2. Foi comum neste período para os nomes destes baleeiros de Bilboa aparecer em várias formas. Um documento no Archivo Histórico Provincial de Cantabria (Prot. 1702, fol. 349-3S2r, ~1. González Echegaray, pp. 89-91) dá seus nomes como Julián Mixel e Pedro de Urrecho, e acrescenta o nome de Castro Urdiales como o terceiro dono do navio *Nuestra Se*ñora *de Bego*ña “ancorado no estuário e canal de Bilboa [pronto para sair] para a província de Brazil... [para] a pescaria de baleias”. Este documento é datado 28 de dezembro de 1602.
3. O mapa tem o título “A Baía de Todos os Santos”, e encontra-se dentro do *Livro que dá Razão do Estado do Brasil*, por Diogo de Campos Moreno, 1612-1613, Biblioteca Pública Municipal do Porto. Outro mapa mais tarde no século XVII da Baía de Todos os Santos por João Teixeira Albernaz chama o mesmo lugar como Ponta das Baleias. Ambos os mapas estão disponíveis no trabalho de Fabiana Comerlato, “História visual da pesca da baleia no Brasil”, Salvador: MAE/UFBA, 2009 (Material pedagógico). Disponível em: <http://www.ufrb.edu.br/reconcavoarqueologico/index.php/publicacoes/2--publicacoes-dos-integrantes?start=20>, acesso em: 22 jul 2014.
4. A pesar de ser uma explanação amplamente aceita, existe alguma controvérsia sobre se o óleo de baleia realmente foi utilizado na preparação de argamassa. Uma opinião favorece a ideia de que o óleo serviu para diminuir a poeira quando os pedreiros estavam trabalhando.
5. De acordo com Myriam Ellis, a palavra *armação* vem da frase “armar pesca, armar às baleias”. Com a passagem do tempo, esta palavra veio a significar o equipamento permanente de lugares para a caça de baleias e o transporte de produtos ao longo da costa, e mais tarde significava onde a *feitoria*, ou estação de baleia, estava estabelecida para caçar baleias e processar o óleo de baleia. Muitos lugares ao longo do Brasil moderno conservam a palavra *armação* no seu nome, mostrando que no passado se caçavam e processavam baleias nestes sítios.
6. Antigamente a Ilha de Itaparica era conhecida como Arraial da Ponta das Baleias.
7. Existe certa controvérsia quanto a isto: de acordo com Wellington Castellucci (2005), citando a obra de João Ubaldo Osório, *A Ilha de Itaparica: história e tradição* (1979), a primeira armação talvez fosse estabelecida na ilha em 1606. Num trabalho anterior, Ubaldo Osório (1953) escreve que pescadores locais em Itaparica começaram a caçar baleias em Porto da Cruz em 1622, com o primeiro *contrato das baleias* que pertencia a João Francisco de Oliveira. Este historiador acrescenta que Antônio da Silva Pimen-

tal assumiu esta armação em 1638, e que ela chegou a ser conhecida como a Armação do Pimental.

8. Um mapa do século XVII em exposição no Museu Náutico do Farol da Barra em Salvador mostra claramente a "Ponta do Manguinho" no nordeste da Ilha de Itaparica. O nome mais antigo para esta armação era São João de Manguinho, e hoje em dia este lugar se chama Manguinhos.
9. A armação de Itapuã foi construída relativamente tarde, entre 1754 e 1760, e fechou em 1767 devido ao mar bravo deste litoral. Em agosto de 1990 milhares de ossos de baleia foram vistos expostos na praia em Itapuã numa área de um quilômetro; os restos descartados depois de ser retirado o toucinho. Pertencente a um período anterior, um mapa do século XVII no Museu Náutico de Salvador mostra os nomes das armações ao longo da costa ao nordeste de Salvador como Armação de Coribata, Armação da Saraiva e Armação da Alagoa.
10. Frei Vicente do Salvador, *Historia do Brazil*, 1627. Livro quarto. Capítulo XL.
11. A *casa do contrato* teve este nome na Bahia por causa do contrato ou arrendamento para a concessão de caçar baleias.
12. A *feitoria* era uma armação em funcionamento estabelecida para a caça de baleias e a confecção de óleo de baleia, e consistia no *engenho de frigir*, a casa de tanques, armazenes, e outras dependências.
13. De acordo com a história de Santa Catarina de Oswaldo Rodrigues Cabral (1937) houve uma tentativa anterior para conseguir uma concessão para caçar baleias em Santa Catarina, feita por Manoel Rodrigo de Araújo em 1722, mas parece que esta solicitação ao Rey de Portugal não foi concedida. Cabral também escreve que o arrendamento outorgado a Tomé Gomes Moreira foi emitido em 1741 por oito anos, com a condição de que a atividade começasse no ano seguinte. A concessão foi renovada em 1750 por mais quatro anos. Em 1765, Pedro Quintela ganhou a concessão a favor da Companhia da Pesqueira das Baleias, que foi organizada para este propósito. Esse arrendamento era para um período de doze anos, e quando morreu em 1775 ele foi substituído pelo seu sobrinho Joaquim Pedro Quintela, que renovou a concessão por mais doze anos em 1777, até que a companhia foi liquidada em 1789.
14. Armando de Alcantara fornece uma descrição útil da caça na época colonial, neste caso desde a armação de Caravelas na Bahia. Caravelas é hoje um dos três lugares de partida para observação de baleias no arquipélago dos Abrolhos, e coanfitrião com Praia do Forte para o Projeto Baleia Jubarte. (Veja Alcantara, "A Pesca da Baleia", *O Estado de S. Paulo*, 3 de fevereiro de 1939).
15. Manuel Inácio da Cunha Menezes segurou o monopólio para iluminar as ruas de Salvador durante cinquenta anos, e em 1830 recebeu de Dom Pedro I o título de Visconde do Rio Vermelho. Ele governou a província da Bahia em três ocasiões, e foi dono de várias armações, incluindo Itapuã, Carimbamba (Pituba), Gregório, e outra na ilha de Itaparica. Hoje o Yacht Clube da Barra, Salvador, existe no sítio da armação Gregório. Pedaços de toucinho de baleias retalhadas eram levados até lá, perto do Forte de Santo Antônio da Barra. O Farol da Barra, que data de 1698, por muitos anos foi iluminado por óleo de baleia. (*Correio da Bahia*, 23 de dezembro de 2002).
16. Veja Robert Southey (1810): "A Companhia de Pesca de Baleias teve um estabelecimento em Itaparica, e prosseguiram suas operações sob um sistema desperdiçador e destrutivo. É bem sabido que a baleia distingue-se de todos os outros peixes pela afeição forte entre parente e sua prole [...] os arpoadores aproveitaram disto cruelmente: eles atacavam os filhotes sabendo que a mãe não abandonaria seu filhote de peito, e

desta maneira podiam pegar sua presa: mas por esta prática a proporção de fêmeas era continuamente reduzida [causando] a evidente diminuição da espécie. Massacravam os filhotes em mero desperdício, e os deixavam a flutuar nas águas; e o aproveitamento da baleia adulta foi efetuado tão imperfeitamente que poços foram literalmente formados do óleo que corria das carcaças, onde foram deixadas para putrefazer". (Vol. 3, Cap. XLIV, pags. 799-800). (tradução).

17. Veja *From a prison in Brazil-1774*, Chyet & Lothrop, 1979.
18. No ano de 1819, um relatório dos *Administradores da Real Pescaria das Baleias* para o Rei de Portugal reclamou da incursão de baleeiros americanos dentro das águas de Santa Catarina: "[...] no prezente anno de 1819 aparecerão vinte grandes Navios [...] os quais assustarão e afogentarão o peixe naquelas costas desde o mês de Junho até os fins de Setembro com desavergonamento, que à vista mesmo das Lanxas baleeiras de V. Majestade lançarão as suas ao Mar e se punhão a pescar; e por este modo perderão de todo a Real pesca de V. Majestade [...] Elles entravão todos os dias a refrescar em o porto de Sta. Catarina com tanto despejo, que dentro deste porto frigião o toicinho de Baleia que de fora levarão" (Ellis: 1969). Devem ter sido os vinte e dois baleeiros mencionados por Myriam Ellis que chegaram à ilha de Santa Catarina em 1819; quinze americanos e sete franceses.
19. Existem comentários interessantes sobre as conclusões de Townsend em Rhys Richards (2009) e Marcos César de Oliveira Santos et. al. (2010).
20. Outro estudo, da União Internacional para a Conservação da Natureza (IUCN), conclui com uma estimativa "conservadora" de que entre 1770 e 1900 aproximadamente 150 mil baleias-francas foram caçadas no hemisfério do sul, e que grande parte destas baleias teria sido capturada do estoque do oeste do Atlântico do Sul. (IUCN Red List of Threatened Species: 2012).
21. Veja Robert Southey (1810): "A pescaria baleeira em Santa Catarina tinha sido muito produtiva, mas havia declinado desde que os baleeiros ingleses e americanos frequentaram as Ilhas Falkland: de fato, a perseguição dessas criaturas imensas, mas inofensivas, tenha sido exercida por tanto tempo, e de uma maneira tão destrutiva, que agora baleias da mesma magnitude como antigamente são raramente ou nunca vistas". Vol. 3. Chap XLIV. p. 863. (tradução).
22. Cabral (1937) informa as seguintes datas para a venda das armações em Santa Catarina: Piedade e Lagoinha em 1831; Itapocoróia e o sucursal da Ilha da Graça em 1835; e Imbituba e Garopaba em 1829. A caça de baleias continuou de forma precária nesses locais até 1851.
23. Estrangeiros começavam a chegar ao Brasil em números maiores vindo de outros países depois de que Dom João VI decretou (por enquanto estava em Salvador fugindo da guerra peninsular) a abertura dos principais portos brasileiros às nações amigáveis.
24. Mawe, John *(1812)*. *Travels in the interior of Brazil.*
25. Wellington Castellucci (2009) observa que os baleeiros não cuidavam suficientemente das fêmeas e seus filhotes para assegurar a sobrevivência da espécie. Castellucci dá o exemplo dos baleeiros na Ilha de Itaparica em 1768 que capturaram 179 baleias, das quais 146 eram fêmeas e o resto filhotes. Os arpoadores em Santa Catarina ganhavam de acordo com o número de baleias capturadas, incluindo os filhotes. Não é de surpreender que os números diminuíssem, de maneira que em 1813 somente trinta e quatro baleias foram capturadas em Santa Catarina. Myriam Ellis (1969) estima que para cobrir as despesas era necessário matar sessenta a setenta baleias cada temporada.

26. Alfredo de Carvalho traduz os diários de Tollenare para o Português e os publicou em 1904 com o título *Notas dominicais, tomadas durante uma residência em Portugal e no Brasil nos annos de 1816, 1817 e 1818.*
27. Os baleeiros de Caravelas utilizaram palavras específicas para as baleias-jubarte que caçavam: "cacharrel" era um macho maduro; "madrijo" era uma fêmea acompanhada por um filhote; "seguilhote" era um macho ou fêmea madura ainda em fase de desmame; e "baleato" era um filhote.
28. Lodi (1994) relata a tentativa do Coronel Francisco José Martins de introduzir a caça de baleias no arquipélago de Fernando de Noronha em 1838. Certas fontes sugerem que capturaram sete baleias, a pesar da falta de equipamento apropriado e mão de obra treinada. Entusiasmado pelo sucesso, o coronel escreveu ao presidente da Província de Pernambuco para pedir dois barcos baleeiros, tachos e pipas para continuar com esta atividade. Porém, sua solicitação foi ignorada.
29. Açu da Torre, Mata de São João, está situada um pouco ao nordeste de Salvador, perto do lugar onde tem hoje o Instituto Baleia Jubarte em Praia do Forte; e Caravelas localiza-se no extremo sul do Estado. Estas são as ortografias modernas.
30. Furniss escreve que o nome em Latim é *Balaenoptera musculus*, que seria a baleia-azul, mas a descrição e as fotos que acompanham o texto mostram claramente que é um equívoco. A Bahia sempre foi o domínio da baleia-jubarte, embora (como afirma Furniss) a baleia-franca e o cachalote tenham sido vistos na Bahia, "mas o aparecimento delas é muito raro".
31. Um relatório publicado em vários jornais no ano de 1912 com o título de "Capturando baleias: Uma principal indústria do Brasil" inclui uma descrição semelhante: "Quando a baleia está morta um dos tripulantes tem o dever de mergulhar por baixo da carcaça e levar uma corda para amarrar a boca, caso contrário tanta água entraria que a baleia afundaria. Como isto normalmente acontece no mar e a baleia está sempre rodeada por tubarões vorazes, atraídos pelo sangue, a tarefa exige muita coragem e habilidade. Rebocam a baleia até a praia onde é retalhada, separando a gordura da carne e os ossos. Levam o toucinho até a fábrica de óleo, moqueam a carne, e deste modo é facilmente vendido na Bahia e no país" (tradução). (Veja, por exemplo, *The Advertiser*, Adelaide, 13 de junho de 1912).
32. O relatório de J. C. Oakenfull intitulado "Brazil in 1911" tem como base muitas informações do relatório de Furniss, mas acrescenta alguns detalhes novos: "Não existem equipamentos modernos para derreter ou refinar o óleo, e nenhum recurso para utilizar o entulho como adubo [...] Os salários são pequenos, mas para cada baleia o arpoador recebe £6 10s., o timoneiro £3.5s., e cada um dos outros 12s. 6d. O total de homens contratados chega a cerca de novecentos, e têm aproximadamente cinquenta barcos empregados no comércio, aqueles de Caravelas sendo de cerca de quinze toneladas de peso cada um. O rendimento no ano de 1903 era 30 mil libras" (tradução).
33. 22717 baleias-jubarte foram capturadas na Geórgia do Sul no período 1904 a 1915.
34. Paiva (1965) afirma que a última baleia capturada em Caravelas aconteceu em 28 de 1924. Liliane Lodi (1992) descreve as práticas de caça de baleias-jubarte nas seis armações em Caravelas, cinco na Praia da Barra e uma na ilha de Cassumba em Pontal do Sul. Lodi entrevistou um ex-baleeiro idoso que lembrou que a caça de baleias cessou lá em 1929.

## Capítulo 2

35. Rorqual: qualquer uma das várias baleias de barbatana da família *Balaenopteridae* que têm sulcos de pele longitudinais na garganta e uma barbatana dorsal pequena e pontiaguda. Elas têm a habilidade de se movimentar rapidamente na água e afundam quando arpoadas. Por essa razão não eram disponíveis aos baleeiros tradicionais em barcos abertos.
36. As baleias-francas foram capturadas na área geralmente conhecida como os "campos de La Plata" perto das costas do Brasil, do Uruguai e da Argentina, entre 25 e 45 graus sul, ao passo que os cachalotes foram caçados entre 10 e 45 graus sul e a alguma distância da costa.
37. Philson, Marianne. *The Duder Family in New Zealand*. Bush Press, Auckland, New Zealand. (1990)
38. Os outros dois filhos de George Harvey Duder não voltaram ao Brasil. John Edwin Duder (1875-1944) tornou-se segurador na empresa de Lloyds e Alexander Caetano Duder (1874-1898) morreu por enquanto trabalhava na Alemanha.
39. Em 1909 existia um total de treze armações na mesma área e elas capturaram um total de entre 300 e 400 baleias por ano, principalmente baleias-jubarte. (Veja Furniss: 1909).
40. George Harvey Duder ganhou, em 1882, um contrato para construir um "engenho central" em Nazaré, na província de Bahia, mas a iniciativa não prosperou.
41. "J. H. Duder" é o equivalente em Português de "G. H. Duder", com Jorge substituindo George.
42. Outro braço da família Duder, Edwin Duder (n. Kingskerswell, condado de Devon, 1822-1881), estabeleceu uma grande empresa de importação e exportação em Newfoundland. Essa companhia teve uma grande frota pesqueira de mais de cem navios e exportava peixe salgado ao Reino Unido, à Europa, às Antilhas e ao Brasil.
43. O *HELENA* ancorou no Cattewater, Plymouth, onde foi acompanhado por outro navio baleeiro, o *LOANDA* (100/1903) (Capitão Olsen) que pertencia à companhia norueguesa Haugesunds Hvalfangerselskap. Esse navio estava numa expedição baleeira desde Haugesund, na Noruega, até a África Ocidental. (*Western Morning News*, Plymouth, 19 April 1911.)
44. Lloyd, Reginald. *Impressões do Brasil no Século Vinte*. Lloyd's Greater Britain Publishing Company Limited, 1913.
45. O nome atual é Manguinhos (São João de Manguinhos). Tavares (1916) usa o nome mais antigo de Manguinho, tal como mapas antigos da Bahia. Por exemplo, um mapa do século XVII no Museu Náutico de Salvador dá o nome de "Ponta do Manguinho" a esse lugar na ilha de Itaparica.
46. Não foi a primeira vez que uma companhia baleeira norueguesa comprou um barco de arrasto a vapor construído em Hull. Em 1911, a companhia norueguesa A/S Bas adquiriu o barco de arrasto *PERICLES* (264 toneladas/1903), que foi rebatizado como *BAS* e convertido para caçar baleias jubarte na costa de Angola. Em 1923 sua companhia sucessora, a A/S Bas II, comprou o barco de arrasto a vapor *KAPDUEN* (ex-*VIOLA*: 167/1906) com o mesmo propósito. Parece que esses navios eram muito apropriados para a captura de baleias-jubarte e baleias-francas, mas não tanto para as rorquais rápidas.
47. *Lloyd's Weekly Shipping Index*.
48. Igor Morais, comunicação pessoal.

49. As *Discovery Investigations* eram uma série de investigações científicas para estudar a biologia das baleias no oceano do sul, com o propósito de ajudar no gerenciamento da indústria baleeira comercial na Antártica. As investigações continuaram até 1951, com o último relatório publicado em 1980.
50. Esses dados correspondem razoavelmente bem ao número de 14700 barris para 1911 e 1912 fornecido por Risting (1922). Os números de Risting não teriam incluído o número da produção exportada desde a municipalidade de Caravelas.
51. A caça de baleias com métodos tradicionais continuou em Caravelas até a década de 1920; veja Liliane Lodi (1992) e Paiva (1965).
52. Anon. *Correio da Bahia*, 23 de dezembro de 2002.
53. O *VIK* era equipado como uma fábrica de *skrott* (carcaças retalhadas de baleia) para que a companhia Bryde & Dahl pudesse atender à legislação introduzida pelo governo das Ilhas Falkland em 1910 que obrigava todas as companhias baleeiras com licenças para caçar baleias a realizar a utilização completa da carcaça.
54. O *FOGO* chegou à Bahia desde a Antártica via Montevidéu em 11 de maio de 1912 e o *MINERVA* (capitão Johansen) chegou da Noruega via Dartmouth, Las Palmas e Ilhas de Cabo Verde em 23 de junho de 1912. Ao terminar a temporada na Bahia, ambos os navios baleeiros viajaram para Montevidéu (a caminho de uma temporada baleeira na Antártica), onde o *MINERVA* chegou em 11 de setembro de 1912 e o *FOGO* em 24 de novembro de 1912. (*Lloyd's Weekly Shipping Index*)
55. *Lloyd's Weekly Shipping Index*.
56. *Sandefjords Blad*, 5 de dezembro de 1914.
57. Comunicação pessoal de Marian Fraser.
58. Correspondência Edward Wilson Duder, Thornhill, Ontario, Canada to Stuart Hugh Fraser, 28 de dezembro de 1966.
59. Correspondência pessoal com Marian Fraser.
60. Norsk Hvalfangst Tidende, 1917, página 125.
61. O maior número de baleias capturadas em uma só temporada na Geórgia do Sul foi em 1910/11, quando quatro estações terrestres, seis navios-fábricas flutuantes e dezenove navios-baleeiros capturaram 6197 baleias. A captura de baleias-jubarte em 1919/20 foi somente de 79 baleias.

## Capítulo 3

62. Julius von Söhsten, "The von Söhsten family" (tradução do texto): veja a seguinte nota de rodapé.
63. O manuscrito completo está escrito em inglês e tem o título "Genealogy and history of the Von Söhsten, Marques da Costa Soares, and van de Kasteele families, and collaterals", e foi transcrito no Brasil por Gustavus Henricus von Söhsten, quem generosamente forneceu uma cópia para os autores. Esse texto foi motivado por um "ensaio" escrito por C. L. Van Balen, "Essay of a genealogy and history of the family Von Söhsten with a list of families whom the von Söhstens are related to, and notes about the genealogy and history of the families, Marques da Costa Soares and van de Kasteele", escrito nos anos 1929 e 1930 em A Haia. Julius von Söhsten aproveitou esse estudo como base, acrescentando ao texto e corrigindo "algumas informações nos dados fornecidas pelo autor". Julius não dá nenhuma data para esse manuscrito, mas provavelmente foi redigido em 1931.

64. Julius von Söhsten, "The von Söhsten family".
65. Julius von Söhsten, "The von Söhsten family".
66. Veja *The London Gazette*, 30 June 1896. "Notice is hereby given that the Partnership heretofore existing between us the undersigned William Blackburn and Julius von Söhsten carrying on business as Merchants at Liverpool under the name of William Blackburn and at Pernambuco in the Republic of Brazil formerly under the name of Blackburn Needham and Co. and more recently under the name of Blackburn and Co. has been dissolved by mutual consent as from the sixth day of June 1896. Dated the sixth day of June 1896. WM. BLACKBURN. JULIUS VON SÖHSTEN."
67. O Presidente do Brasil assinou decretos, em 17 de janeiro de 1901, incluindo a nomeação de "Sr. J. von Sohsten" como "cônsul de Hollanda" em Pernambuco, como informado no *O Estado de S. Paulo*, 19 de janeiro 1901.
68. Filiais da Casa Julius von Söhsten foram abertas em João Pessoa (dezembro de 1908, mas encerrou-se em julho de 1909); em Maceió (1915) e no Rio de Janeiro (1920).
69. O termo "Governador de Estado" somente foi introduzido no Brasil a partir de 1947.
70. Veja o *Diário Oficial da União*, de 29 de maio de 1910, página 3648: "Confirmando meu telegramma do 21 do corrente, declaro-vos, para os fins convenientes, que o Sr. Ministro, attendendo ao que solicitou o governo desse Estado em telegramma de 18 de abril próximo findo, resolveu, por acto de 14 deste mez, autorizar o despacho, livre de direitos, de um vapor de pesca e respectivos accessorios, importado por Julius von Sohsten, contractante do serviço de pesca a vapor, nesse mesmo Estado".
71. Base de dados do Museu de Aberdeen, Escócia.
72. Veja o *Diário Oficial da União*, de 4 de janeiro de 1913 (secção 1, página 36). Amarração é um porto no Estado de Piauí e foi rebatizado como Luis Correia em 1935.
73. *Diário Oficial da União*, 18 de março de 1915 (página 2951).
74. Kishiwada (2004) informa que Julius von Söhsten juntou forças com Mendes, Lima & Cia e com Einar Svendsen, cônsul da Noruega em Pernambuco, na fundação da Companhia de Pesca. Essa é a única fonte que menciona esse fato, e resultou ser impossível verificar tal afirmação. Porém, sabemos que Svendsen não tinha ações na companhia quando ela foi estabelecida. Einar Svendsen aparece em documentos oficiais como responsável pelo consulado norueguês momentaneamente em João Pessoa em 1918 e como vice-cônsul a partir de 1928, o que evidencia a existência de uma ligação entre ele e o Estado da Paraíba. Mais tarde, ele tornou-se famoso por ter um teatro de fantoches e vários cinemas em João Pessoa.
75. Veja: <http://www2.camara.leg.br/legin/fed/decret/1910-1919/decreto-8841-26--julho-1911-505447-estatuto-pe.pdf>, acesso em: 22 jul 2014.
76. A marca comercial de Mendes Lima era tão forte que Manuel Baptista da Silva, um imigrante de Portugal, acrescentou Mendes ao seu nome, para fins comerciais, tornando-se Manuel *Mendes* Baptista da Silva. Ele era o maior acionista na firma a partir de 1923, e em 1942 fundou o Banco Nacional do Norte S. A., que ainda existe hoje.
77. Várias fontes dizem que von Söhsten viajou à Holanda em 1911 e não mencionam a Noruega. Por exemplo, Cavalcante & Rabay (2010: 72-73) relatam que ele voltou ao seu país nativo "de onde trouxe um barco à vela, de razoáveis dimensões, escaleres, arpões manuais e dois açoreanos conhecedores das técnicas de caça [de baleias]".
78. Lars Klaveness também se tornou o agente norueguês para a Compañia Argentina de Pesca S. A., Buenos Aires, em 1912; a companhia pioneira de caça de baleias do oceano austral com uma estação em terra em Grytviken, Geórgia do Sul.

79. Tønnessen, Joh. N., *Den Moderne Hvalfangsts Historie*, Bind 2 (1967), página 428. Os descendentes de Ellefesen não podiam confirmar se Anders Ellefsen realmente participou dessa expedição. Em 18 de maio de 1912, a firma Thor Dahl de Sandefjord facturou Anders Ellefsen, gerente baleeiro do barco *Pernambuco* que se encontrava em Husø, Tønsberg, por 15470,97 kroners de bens e matérias. Bogen, Hans, *Firma Thor Dahl, Sandefjord, 1887-1937* (1937), p. 83.
80. A probabilidade é que o *PERNAMBUCO* tenha chegado a Cabedelo em uma data anterior e isso não tenha sido reportado.
81. *Lloyd's Weekly Shipping Index*.
82. O *DANTAS BARRETO* (N. J. Jørgensen capitão) chegou a New Island, nas Ilhas West Falkland, desde Montevidéu em 25 de novembro de 1913 e zarpou de New Island em 28 de novembro para Port Foster, Ilha Deception, Ilhas South Shetland. Na sua viagem de volta, no fim da temporada de caça de baleias, ele chegou a Port Stanley, Ilhas Falklands, desde Port Foster em companhia do navio-fábrica *HVALEN* e dois barcos baleeiros *FOGO* (Capitão Larsen) e *MINERVA*, em 5 de abril de 1914, e navegou para Montevidéu em 6 de abril. (Registros dos Harbour Masters, Governo das Ilhas Falkland).
83. A companhia Bugge de Tønsberg adquiriu a empresa baleeira A/S Hvalen, junto com as baleeiras *FOGO* e *MINERVA* de Lars Christensen na primavera de 1914.
84. O *DANTAS BARRETO* (Capitão Christoffersen) chegou a Port Stanley com o navio--fábrica *HVALEN* e os navios baleeiros *FOGO* (Capitão Larsen) e *MINERVA* em 20 de novembro de 1914 e zarpou para as Ilhas South Shetland em 21 de novembro. Ao terminar a temporada de caça de baleias, o *DANTAS BARRETO* chegou a Port Stanley nas Ilhas Falkland em 2 de abril de 1915 e zarpou em 3 de abril para Montevidéu. O governo das Ilhas Falkland informou que ele estava registrado na Noruega e hasteando a bandeira norueguesa. (Registros dos Harbour Masters, Governo das Ilhas Falkland).
85. Risting (1922) informa que a estação em terra em Costinha data de 1914. O Presidente da Paraíba reportou na sua mensagem à Assembleia Legislativa da Paraíba em 1 de setembro de 1913 que a indústria da pesca "começou entre nós sob os melhores auspícios, tendo a Empresa de Pesca Norte do Brazil no seu primeiro anno de existencia, operado com três barcos adequados à pesca da baleia; e sabe-se que os mares da Parayba offereceram melhores vantagens que outros. A Companhia vai estabelecer a sua fabrica em Cabedello".
86. O *PERNAMBUCO* zarpou de Santos em 6 de junho de 1918 e chegou a New York em 19 de setembro. (*Lloyd's Weekly Shipping Index*)
87. Capitão Andersen substituiu Capitão Larsen, quem tinha sido a capitão e arpoador do *FOGO* para a temporada Antártica 1913/1914 em Montevidéu. Albert Andersen (Hopøen) (n. 1890) chegou a ser o arpoador e gerente baleeiro em 1925 do navio-fábrica *LANCING* (Melsom & Melsom, Larvik) que em 1925 era o primeiro navio-fábrica a ser equipado com uma rampa na popa, o que permitiu que as baleias pudessem ser arrastadas até o convés para processamento. Mais tarde ele se tornou capitão e gerente baleeiro de navios-fábrica pertencentes a Chr. Nielsen & Company, Larvik e A/S Thor Dahl, Sandefjord. Veja *Norges Skibsførere: 1933-35* publicado em 1935, p. 56.
88. O *FOGO* voltou a Montevidéu em 2 de novembro de 1914. Em 21 de novembro, foi reportado que o mesmo tinha chegado a Port Stanley, nas Ilhas Falkland, antes de partir para uma nova temporada baleeira nas águas Antárticas. *Lloyd's Weekly Shipping Index*.
89. *Lloyd's Weekly Shipping Index*.

90. Em 1914, a Noruega teve quatro concessões na Geórgia do Sul, nove nas Ilhas South Shetland e Graham's Land, e duas nas Ilhas South Orkney, onde empregou grandes números de homens. Em 1916, os britânicos impuseram uma proibição para óleo de baleia procedente das Ilhas Falkland e suas dependências.
91. A Diretoria do Serviço de Inspecção e Fomento Agrícolas publicou estatísticas para a produção de adubos no Brasil no *Diário Oficial da União* em 4 de junho de 1926 (páginas 11316-17). Uma das fábricas listadas pertence à Companhia de Pesca Norte do Brasil e registrava uma produção de farinha de peixe e de ossos de 20 mil quilos tanto em 1923 como em 1924, e 37 mil quilos em 1925. Uma anotação agrega que em 1922 essa companhia exportou seis toneladas desse adubo.
92. Existe uma fotografia montada no corredor do Arquivo Público, no Recife, que mostra a tripulação do *DANTAS BARRETO* sentada em um lado do convés e um arpoador no fundo. A legenda diz: "1925. A tripulação do antigo baleeiro comandado na época pelo norueguês Jensen".
93. Existe uma indicação no monitoramento recente por satélite de baleias-jubarte de que uma boa proporção do estoque brasileiro passa o verão austral na região do arquipélago das Ilhas South Sandwich, ao leste de Geórgia do Sul. Essa área não era trabalhada severamente até a chegada dos navios-fábrica pelágicos no período de 1925 a 1931, embora as evidências estatísticas sugerem que mesmo nesse período baleias-azuis e baleias-fin, e não as baleias-jubarte, compuseram a maior parte da captura.
94. Esse movimento de baleias-jubarte do Nordeste do Brasil para o arquipélago das Ilhas South Sandwich verificou-se recentemente através de monitoramento por satélite, (veja Zerbini et. al. 2006: *Satellite monitored movements of humpback whales in the South-west Atlantic Ocean)*.
95. O *DANTAS BARRETO* continuou na atividade baleeira com a Companhia até 1947 e depois atuou como uma baleeira de reserva e barco-reboque para levar baleias à estação baleeira, até ser desmanchado na Paraíba em torno de 1955. Os vestígios enferrujados de parte da proa e do perfil do convés do *DANTAS BARRETO* ainda são visíveis na praia perto de Costinha, do outro lado do molhe da estação que ainda está em pé.
96. Veja nota de rodapé nº 63.

## Capítulo 4

97. *Diário Oficial da União*, 14 de julho de 1918, página 9320.
98. As *usinas* de Perseverança, Trapiche e Ubaquinha; e os *engenhos* de Camaragibe, Jaciru, Cachoeira Nova, Cachoeira Velha, Anjo, Palma, Ubaca, Ubaquinha, Xanguá, Sapucaia, Sibiró do Cavalcanti, Porto Alegre, Gingaí (ou Gindahi/Serinhaem), Catende, Jacaré/Goiana, Laje Nova/Palmares, Santana, Mangueira/Água Preta, Serinhaem (mais tarde Todos os Santos), São Bras Coimbero/Cabo de Santo Agostinho, São Domingos/Barreiros, Fluminense, Rosário, Canto Escuro, Trapiche e Machado.
99. *Diário Oficial da União*, 18 de março de 1939, página 6173.
100. *Lloyd's Register of Shipping*.
101. Entrevista com Severino Freyre em julho de 2012.
102. Carta de Masahiro Saito a Ian Hart 27 de março de 1978, citando o tripulante Juvêncio Coelho de Carvalho.
103. A União da África do Sul, os Estados Unidos, a República Argentina, Austrália, Alemanha, o Reino Unido, Irlanda, Nova Zelândia, e Noruega.

104. Não existem relatórios disponíveis para o período 1929 a 1946. Toledo (2009) informa que 1296 baleias foram capturadas no período até 1928, todas baleias-jubarte.
105. O *DANTAS BARRETO* talvez permaneceu em serviço depois de 1947. Guilherme Rabay lembrou que foi empregado como um rebocador para trazer baleias de volta à estação, (entrevista com os autores de 11 de setembro de 2012).
106. *Diário Oficial da União*, 23 de agosto de 1948, página 12199.
107. O *BELMONTE* foi vendido por volta de 1961 para um estaleiro desmantelador de barcos em Pina, Recife.
108. Veja *Antarctic Magistrate: A life through the lens of a camera*, Ian Hart (Pequena, 2009).
109. O *CABO BRANCO* foi vendido por volta de 1961 às Irmãos Kosinsky (ou Kosisky) no Rio de Janeiro, onde operou (sem sucesso) na pesca de atum, antes de ser vendido para sucata por volta de 1965 no Rio de Janeiro. (Entrevista com Dr. Guilherme Rabay, 11 de setembro de 2012).
110. As baleias-jubarte haviam sido protegidas nas águas antárticas desde 1938. Talvez isto permitiu que o estoque brasileiro recuperasse, e possibilitou a captura de pequenos números em Costinha cada ano.
111. *Diário Oficial da União*, 30 de maio de 1951.
112. Há relatos mostrando que Haakonsen continuou como artilheiro no *CABO BRANCO* até 1956, quando provavelmente faleceu naquele ano.
113. Wellington Castellucci (2005) reproduz várias das fotos nas páginas 156-57, fotos que apareceram na revista *O Cruzeiro*, Rio de Janeiro, nº 45, de 25 de agosto de 1951, páginas 80-84. Um exemplar desta revista pode ser consultado no Setor de Revistas Raras da Biblioteca Pública da Bahia em Salvador.
114. *O Semanário*, Rio de Janeiro, 24-31 de julho de 1958, página 9.

## Capítulo 5

115. Um painel informativo no museu afirma que o barracão de processamento estava em uso contínuo até 1967, embora sabemos que a última baleia capturada em Imbituba foi alguns anos mais tarde, em 1973. A exposição está instalada no Barracão Manoel Rosa, como homenagem a um dos últimos baleeiros a trabalhar em Imbituba, e um grande promotor da história da caça de baleias naquela região e da conservação de baleias. Não é o primeiro museu baleeiro que funcionou em Imbituba. Palazzo & Carter (1983) relatam que um pequeno museu existiu até 1981, apoiado por uma firma particular em Joinville, Santa Catarina, a qual ordenou a sua destruição. Essa companhia bem poderia ter sido um cliente para o óleo de baleia.
116. Vice-Almirante Câmara era na época também Presidente da Fundação Brasileira para a Conservação da Natureza, e o apoio financeiro para a pesquisa veio de Dr. Francisco J. Palácio da Universidade de Miami.
117. A caça de baleias intensiva empregando métodos modernos na parte ocidental da Atlântica do Sul no início do século XX prejudicou seriamente a recuperação do estoque de baleias-francas-austrais. Aproximadamente 636 baleias foram capturadas na Geórgia do Sul, nas Ilhas Orkney do Sul, nas Ilhas Falkland, e na área do Estreito de Magalhães entre 1907 e 1918 (Risting: 1922). Houve outras capturas, de vinte e duas baleias-francas-austrais caçadas no sudoeste da Atlântica e na Patagônia pelo navio-fábrica norueguês *LANCING* entre 1925 e 1928; três pelo navio-fábrica argentino

*ERNESTO TORNQUIST* em 1927-1928; e duas por estações terrestres na Geórgia do Sul entre 1933 e 1940.

118. O Decreto nº 16184 de 25 de outubro de 1923, publicado no *Diário Oficial da União* em 28 de outubro de 1923, páginas 28248-56. A prática de caça de baleias tem menção específica na Seção II "Peixes Especiais", Capítulo V "Da pesca de baleias".

119. O Decreto nº 23672 de 2 de janeiro de 1934 publicado no *Diário Oficial da União*, 15 de janeiro de 1934, Seção 1, Artigos 94-105, página 871.

120. O *Diário Oficial da União*, 8 de novembro de 1938, página 22107.

121. Estamos agradecidos a Giuliano Albuquerque de Medeiros que realizou uma entrevista muito profissional com esse pescador baleeiro a pedido dos autores em 10 de novembro de 2012. Outra entrevista que vale a pena ler foi feita pelo *O Estado de S. Paulo* com um baleeiro antigo chamado Cedolino Alexandre Matos, e foi publicada por esse jornal em 3 de novembro de 2003.

122. Os extratos vêm de uma entrevista feita com Pires por Manoel de Oliveira Martins e publicada no seu livro *Imbituba: História e Desenvolvimento*, Editora do autor, 1978. José Herculano Pires faleceu em 1981.

123. Relatórios enviados à Comissão Baleeira Internacional na época demonstram que em 1953 a produção de óleo de cada baleia capturada foi 31, 40, 35, 30 e 66 barris, e em 1955 foi 28, 35, 32, 33, 32, 30 e 40 barris. Estes números sugerem que as baleias eram da espécie baleia-franca-austral.

124. Parece que o motor do *FORMIGA* esteve em exposição no passado, no museu em Imbituba, embora visitantes recentes não lembrem de havê-lo visto lá. Informações contidas num painel original do museu afirmam que o motor era um Bolinder suíço de três cilindros, e que o *FORMIGA* foi retirado de serviço até o fim da década de 1950, que parece pouco provável.

125. Também tem um guincho no museu que era utilizado para arrastar a baleia morta para dentro do barracão. O guincho era movido a vapor, e foi trazido do Rio de Janeiro na década de 1950.

126. Relatórios da Comissão Baleeira Internacional relatam o seguinte: 1949: quatro baleias caçadas (duas baleias-fin e duas baleias-jubarte, que de fato podiam ter sido baleias-francas); 1950: seis baleias (sem especificar); 1952: cinco baleias (quatro baleias-espadarte e uma baleia-jubarte, embora isso parece questionável); 1953: cinco baleias (todas baleias-francas-austrais); 1955: sete baleias (três baleias-jubarte, duas espadartes, e duas baleias-minke — embora isso também é questionável); e 1957: oito baleias (sem especificar). A Sociedade Indústria Produtos de Pesca raramente apresentou relatórios à Comissão.

127. As capturas clandestinas realizadas por baleeiros brasileiros não alcançaram nem de perto o esbanjamento da frota baleeira pelágica soviética. Sabemos agora que no período entre 1951 e 1971 a frota antártica soviética de quatro navios-fábrica (*SLAVA*, *YURI DOLGORUKIY*, *SOVIETSKAYA UKRAINA* e *SOVIETSKAYA ROSSIA*) acompanhada por uma frota de oitenta ou mais navios baleeiros capturaram ilegalmente 3368 baleias-francas-austrais nas águas do hemisfério do sul, das quais somente quatro foram reportadas à Comissão Baleeira Internacional. Dentre esses números têm grandes capturas na Atlântica do Sul ocidental que sem dúvida contribuíram à diminuição do estoque brasileiro, (CBI: 2012). Em 1961/1962 essa frota matou 1314 baleias-francas-austrais na costa argentina na Patagônia, (veja Berzin: 2008, *The Truth About Soviet Whaling: A Memoir*, Marine Fisheries Review, vol. 70, nº 2, 2008). Apesar dessas grandes capturas soviéticas, a população de baleias-francas na Argentina vem se

recuperando, e hoje está crescendo a uma taxa de 7% ao ano. Presume-se que um ramo dessa população está agora colonizando de novo as águas de Santa Catarina.

128. José Truda Palazzo Jr. entrevistou por telefone Arlindo Costa da Companhia Pesqueira da Costa em setembro de 1982. Arlindo Costa afirmou que sua companhia havia caçado baleias no período de 1950 a 1962, e que em torno de vinte baleias por ano foram capturadas na região de Imbituba naqueles anos.
129. Machado (2007) diz que a família Pitigliani, de origem italiana, foi uma das últimas a caçar baleias, e que eles tinham um barracão na margem da praia em Imbituba. Algumas fontes soletram o sobrenome como Pittigliani. Palazzo & Carter (1983) citam Manuel de Oliveira Martins, autor do livro *Imbituba*, no qual ele afirma que um homem chamado Aldo Pitigliani era dono de uma companhia pesqueira localizada ao lado da Sociedade Indústria de Produtos de Pesca.

## Capítulo 6

130. A primeira companhia baleeira moderna no Japão, Nihon Enyo Gyogyo K.K., foi fundada em 1899 com o apoio de expertise norueguesa. Essa empresa caçou sua primeira baleia em 4 de fevereiro de 1900 com um artilheiro norueguês (Morten Pedersen) no timão do *CHOSHU MARU Nº1* (122 toneladas/1899), um navio baleeiro construído no Japão.
131. Informações sobre a história da imigração japonesa no Brasil estão disponíveis no site do Consulado Geral do Japão em São Paulo, <http://www.sp.br.emb-japan.go.jp/pt/comunidade/historico.htm>, acesso em: 22 jul 2014.
132. "Os resíduos eram descartados, a céu aberto, em terreno existente na parte posterior dos galpões industriais, sem qualquer análise da possibilidade de aproveitamento comercial." (Kishiwada: 2004).
133. O *Diário Oficial da União* reportou em 2 de agosto de 1962 as estatísticas oficiais sobre o Estado da Paraíba que decorreram do acordo combinado entre o governo federal, a Organização Mundial da Saúde, e UNICEF, que mostraram que a expectativa de vida para pessoas morando na Paraíba era somente quarenta e dois anos; que a mortalidade infantil era entre duzentas e quatrocentas mortes para cada mil nascidos vivos (dependendo do município); e que existia um estado geral de malnutrição, comum também em outras partes do Nordeste.
134. Esse texto comprido publicado no *Diário Oficial da União* (12 de janeiro de 1962) e escrito por Célio Lyra, Diretor Executiva do CODEPE, leva o título de "Exposição de Motivos". Com data de 5 de janeiro de 1962, o texto é dirigido ao Presidente do Conselho de Ministros, que havia solicitado até 9 de janeiro as opiniões do CODEPE sobre "os critérios gerais a serem observados pela nacionalização das tripulações e dos barcos estrangeiros autorizados excepcionalmente a operar com base no Brasil". Disponível em: <http://www.jusbrasil.com/diarios/2634724/pg-15-secao-1-diario-oficial-da-uniao-dou-de-12-01-1962/pdfView>. Acesso em: 22 jul. 2014.
135. Veja Luiz Wilson (na época um deputado estadual em Pernambuco) "Japoneses do Nippon Reizo destruíram a pesca dos Brasileiros", publicado no *O Semanário*, Rio de Janeiro, 10-17 de agosto de 1961. Luiz Wilson alegou que a maior acionista no INBRAPE fosse Maria Sofia Bezerra Satu, esposa do representante no Brasil de Nippon Reizo, Takeo Satu.

136. Ivaldo Falconi do jornal *Correio da Paraíba* de João Pessoa, escrevendo no *O Semanário* do Rio de Janeiro, 24 a 31 de julho de 1958, página 9.
137. Luiz Wilson (veja nota de rodapé acima) alegou que os acionistas da INBRAPE eram Maria Sofia Bezerra Satu, esposa de Takeo Satu (6080 ações); Nippon Reizo K. K., representada pela Corporação *AKAGI MARU*, (6 mil ações); e Fabio Julio Nunes Gonçalves, (830 ações).
138. João Silveira, jornalista do *Jornal do Comércio* no Recife, "Gatunagem do Truste Nippon Reizo", publicado no *O Semanário* 18-25 de dezembro de 1958.
139. Correspondência de Masahiro Saito a Ian Hart de 27 de março de 1978.
140. Lucena tornou-se um município autônomo em 1961, quando o município anterior de Santa Rita (que havia englobado Costinha) foi fragmentado.
141. Somente uma baleia-azul, uma espécie rara nas águas do Nordeste do Brasil, foi capturada nesse período. Sr. Juarez, um operário antigo que começou a trabalhar na estação de Costinha aos onze anos em 1954, e foi contratado em forma permanente a partir de 1958, lembrou esse evento numa entrevista. A baleia media 27,3 metros e pesava em torno de 28 toneladas. Produziu 500 quilos de óleo e dezesseis toneladas de carne.

## Capítulo 7

142. Veja o texto dessa concessão publicado no *Diário Oficial da União*, 26 de junho 1959, seção 1, parte 1, páginas 14724-25. Talvez existisse outro contrato anterior: o relatório do CODEPE de 1962, publicado no *Diário Oficial da União* em 12 de janeiro de 1962, refere-se a um contrato assinado entre a Taiyo Fishery e a Divisão de Caça de Pesca em 22 de abril de 1957, que outorga uma concessão de pesca em parceria com a firma Pescados Oceanos. As cláusulas resumidas nesse relatório são as mesmas que os termos publicados no texto posterior de 1959.
143. De acordo com Artigo 354 do decreto-lei nº 5452 de 1 de maio de 1943, Consolidação das Leis do Trabalho.
144. Veja o texto da concessão no *Diário Oficial da União*, 20 de junho de 1960, seção 1, parte 1, página 9291.
145. A autorização presidencial na Exposição de Motivos do Ministério de Agricultura nº 179 de 1 de abril de 1960.
146. Relatos em jornais posteriores sugerem que esse navio de transporte era o *KOSEI MARU*.
147. Veja Watase, Satao, "A pesca da baleia no Brasil". *Boletim Geográfico*, Rio de Janeiro, Brazil, 28(212), 1969.
148. De fato, o questionário foi distribuído no Recife e em João Pessoa, e isso sugere que a Nippon Reizo na Paraíba ajudou em levar a cabo a pesquisa. Na realidade, os resultados não foram tão animadores, mas, apesar desse reverso, a Taiyo resolveu seguir com seus investimentos em Cabo Frio.
149. *Folha de S.Paulo*, 3 de julho de 1960 (página 3) & 7 de julho (página 12).
150. *Folha de S.Paulo*, 19 de julho de 1960 (primeira página), "Costa brasileira tem baleia de cem toneladas".
151. Última Hora, 18 de setembro de 1961.
152. Última Hora, 4 de julho de 1962.

153. Contudo, parece que as relações trabalhistas em Cabo Frio começaram bem no início; *O Estado de S. Paulo* observou em 12 de julho de 1960 que existia um "ambiente de camaradagem," e que: "Desde o início das operações de pesca de baleia, estão vivendo em perfeita comunhão os funcionários japoneses e brasileiros da Taiyo".
154. Dr. Alexandre N. Zerbini, National Marine Mammal Laboratory, Alaska Fisheries Science Center. Comunicação pessoal.
155. O decreto federal nº 60442 de 13 de março de 1967 identificou os barcos de arrasto como: *AKASHI MARU Nº 33, AKASHI MARU Nº 35, TOKAI MARU Nº 15, KOSEI MARU (178/1950), SANTOS MARU Nº 3 (103/1959), AKASHI MARU Nº 5,* e *AKASHI MARU Nº 6, AZUMA MARU Nº15 (356/1953), KOSEI MARU Nº15* e *TOKAI MARU Nº35.*
156. Em 1976 um navio-fábrica japonês operou no Pacífico do Norte com nove navios baleeiros, e em 1976/1977 dois navios-fábrica japoneses trabalharam com dezoito navios baleeiros na Antártica.

## CAPÍTULO 8

157. Veja: <http://luna.pos.to/whale/gen_coast.html>, acesso em: 22 jul 2014.
158. O governo do Brasil retirou seu apoio à CBI por meio de uma nota da Embaixada Brasileira em Washington ao Departamento de Estado dos Estados Unidos, alegando que não havia mais interesse em participar do acordo internacional, com efeito a partir de 30 de junho de 1966. O Brasil não havia designado um membro à Comissão desde 1950, a pesar de ter aprovado o texto da convenção em 9 de março de 1950 (decreto legislativo nº 14), depositando sua ratificação em 9 de maio de 1950, e promulgado por Decreto nº 28524 de 18 de agosto de 1950.
159. A escala dessa matança de mais de 48 mil baleias-jubarte somente foi revelada pela comunidade científica russa em 2008. Veja Berzin, Alfred A., "The Truth About Soviet Whaling: A Memoir" em *Marine Fisheries Review*, vol. 70, nº 2, 2008.
160. Numa reportagem intitulada "Dedos de ouro: O matador de baleias se despede do Brasil" publicada pela revista *Veja* em 24 de dezembro de 1980, quando parecia que a caça de baleias no Brasil logo cessaria, o jornalista reportou que Sakaguchi raramente errou o alvo — a última vez que errou foi em 22 de setembro de 1977. O vice-presidente da COPESBRA, Issao Ishigami, considerou que ele era um empregado exemplar; não fumava nem bebia, e sempre chegava no Brasil desde o Japão bem antes da temporada para revisar seu equipamento de arpão. O jornalista acrescentou que ninguém havia descoberto se Sakaguchi havia aprendido algum português. Um tripulante no *CABO BRANCO* recentemente havia ouvido por acaso ele pronunciar a palavra "Boa!" depois de arpoar uma baleia, mas quando lhe pediu que repetisse, não obteve nenhuma resposta. A *Veja* afirmou que ele era pago em dólares, e que isso era um dos mais bem guardados segredos da empresa. O jornalista fez esse retrato de Sakaguchi a bordo do navio: "Sakaguchi passa horas seguidas imóvel, óculos escuros para evitar que o brilho do sol sobre a água lhe estrague os olhos. A um movimento seu, porém, toda a tripulação se mobiliza. Sakaguchi distingue-se até pela roupa, que jamais trocou na frente de um colega: ao invés da jaqueta e calças cinzas da tripulação, veste-se de marrom, privilégio que divide com o comandante". Quando saiu do Brasil sua conta havia chegado a quase 40 mil baleias capturadas, 11600 das quais no Brasil em dez sucessivas temporadas. *Veja*, 24 de dezembro de 1980, página 43.

161. Amaral Netto começou como repórter na TV Tupí em maio de 1968, mas transferiu-se à rede Globo em dezembro do mesmo ano, com uma série documentária que terminou em 1983. Como complemento ao programa sobre as baleias em Costinha (e outros tópicos) lançaram uma revista com o mesmo nome da série — *Amaral Netto: O Repórter*, nº 1 "A baleia negra" – publicada pela Editora Plantel, Rio de Janeiro. A revista não tem data, mas parece que é do ano 1969.
162. Paiva M. P. & B. F. Grangeiro reportaram que em 1967, oito baleias-jubarte machos e cinco fêmeas foram levadas a Costinha, (veja "Investigations on the Whaling Seasons 1964-1967 off the northeastern coast of Brazil" em *Arq. Ciên Mar*, 10 (2): 111-126, dezembro de 1970). Williamson não incluiu essa captura no seu relatório intitulado *Minke Whales off Brazil* (1975). O Brasil cumpriu com a proibição global da caça de baleias-azuis em qualquer estado de evolução e em qualquer área das águas territoriais brasileiras. A baleia-azul é muito rara na costa do Brasil e somente capturaram três no período de 1912 a 1985.
163. A Corporação Nichirei anunciou em 1969 que emprestaria 55600 dólares à COPESBRA para fundar esse negócio para serem reembolsados em dois anos.
164. Decreto legislativo nº 77 de 5 de dezembro de 1973.
165. O Brasil nunca nomeou um comissário para a CBI até 1973. Ocasionalmente compareceram representantes do Brasil: em 1952, um "observador" no Comitê Científico; em 1953, dois representantes; em 1957, um representante nos Comitês Científico e Técnico, (informações de relatórios anuais da CBI).
166. Os primeiros relatórios sobre a captura de baleias-minke referem-se às expedições SLAVA da União Soviética em 1951, 1955, 1956 e 1958, nas quais caçaram, respectivamente, quatro, trinta e dois, quarenta e cinco, e dez baleias. A primeira grande captura foi de 579 baleias-minke caçadas pela expedição *NISSHIN MARU Nº3* em 1967, seguida pelas expedições japonesas *JINYO MARU* (3 mil capturadas em 1971) e *CHIYO MARU* (2092 capturadas em 1972), a soviética *SOVIETSKAYA ROSSIA* (3 mil capturadas em 1972), e novamente a *CHIYO MARU* (2900 capturadas em 1973, e 2350 em 1974).
167. Na reunião anual da CBI de 1975, o Brasil recebeu uma cota de 642 baleias-minke, comparada com 3017 tanto para o Japão como para a União Soviética. A COPESBRA alegou que houve discriminação contra o Brasil e decidiu unilateralmente capturar mais baleias-minke — 1039 naquele ano.
168. Todas as citações do relatório de Gordon Williamson aparecem aqui em tradução ao português.
169. A *Folha de S.Paulo*, 26 de dezembro de 1975, página 13. Essa reportagem também afirma que a produção em 1975 incluía 900 toneladas (5400 barris) de óleo (enviadas ao sul do Brasil); 170 toneladas de carne fresca; 1200 toneladas de charque (consumido principalmente na Bahia); 1300 toneladas de farinha de carne (enviada a Pernambuco para alimentação de galinhas); 180 toneladas de farinha de osso (principalmente como adubo para as plantações de pimenta no Estado de Pará); e barbatanas (exportadas a França).
170. Veja Kishiwada: 2004.
171. Para maiores detalhes sobre as carnes congeladas industrializadas pela COPESBRA e exportadas ao Japão veja Toledo: 2009, numa descrição baseada em dados fornecidos pela COPESBRA em 1977, do qual o seguinte é um breve resumo: *Unesu* é o toucinho com carne tirada do papo — filés obtidos de secções de pele com sulcos ventrais longitudinais, considerado uma iguaria na culinária japonesa, que a empresa empacotou

a vácuo com uma fatia por envelope. *Kanoko* é um filé de carne gorda tirada da cabeça. *Akaniku* é uma iguaria muito cobiçada no Japão, mas nessa época também era consumida como carne fresca ou transformada em charque ou carne de sol para consumo no Nordeste do Brasil. Extraiam *Kabura* da cartilagem da cabeça, que também é visto como uma iguaria no extremo oriente. *Oba* é um produto delicado extraído da cauda, semelhante a uma gelatina, e servido nos melhores bares e restaurantes no Japão.

172. Sakaguchi permaneceu como artilheiro até 1981, quando se aposentou com aproximadamente 40 mil baleias capturadas. Foi substituído por A. Sato que previamente havia servido no *DAISHIN MARU Nº 1* e no *SEIHO MARU Nº 2.*
173. O valor das exportações ao Japão subiu substancialmente nos anos seguintes: em 1978 US$ 1638653; 1979: US$ 1766756; e 1980: US$ 2561000.
174. Dados da revista *Visão* citados por Madruga: 1980.
175. Veja Cavalcante Filho (1981), *A pesca da baleia na Paraíba e sua repercussão econômico-social no Município de Lucena.*
176. Na reunião anual da CBI em 1981, o Brasil absteve-se junto com a África do Sul e a China da proposta de dezesseis nações que propuseram uma moratória de dez anos para a caça comercial de baleias. Na reunião da CBI de 1982, a COPESBRA mandou seu conselheiro legal, Guilherme Rabay, para tentar reverter essa decisão, mas sem sucesso.
177. SUDEPE portaria nº N-021, de 17 de junho de 1982.
178. Até 1978, as operações baleeiras piratas haviam expandido globalmente com companhias fictícias, que tinham endereços de caixa postal, estabelecidas em escala mundial. Essas companhias eram geralmente financiadas, gerenciadas e controladas por companhias japonesas que recebiam os produtos dessas operações. Havia baleeiros clandestinos operando desde o Chile, o Peru, a África do Sul, a Espanha, a Taiwan e a Coréia. Sabe-se que algumas dessas companhias perduraram até 1986. (Veja Carter: 1978; Day: 1992).
179. O *SOVIETSKAYA UKRAINA* (22,891 toneladas/1959) e o *SOVIETSKAYA ROSSIA* (22,668/1960) eram dois navios-fábrica irmãos; os maiores já construídos. Nas temporadas baleeiras antárticas de 1985/86 e 1986/87 o *SOVIETSKAYA UKRAINA* ainda estava caçando baleias-minke-antárticas "sob objeção". O adido de imprensa da Embaixada Soviética em Brasília rejeitou a reivindicação da COPESBRA como "pura imaginação": veja a reportagem publicada pela *Folha de S.Paulo* em 17 de janeiro de 1987.
180. Essa atividade terminou, parcialmente, somente em 1972 quando a CBI concluiu um acordo internacional de observadores.
181. Hoje em dia é bem sabido que entre 1960 e 1967, 1407 baleias-jubarte foram capturadas no setor atlântico do Oceano do Sul por expedições soviéticas, principalmente pelo navio-fábrica *YURI DOLGORUKIY*. Esse setor corresponde com a Área II da CBI, onde baleias-jubarte migram até o lado oriental do continente sul-americano (Brasil) e também ao lado ocidental da África. (Veja Berzin: 2008, e Clapham et al: 2009. "Catches of Humpback Whales, *Megaptera novaeangliae*, by the Soviet Union and Other Nations in the Southern Ocean, 1947-1973," em *Marine Fisheries Review* 71(1): 39-43).
182. Williamson (1975) reportou, baseado em dados fornecidos pela COPESBRA, que 67% das baleias mortas em Costinha eram fêmeas, e que 97% das fêmeas maduras não tiveram nenhum feto visível nem filhote, embora os 3% restantes estivessem acompanhadas por seus filhotes.

183. *Veja*, 2 de agosto de 1972, páginas 70-71.
184. *O Estado de S. Paulo*, 3 de fevereiro de 1974.
185. *Folha de S.Paulo*, 23 de outubro de 1977: *As mil vítimas de outubro*, & *A rotina anual de extinção de espécie*, por Luiz Carlos de Souza.
186. Luiz Roberto Tommasi, "É hora de salvar as baleias", *Folha de S.Paulo*, 2 de abril de 1978, página 61.
187. Luiz Carlos de Souza, "Caça à baleia será proibida no Brasil", *Folha de S.Paulo*, 10 de setembro de 1978, página 10.
188. *Diário Oficial da União*, 24 de dezembro de 1980, página 25849.
189. "De novo na mira: O governo volta atrás e deixa caçar baleias", *Veja*, 7 de janeiro de 1981.
190. A *Folha de S.Paulo* de 30 de dezembro de 1980, página 12, citou fontes dentro da SUDEPE que insistiram que a ordem suspendendo a proibição veio diretamente do palácio presidencial.
191. "Baleia só dá emprego a 400", Nélio Lima, *Folha de S.Paulo*, 18 de janeiro de 1981, página 17.
192. Veja *A Folha de S.Paulo*, "Empresa acusa defensores", 19 de outubro de 1981, página 12, para um resumo deste manual da COPESBRA.
193. Veja "832 baleias vão morrer na Paraíba até dezembro", *Folha de S.Paulo*, 18 de outubro de 1981, página 22.
194. "A vez da caça: Estudo critica a pesca da baleia no país", *Veja*, 6 de outubro de 1982. Esse livro de 1982 está baseado no artigo do mesmo autor, Moacyr Madruga, publicado em *Cadernos de Estudos Regionais: O Porto de Cabedelo e a Pesca da Baleia*, UFPB/NDIHR, 3, 3, 1980, 117-151. Nesse artigo sua crítica da COPESBRA é mordaz: "O sistema de assalariamento que se emprega visa única e exclusivamente os interesses da multinacional que realiza esta atividade. Empresa esta que exerce uma verdadeira opressão, social, e até mesmo cultural sobre a população local, uma vez que os representantes da multinacional, no caso a Nippon Reizo K. K. de Tóquio, poderosa firma de pescados e frios no Japão, realiza uma verdadeira agressão à população local, vivendo como se esta não existisse, formando um verdadeiro quisto detentor do dinheiro e do poder, influindo na política e condicionando, das mais variadas formas, o viver daquela população. Ao constatar que os movimentos ecológicos estavam saindo de uma denúncia simplesmente sentimental e que poderiam vir a pressionar o governo no sentido de que fosse suspensa a atividade baleeira, iniciaram uma guerra psicológica junto à opinião pública, guerra essa que incidiu principalmente sobre a população local e os seus operários, fazendo-os crer que a atividade é imprescindível para a sua sobrevivência, imbuindo-os desse conceito para que passem a defender os interesses da multinacional".
195. Madruga descobriu que em 1979, 67% da folha de pagamento para o pessoal administrativo foi destinado a trabalhadores japoneses (três dos doze empregados); 82% da folha na fábrica (onze de vinte empregados); e 53% da folha para a tripulação na temporada de caça (seis de vinte e seis tripulantes). De fato, todos os tripulantes brasileiros no *CABO BRANCO* recebiam um salário mínimo.
196. Durante o governo do Presidente Figueiredo (na presidência até 1985) a SUDEPE solicitou permissão especial para que a COPESBRA pudesse capturar 470 baleias-minke cada ano entre 1986 e1990 em razão da pesquisa. O Ministério de Agricultura aprovou essa proposta, (*Folha de S.Paulo*, 21 de julho de 1985). Essa medida não foi realizada já que a lei proibindo a caça de baleias foi aprovada em 1985.

197. Na reunião da CBI em 1984, em Buenos Aires, com a presença de quarenta e nove países, o Brasil solicitou uma cota de 775 baleias, mas recebeu uma cota de 376 baleias. Insatisfeito com essa cota, e apoiado por uma decisão presidencial de 20 de outubro de 1984, o Brasil entrou com uma objeção sob os termos do artigo V do Acordo Internacional para a Regulamentação da Pesca de Baleias. Essa decisão provocou protestos em escala internacional. De fato, em 1984 a COPESBRA capturou 600 baleias, (*Folha de S.Paulo*, 4 de fevereiro de 1985). Houve alegações de que muitas dessas baleias eram fêmeas e frequentemente grávidas, o que refutou as afirmações anteriores da empresa de que fêmeas grávidas e lactantes não eram comuns.
198. "Direito à vida", *Veja*, 25 de dezembro de1985.
199. Veja "As crianças ganharam o primeiro round", *O Estado de S. Paulo*, 23 de maio de 1986, e "Quinze quilos de amor", *O Estado de S. Paulo*, 10 de junho de 1986.
200. Dagomir Marquezi foi um oponente prolífico contra a caça de baleias no Brasil: veja "Quinze quilos de amor", 10 de junho de 1986; "Vergonha! O massacre continua", 28 de maio de 1986 (Caderno 2); "Por que salvar as baleias", 30 de abril de 1986 (Caderno 2); "Congresso proíbe caça da baleia", 17 de dezembro de 1987 – todas essas reportagens publicadas pelo jornal *O Estado de S. Paulo*.
201. Veja "A República Baleeira da Paraíba" por Ricardo Guerrini, *Folha de S.Paulo*, 14 de outubro de 1987. Os senadores Gadelha e Nelson Cabral da Paraíba também haviam se manifestados previamente como contrários à proibição, o que sugere que a COPESBRA estava orquestrando um lobby.

## Capítulo 9

202. Baleia Magik Park: <http://www.geocities.ws/whalesonlinebr/park.htm>, acesso em: 22 jul 2014.
203. Veja *Sumário sobre a caça de baleias no Brasil*, SUDEPE, Instituto de Pesquisa e Desenvolvimento Pesqueiro, Coordenação de Pesquisa, março de 1982.
204. Veja "Aspectos gerais do programa alternativa à pesca da baleia", Coordenação Regional da SUDEPE, Paraíba, junho de 1982, monografia.
205. Correspondência Kishiwada/Hart 31 de agosto de 2012. Citações traduzidas do inglês.
206. Veja *Folha de S.Paulo*, "Comercial de TV pede aprovação da lei de proteção às baleias", 3 de julho de 1987, página 10.
207. O texto do contrato foi publicado no *Diário Oficial da União* em 14 de abril de 1970, seção 1, parte 2, páginas 844-45.

## Capítulo 10

208. Sinopse obtida no site www.cinemateca.gov.br.
209. A Associação Gaúcha de Proteção ao Ambiente Natural, fundada em Porto Alegre, Rio Grande do Sul, em 1971 por José Lutzenberger, Augusto Carneiro, e outros ecologistas.
210. Documentário da TV Globo sobre "Baleias-Francas", na série *Globo Ecologia*, transmitido em 26 de abril de 2003. Almirante Gusmão Câmara nasceu em 1923, foi promovido a contra-almirante em 1972, e serviu como Vice-Chefe do Estado Maior das Forças Armadas nos anos 1977 a 1978.

211. Veja Câmara & Palazzo (1986) para uma descrição detalhada deste projeto de pesquisa.
212. Outros exemplos do trabalho de conservação realizado por Truda Palazzo incluíam os seguintes. Em 1989, ele ajudou o IBAMA na criação do Centro de Resgate de Fauna de Florianópolis para atender a animais capturados. Em 1992, ele conseguiu que a Área de Proteção Ambiental (APA) de Anhatomirim fosse declarada, em Baía Norte de Florianópolis. Também trabalhou brevemente na Secretaria Federal do Meio Ambiente nos anos 1991 a 1992, onde ajudou a consolidar a postura pró-conservação das baleias do Brasil nas suas discussões na CBI. Truda Palazzo recebeu vários prêmios em reconhecimento dos seus serviços ao meio ambiente. Em 1984, o WhaleSaver Certificate of the Connecticut Cetacean Society; em 1985, o Diploma de Mérito Cívico outorgado pela Liga de Defesa Nacional; em 1986, o título de Protetor do Verde Público outorgado pela Prefeitura Municipal de Porto Alegre; em 1988, o prêmio Pieter Oyens da WWF, e o título de Cidadão Honorário de Fernando de Noronha; em 2001, o título de Cidadão Honorário de Imbituba; e em 2005, foi eleito unanimemente Conselheiro Honorário da APA Baleia Franca.
213. Estado de Santa Catarina, decreto nº 171 de 1995.
214. Em 2007, três setores do IBAMA responsáveis para a administração das zonas de conservação no Brasil foram separados, e isto deu origem ao Instituto Chico Mendes de Conservação da Biodiversidade (criado em 28de agosto de 2007 por Lei 11516).
215. <http://www.baleiajubarte.org.br/home.php#>, acesso em: 22 jul 2014.
216. Veja a Lista Vermelha de Espécies Ameaçadas (IUCN), 2012.
217. Fonte: Baracho, C. G.; Más-Rosa, S.; Marcovaldi, E. "Primeiro registro da baleia--franca-austral (*Eubalaena australis*) no litoral norte da Bahia – Brasil". 10º Reunión de Trabajo de Expertos en Mamíferos Acuáticos de América del Sur e 4º Congresso SOLAMAC. Chile: Valdívia, 2002.
218. Fonte: Pretto, D.J., et al: 2009.
219. O IBAMA (Instituto Brasileiro do Meio Ambiente e dos Recursos Naturais Renováveis) foi criado por Lei 7735 de 22 de fevereiro de 1989. O IBAMA é subordinado ao Ministério do Meio Ambiente, e consiste na amalgamação de quatro agências que trabalharam na área do meio ambiente, incluindo a SUDEPE. As normas foram publicadas na portaria nº 2306 de 22 de novembro de 1990.
220. IBAMA portaria nº 117 de 26 de dezembro de 1996.
221. IBAMA portaria nº 24 de 8 de fevereiro de 2002.
222. IBAMA Instrução Normativa nº 102 de 19 de junho de 2006.
223. Estado de São Paulo decreto nº 53527 de 8 outubro de 2008, e decreto presidencial nº 6698 de 17 de dezembro de 2008.
224. O Brasil levantou a questão de criar um santuário de baleias no Atlântico do Sul pela primeira vez na reunião anual da CBI realizada em Omã em 1998. Com o apoio da Argentina e da África do Sul, a proposta entrou na pauta em todos os anos de 2001 a 2007. O Brasil logo optou por não apresentar mais a proposta, desapontado com o fato de que, apesar de sempre ter uma maioria dos países a favor, jamais conseguia os três quartos dos votos necessários. Apresentaram a proposta de novo em 2011 quando, de acordo com Palazzo & Palazzo (2011), o Japão pediu que seus partidários saíssem do auditório para evitar a presencia de um quórum.

# *Anexo 1*

## As frotas

### 1. Duder and brother.

1.1. HELENA. NAVIO BALEEIRO.

**ANEXO. 1.1.** O navio baleeiro *RAVN*, construído na Noruega em 1908, com a mesma tonelagem e as mesmas dimensões como o *HELENA*.

Maquinaria: T.3 Cil. 11, 18 & 29 -18 polegadas (nº 607). 36 PN. 11.6 kts.
*15.10.1910*: Encomendado por Johs. Andersen, Drammen en nome de Duder and Brother, Bahia, no valor de 81250 kroners noruegueses.
*1.4.1911*: Concluído por Akers Mekaniske Vaerksted, Christiania (Oslo) (estaleiro nº 314) para Duder and Brother, Bahia. Batizado *HELENA*.

*1920*: Vendido a H. E. Wolden, Montevidéu, Uruguai e rebatizado *MJOLDER*.
*1924*: Registro transferido por H. E. Wolden a Buenos Aires, Argentina. Rebatizado *HELENA*. Ainda catalogado como um navio baleeiro pelo *Lloyd's Register of Shipping* em 1929/30, mas sem informação sobre o lugar onde operou.
*1936*: Vendido a Agustin Monti, Buenos Aires. Classificado como rebocador 108tb.
*1964*: Excluído do Lloyd's Register. Presumivelmente desmantelado.
Artilheiro/Capitão: *J. Andersen 1911-19.*
*Em homenagem a Helena "Muca" Wilson Duder (nascido1908)*

1.2. BELLA. NAVIO BALEEIRO.

**ANEXO 1.2.** O navio de arrasto a vapor JAMAICA construído em Hull em 1896 e convertido em 1912 no navio baleeiro BELLA.

N.O. 105098.
177tb. 98tl. 98,5 x 20,6 x 10,9 pés. Ferro.
Maquinaria: T.3 Cil. 10, 16 & 25½-20 polegadas por Amos & Smith, Hull, Inglaterra. 32 PNR.

*4.1896*: Concluído por Cook, Welton & Gemmell, Hull (estaleiro nº163) como navio de arrasto a vapor *JAMAICA* para a Hull Steam Fishing and Ice Co. Ltd., Hull.
*1912:* Vendido a Cia. Duder and Brother, Bahia. Convertido em navio baleeiro e rebatizado *BELLA*.
*1917:* Vendido a A. G. Fontes & Co. (South American Shipping Co., gerentes), Brasil.
*1920*: Vendido a Aymer Johnson, New York. Último relatório reportou Bahia 9.1920.
*1922*: Vendido a Quebec and St. Lawrence Navigation Ltd., Quebec, e rebatizado *JAMAICA*. Convertido a rebocador.
*1923*: Vendido a St. Lawrence Transportation Ltd. (J. L. La Chance, gerente), Quebec.
*1928*: Vendido de volta à Quebec and St. Lawrence Navigation Ltd., Quebec.
*1930*: Vendido a L. Léger, Montreal.
*1931*: Vendido a S. Jaffe, Montreal.
*1932:* Vendido a A. Janin Co. Ltd., Montreal e rebatizado *CLAIRE JANIN*.
*1951*: Desmantelado no Canadá.
Artilheiro/Capitão*: J. Andersen 1912-17.*

## 2. Interessentskapet vik

2.1. VIK NAVIO DE FERRO CONVERTIDO EM NAVIO-FÁBRICA.

**ANEXO 1.3.** VIK, navio de ferro convertido em navio-fábrica, sendo rebocado para fora do porto.

N.O. (Reino Unido) 87031. 1943tb. 1770tl. 269,0 x 40,3 x 27,1 pés.
*30.9.1882:* Lançado.
*12.1882:* Concluído por Oswald, Mordaunt & Co., Southampton, Inglaterra (estaleiro nº 197) para Leicester Castle Ship Co. Ltd. (J. Coupland, gerente) Liverpool como *LEICESTER CASTLE*.
*1898:* Vendido a R. N. Smith & Co. Ltd., Liverpool.
*1900:* Vendido a J. Joyce, Liverpool. Motim e assassinato a bordo em 1902 por enquanto sob o comando de Capitão R. D. Peattie.
*1911:* Vendido a Interessentskapet Vik (L. Christensen, gerente), Sandefjord, Noruega, por 4 mil libras esterlinas e rebatizado *VIK*. Convertido em navio fábrica.
*1912:* Vendido a Freng y Cia. (Atle Freng, gerente), registrado na Bahia, Brasil.
*17.3.1913:* Vendido a A/S Ækvator (Chr. Castberg, gerente), Sandefjord.
*1915:* Arrendado a A/S South Atlantic (L. Foyn Bruun, gerente), Tønsberg.
*1915:* Vendido a A/S Alexandra (H. Virik, gerente), Sandefjord.
*1916:* Vendido a Akties Alexandra (Leif Andersen, gerente), Sandefjord.
*1922:* Vendido a A/S Alexandra (A. Bruusgaard, gerente), Drammen.
*1923:* Vendido aos Estados Unidos e desmantelado no mesmo ano.

Inventário baleeiro
*Capacidade 11 mil barris.*

Operações baleeiras
*Geórgia do Sul (Godthul) 1911/12* (skrott-kokeri *auxiliar trabalhando em associação com navio fábrica THOR I); Brasil (Bahia)1912; África Equatorial Francês /Cabo Lopez, Gabon, 1913-14; Angola (Baía dos Elefantes) (arrendado a A/S South Atlantic)1915. Fretado por A/S Sandefjords Hvalfangerselskab 1919/20 para transportar uma carga de óleo de baleia da estação baleeira de Stromness,Geórgia do Sul, à Europa.*

Capitães
*Lauritz Kristian Andersen 1911-12.*

2.2. FOGO Navio baleiro.

157tb. 62tl. 104,1 x 20,1 x 11,8 pés.

Maquinaria: T. 3 Cil. 12, 20 & 33-24 polegadas pelos construtores (nº618). 53 PN.

*9.1911*: Concluído por Akers Mekaniske Vaerksted (estaleiro nº 322) como *FLAMME* para Partrederiet Hvalen, Sandefjord.

*1912*: Vendido a Interessentskapet Vik (Lars Christensen, gerente) Sandefjord e rebatizado *FOGO*.

*1912:* Transferido a Freng e Cia. (Atle Freng, gerente), registrado na Bahia, Brasil.

*1913:* Vendido a A/S Minerva (L. Christensen & L. Klaveness) Sandefjord. Fretado por A/S Hvalen nas Ilhas Shetland do Sul 1912/13 e 1913/1914 e por A/S Ækvator (Chr. Castberg, gerente) Sandefjord para caçar baleias em Cabo Lopez, Gabon, África Equatorial Francês 1913.

*1914*: Transferido a A/S Hvalen (L. Christensen, gerente), Sandefjord.

*Primavera 1914:* A/S Hvalen vendeu a N. Bugge, Tønsberg. Trabalhou nas Ilhas Shetland do Sul sob licença até 1920/21.

*1914*: Fretado pela Companhia de Pesca Norte do Brasil, para a temporada de 1914 em Cabedelo, Paraíba.

*1925:* Vendido a A/S Congo (Søren L. Christensen), Sandefjord.

*1925-27:* Fretado pela Sociedade Portuguesa de Pesca de Cetáceos, Portugal. Trabalhou em associação com a estação terrestre de Tróia em Setúbal, perto de Lisboa, Portugal 1925-27.

*10.1928*: Transferido a Søren L. Christensen, Sandefjord.

*12.1928*: Vendido à Sociedad Industria Marítima S.A., Tetuán/Río Martín, Espanha e rebatizado *MARQUES DE ESTELLA*.

*1929:* Devolvido a Søren L. Christensen, Sandefjord.

*1936*: Vendido a A/S Estrella (H. Holter), Oslo.

*1936:* Fretado por H/F Kopur, Islândia, e registrado em Reykjavik.

*27.7.1942:* Alugado pela Royal Navy britânica par ser usado como um navio de recuperação.

*11.12.1942*: Reportado como afundado perto de Reykjavik. Um norueguês morto. Recuperado do mar e consertado.

*4.1944*: Reportado como participante do Comboio RU116 que daria sua saída de Reykjavik em 19 de abril, chegada Loch Ewe, Escócia, em 22 de abril. (Arquivos Nacionais da Noruega).
*18.4.1946*: Devolvido aos donos.
*1946*: Vendido a Lars Hufthammer, Austevoll, registrado em Haugesund. Convertido em navio pesqueiro (motor) em 1948, rebatizado *SUNDSHOLM,* 169b.
*7.1948:* Vendido a Skips- A/S Strønøy, AB Bergenhus Canning Co., Bergen, rebatizado *STRØNØY*.
*6.1952*: Vendido a A/S Øyulf (Einar Hareide), Hareide, registrado em Ålesund, Noruega, rebatizado *ØYULF* (M-24-HD). Alongado em 1954 em Hjørungavaag Vaerksted, 196b. Tornou-se um navio cercador (*seiner*) a meados da década de 1960. Adquirido por Johan E. Hareide.
*1973:* Vendido a Einar Nerland, Kvalsvikøy, registrado em Ålesund, rebatizado *NERLAND JR*. (M-99-HØ).
*11.11.1977:* Avariado extensamente por fogo por enquanto esteve em Fosnavåg. Posteriormente condenado.
Artilheiro/Capitão: *Albert Andersen em Costinha 1914.*

2.3. MINERVA Navio baleeiro.
155tb. 62tl. 104,4 x 20,1 x 11,8 pés.
Maquinaria: T. 3 Cil. 12, 20 & 33-24 polegadas pelos construtores (nº 636). 53 PN.
*1912*: Construído por Akers Mekaniske Vaerksted (estaleiro nº 338) como *MINERVA* para Partrederiet Hvalen (Lars Christensen, gerente), Sandefjord.
*1912*: Transferido a Interessentskapet Vik (L. Christensen, gerente) Sandefjord.
*1912*: Transferido a Freng e Cia. (Atle Freng, gerente), registrado na Bahia.
*1913:* Transferido a A/S Minerva (L. Christensen & L. Klaveness) Sandefjord. Rebatizado *MINERVA II*. Fretado por A/S Hvalen nas Ilhas Shetland do Sul 1913/14.

*Primavera 1914*: Vendido a A/S Hvalen (N. Bugge, gerente), Tønsberg. Trabalhou nas Ilhas Shetland do Sul sob licença até 1920/21.
*1914*: Fretado por A/S Urd para caçar baleias na Bahia.
*1.3.1922*: Chocou com rochas e encalhou em Guvernørhavna, Ilha de Trinity, Terra de Graham, Antártica, enquanto fretado por A/S Odd (navio fábrica *PYTHIA*) e declarado uma perda total. O primeiro oficial do navio foi repreendido por negligência grosseira.
Artilheiro/Capitão: *Johannesen 1912.*

**3. A/s urd.**

3.1. MELETE NAVIO DE AÇO CONVERTIDO EM NAVIO FÁBRICA.

**ANEXO 1.4.** MELETE, navio de aço convertido em navio-fábrica.

1781tb. 1670tl. 267,5 x 40,0 x 23.0 pés.
*31.3.1890:* Lançado.

*4.1890:* Concluído por C. Connell & Co., Scotstoun, Glasgow (estaleiro nº 166) para B. Wencke Söhne, Hamburgo como *MELETE*.
*1906:* Vendido a Rhederei Act. Ges. von 1896, Hamburgo.
*1911:* Vendido a R. P. Hinsch, Hamburgo.
*1912:* Vendido a Acties Urd (Alb. Grøn) (J. E. Tellefsen, gerente), Sandefjord e convertido em navio-fábrica. Registrado na Bahia, Brasil.
*1914:* H. M. Monsen, Sandefjord, se tornou gerente.
*1915:* T. Dannevig & Co., Sandefjord, se tornou gerente.
*3.9.1915:* Encalhado na Baía Morant, Pedro Cays, Antilhas, enquanto viajava de Sandefjord para Tampa, Florida, em lastro.
Inventário baleeiro
*Capacidade: 3 mil barris (em tanques), 5 mil barris (em barris), total 8 mil barris.*
Operações baleeiras
*Brasil (Morro de São Paulo, Ilha de Tinharé, Bahia) 1912-14.*
Capitão *Jacob E. Tellefsen 1912-15. David Emanuel Andersen (primeiro oficial).*

3.2. URD NAVIO BALEEIRO.

**ANEXO 1.5.** URD. Navio baleeiro.

79tb.

*1883*: Construído por Nylands Mekaniske Vaerksted, Christiania (Oslo) (estaleiro nº 49), como *WELDA* para R. David Köhler, São Petersburgo, Rússia. Trabalhou na Costa de Murman 1883-1890.

*1893:* Vendido a A/S Tanahorn. Trabalhou uma temporada em Bussesund, Finnmark.

*1894:* Transferido a A/S Urd (Alb. Grøn, gerente), Sandefjord. Trabalhou desde a estação em Strømnæs, Ilhas Faroé 1894-1911.

*1912*: Registro transferido a Bahia, Brasil.

*1914:* H. M. Monsen, Sandefjord, tornou-se gerente.

*1915*: Fora de serviço no Brasil, em mau estado.

*1915:* T. Dannevig & Co., Sandefjord, tornou-se gerente.

*c1916:* Vendido por Grøn por 600 kroners noruegueses. Nenhum dado adicional.

3.3. SKULD Navio baleeiro.

85tb.

*1898*: Construído por Kristianssands Mekaniske Vaerksted, Kristiansand, como *SKULD* para A/S Urd (Alb. Grøn, gerente), Sandefjord. Custo: 70 mil kroners. Trabalhou desde estação nas Ilhas de Faroé 1898-1911 sob gerência e bandeira dinamarquesas.

*1912:* Registro transferido à Bahia, Brasil.

*1914*: Gerente da companhia: H. M. Monsen, Sandefjord.

*1915*: Reportado como vendido por Grøn por 70 mil kroners noruegueses a T. Dannevig. Nenhum dado adicional.

3.4. MINERVA Navio baleeiro.

Veja Navio 2.3 sob Interessentskapet Vik.

*1914:* Arrendado a A/S Urd para a temporada de 1914 na Bahia de A/S Hektor (N. Bugge, gerente), Tønsberg.

## 4. Companhia de pesca norte do brasil

RAMO BALEEIRO

4.1. PERNAMBUCO BARCA DE FERRO CONVERTIDO EM NAVIO-FÁBRICA.

**ANEXO 1.6.** O barco a vela DOCHRA convertido, depois, em navio-fábrica PERNAMBUCO.

N.O. (Reino Unido) 1076156. 1013tb. 981tl. 204,9 x 33,2 x 20,6 pés.

*24.3.1877*: Lançado por Scotts & Co., Greenock (estaleiro nº 175), Escócia, como *DOCHRA* para uso próprio.

*1882*: Vendido a MacNeilage Adam & Co., Greenock.

*1890*: Vendido a Nicholson & McGill, Liverpool.

*1902*: Vendido a Acties Dochra (C. Wroldsen, manager), Tvedestrand, Noruega.

*4.1912*: Vendido a Companhia de Pesca Norte do Brasil, Pernambuco (T. Rynning, Sandefjord, gerente) e rebatizado *PERNAMBUCO*, registrado em Pernambuco.

*5.1912*: Convertido em navio-fábrica por Husø Verft & Mekaniske Værksted (Adolf Anton Foyn) em Tønsberg, Noruega.

*1914:* Voltou a funcionar como navio de transporte. A maquinaria para extrair óleo de baleia desmantelada, e provavelmente erguida em terra na estação baleeira de Costinha, Paraíba.

*1919*: Vendido a Lloyd Nacional, Rio de Janeiro, Brasil.

*1920*: Vendido a Cia. de Navegação Universal (A. A. Gaspar, gerente), Porto, Portugal e rebatizado *OLINDA*.

*1931*: Vendido a Carsten E. Torjusen, New Orleans.

*1933*: Excluído do Lloyd's Register.

*2º trimestre 1935*: Reportado como convertido numa barcaça.

Inventário baleeiro

*Caldeiras e maquinaria para extrair óleo de baleia fornecidas por uma oficina em Tønsberg, Noruega.*

Operações baleeiras

*Brasil (Cabedelo) 1912-13. Posteriormente usado como transporte.*

Capitão: *H. B. Bjønnæs,1912-19.* Administrador baleeiro: *Anders Ellefsen (1912-13).*

4.2. DANTAS BARRETO Navio baleeiro.

144,9tb. 51tl. 99,3 x 20,1 x 11,5 pés. Aço.

Maquinaria: T.3 Cil. 12, 20 & 33 - 24 polegadas, nº 634 pelos construtores. 53 PN.

*7.11.1911*: Encomendado por Lars Klaveness, Sandefjord, em nome de interesses comerciais não nomeados no Brasil.

*1.5.1912*: Concluído por Akers Mekaniske Vaerksted, Christiania (Oslo) (estaleiro nº 336) para a Companhia de Pesca Norte do Brasil (Ramo Baleeiro), Pernambuco, (Julius von Söhsten & Co., gerentes) através de L. Klaveness, Sandefjord, Noruega, e batizado *DANTAS BARRETO*.

*1912*: Agentes noruegueses: A/S Neptun (Trygve Rynning), Sandefjord.

*1913*: Arrendado a A/S Hvalen (L. Christensen, gerente), Sandefjord, para temporada 1913/14 nas Ilhas Shetland do Sul sob licença do governo das Ilhas Falkland, trabalhando com o navio-fábrica *HVALEN*.

*1914*: Arrendado a A/S Hvalen (N. Bugge, gerente) para a temporada na Antártica.

*1914/15:* Esteve nas Ilhas Shetland do Sul sob licença do governo das Ilhas Falkland trabalhando com o navio-fábrica *HVALEN*.

*1928:* Gerência transferida a Mendes Lima S. A. Indústria e Comércio S. A., Pernambuco.
*c.1947*: Gerência transferida a Samuel da Silva Galvão, Pernambuco.
*c1948*: Utilizado como navio baleeiro de reserva e como rebocador para levar baleias capturadas até a estação em Costinha.
*c1955*: Reportado como desmantelado por sucateiros em Costinha.
*2013:* Restos ainda visíveis na praia em Costinha.

**ANEXO 1.7.** *DANTAS BARRETO* em manutenção em Montevidéu, c. 1914. Fotografía de Juan L. Eitzen. Ingeborg Van Erp/ Colecão Ian Hart.

**ANEXO 1.8.** DANTAS BARRETO. Na praia em Costinha (2013).

Operações baleeiras *1912-47.*
Capitães/Artilheiros: *H. Henriksen 1912-15; Jansen 1915-25.*
*Nomeado em homenagem a Emídio Dantas Barreto (1850-1931) presidente da província de Pernambuco 1911-15.*

## 4.3. MIMOSA Barco de aço.

**ANEXO 1.9.** MIMOSA. Barco de aço.

N.O. (Reino Unido) 1097828. 1401tb. 1248tl. 231,7 x 36,0 x 21,7 pés.

*30.10.1890:* Lançado por Russell & Co., Port Glasgow (estaleiro nº 249) para Bark Quilpué Ltd. (F. H. Vaughan, manager), Liverpool, como *QUILPUÉ*.

*11.1890*: Concluído.

*1910:* Vendido a Acties Laboremus (T. Dannevig, gerente), Sandefjord, por 2425 libras esterlinas e rebatizado *ROALD AMUNDSEN (1)*. Convertido em navio-fábrica por A/S Porsgrunds Mekaniske Vaerksted, Porsgrund.

*7.1911:* Rebatizado *MIMOSA*.

*12.1913:* Vendido a Haldor Virik, Sandefjord, por 71 mil kroners noruegueses. A maquinaria para extrair óleo de baleia desmantelada.

*2.1914:* Vendido à Companhia de Pesca Norte do Brazil, Pernambuco, Brasil (A/S Neptun/T. Rynning, gerente, Sandefjord). Utilizado como navio de transporte.

*1915:* Vendido a A/S Mimosa (Fritz S. Klem, gerente), Sandefjord.
*30.5.1916:* Vendido a Rederaktiebolaget Mimosa (E. Braathen, gerente), Estocolmo, Suécia, por 525 mil kroners suecos (400 mil kroners noruegueses).
*1918:* H. Schüssler tornou-se gerente.
*1924:* Os donos em liquidação.
*5.12.1924:* Vendido a Rud. Neugbauer & Co., Hamburgo por 28500 kroners suecos para sucata.
Inventário baleeiro
*Capacidade 22 mil barris em tanques, 4 mil barris em barris, total 26 mil barris.*
Operações baleeiras como navio-fábrica
*Ilhas Orkney do Sul /Ilhas Shetland do Sul 1910/11.*
*Austrália (Tasmânia)/Nova Zelândia 1911-12.*
*MIMOSA esteve no porto de Hobart, Tasmânia, em 7 de março de 1912 quando o explorador polar Roald Amundsen voltou no seu navio expedicionário FRAM (800/1892) depois da sua conquista do Polo Sul, e foi o MIMOSA que transmitiu a noticia do seu sucesso ao público.*
Capitães: *Gundersen 1914-15.*

4.4. BELMONTE Navio baleeiro.
249tb. 84tl. 115,7 x 23,9 x 13,2 pés.
T. 3 Cil. 14, 22 & 37,5-24 polegadas pelos construtores. 141 HP. 69 PN. 12 kts.
*4.1929*: Concluído por Akers Mekaniske Vaerksted, Oslo (estaleiro nº 437) como *THORARIN* para Bryde & Dahls Hvalfangerselskap A/S (A/S Thor Dahl, gerentes), Sandefjord, Noruega.
*1940*: Transferido a Nortraship.
*15.1.1941*: Escapou, junto com o navio-fábrica *THORSHAMMER* (12231/1914), do cruzador de combate de superfície alemão *PINGUIN* (7766/1936) que havia interceptado a frota baleeira norueguesa nos campos baleeiros antárticos e capturado os navios-fábrica *PELAGOS* (12067/1901), *OLE WEGGER* (12224/1914) e *SOLGLIMT* (12279/1900)

na posição 58S, 050. O *THORARIN* fugiu para Grytviken, Geórgia do Sul, onde encontrou o *THORSHAMMER*, 20.1.1941. Durante 1942, o navio acompanhou o *THORSHAMMER* numa expedição para caça cachalotes na costa peruana.

*24.11.1942*: Sequestrado pela United States War Shipping Administration. Convertido para serviço militar num custo de US$ 220285.

**ANEXO 1.10.** BELMONT. Guarda Costeira dos Estados Unidos WYP341 durante a Segunda Guerra Mundial.

*14.12.1942*: Transferido à guarda costeira dos Estados Unidos e rebatizado *USCG BELMONT (WYP-341)*. Fez serviço de patrulha na zona de EASTSEAFRON operando desde Balboa, Panamá (Zona do Canal) e Miami.

*18.10.1945*: Descomissionado depois de inspeção no dique seco flutuante da guarda costeira (YFD-33) em Curtis Bay, perto de Baltimore, MD, 5.10.1945.

*20.11.1946*: Devolvido à A/S Thor Dahl. Convertido de novo para poder caçar baleias.
*1947:* Vendido à Companhia de Pesca Norte do Brasil (Samuel da Silva Galvão, gerente), Paraíba por US$ 53 mil e rebatizado *BELMONTE*. O *Diário Oficial da União* de 24.8.1948 afirma que o navio foi importado ao Brasil 5.1948.
*1958*: Última temporada relatada como em serviço.
c. *1961*: Vendido a sucateiros em Pina, Recife.
Operações baleeiras: *1948-58.*
Artilheiros: *John C. Larsen 1948-53; Wilson Viana Galvão 1953-56; Severino Fernandes Pessoa, Kato e Komine 1958.*

4.5. CABO BRANCO (1) NAVIO BALEEIRO.
248tb. 84tl. 115,7 x 23,9 x 13,2 pés.
T. 3 Cil. 14, 22 & 37,5-22 polegadas pelos construtores. Caldeira construída por North Eastern Marine Engineering Co. Ltd., Wallsend-on-Tyne, Inglaterra. 141 IHP. 68 PN. 800 HP. 14 kts.
*1929:* Construído por Akers Mekaniske Vaerksted, Oslo (estaleiro nº 441) como navio baleeiro *ENERN* para Hvalfangerselskapet Atlas A/S. (Chr. Nielsen & Co. A/S, gerentes), Larvik. Trabalhou com navio-fábrica *SOLGLIMT* (12279/1900) nos campos baleeiros da Antártica.

**ANEXO 1.11.** ENERN/CABO BRANCO (1). Navio baleeiro.

*1930*: As companhias Hvalfangerselskapet Atlas A/S e A/S Odd, Sandefjord, juntaram forças com A/S Thor Dahl, Sandefjord, como gerentes. Trabalhou como navio baleeiro pelágico na Antártica.
*5.7.1940*: Fretado pela Marinha Royal Netherlands enquanto esteve no porto de New Orleans. Mais tarde destacado para a Royal Navy britânica como navio patrulha para serviço nas Antilhas.
*21.8.1946*: Devolvido à A/S Odd em St. John's, Newfoundland.
*30.3.1950*: Vendido à Companhia de Pesca Norte do Brasil (Samuel da Silva Galvão, gerente), Paraíba e rebatizado *CABO BRANCO*.
*1959*: Última temporada relatada como em serviço.
c. *1961*: Vendido à companhia Irmãos Kosinsky (Kosisky), Rio de Janeiro. Relatado como usado na pesca de atum, mas sem sucesso.
c.*1965*: Vendido para sucata no Rio de Janeiro.
Operações baleeiras *1950-59.*
Artilheiros: *Martin Olsen 1950, Haakon W. Haakonsen 1951-56, Wilson Viana Galvão 1957-59.*
Tripulação: *17.*

4.6. DAISHIN MARU Nº 1 NAVIO BALEEIRO.
N.O. (Japão) 78726. 535tb. 173tl. 158,6 x 28,7 x 15,7 pés.
Maquinaria: T. 3 Cil. 19, 32½ & 56 x 27 polegadas, nº 760 pelos construtores. 1750 HP. 14 kts.
*1942*: Lançado por Akers Mekaniske Vaerksted, Oslo (estaleiro nº 499).
*6.1943*: Requisitado ao ser concluído pela Kriegsmarine como um navio de patrulha e batizado *HELGOLAND (V.6115)*.
*1945:* Apreendido pelo governo norueguês (Skibsfartsdirektoratet), Oslo, rebatizado *NOR IV* e equipado para caça de baleias. Trabalhou com o navio-fábrica norueguês *NORHVAL* (Melsom & Melsom, Larvik) na temporada de 1945/46 na Antártica.
*1946:* Tomado pelo governo britânico (Ministério de Transporte de Guerra, gerentes) Londres como reparações de guerra e batizado *EMPIRE CATCHER II*. Trabalhou com o navio-fábrica *BALAENA* (United Whalers, Londres) na temporada de 1946/47 na Antártica.

*1947*: Arrendado a Union Whaling Co., Durban, África do Sul. Trabalhou com o navio-fábrica *EMPIRE VICTORY* na temporada de 1947/48 na Antártica, Arnt Karlsen artilheiro, com uma captura de 390 baleias.
*1948*: Vendido a Union Whaling Co. Ltd. (A. E. Larsen, gerente), Durban (registrado em Londres) e rebatizado *R. L. GOULDING*. Trabalhou desde a estação baleeira de Durban com o navio-fábrica *EMPIRE VICTORY* (a partir de 1950 *ABRAHAM LARSEN*) na Antártica. Na temporada de 1950/51 na Antártica, artilheiro Anders Arvesen, com 372 baleias capturadas. Última temporada na Antártica 1956/57 com navio-fábrica *ABRAHAM LARSEN*.
*1957:* Vendido à Taiyo Gyogyo K. K., Tóquio, Japão e rebatizado *TOSHI MARU Nº8*. Operou na caça pelágica de baleias na Antártica.
*1959*: Vendido à Hokuyo Suisan K. K., Japão e rebatizado *DAISHIN MARU Nº 1*. Caçava baleias desde Costinha, Paraíba, 1959-65.
*1963:* Vendido à Nippon Reizo K. K., Tóquio, Japão.
*1965:* Última temporada em serviço.
*1967*: Vendido à Sanwa Sempaku K. K., Japão.
*1977/78*: Último relato no Lloyd's Register of Shipping. Presumivelmente desmanchado.
Operações baleeiras *1959-65.*
Artilheiros: *Miura 1959, Minakoshi 1960-61, Wilson Galvão 1962-64, Wilson Galvão, A. Sato, e M. Shoji 1965.*
Tripulação: *24.*

4.7. DAISHIN MARU Nº 2 NAVIO BALEEIRO.
N.O. (Japão) 78727. 533tb. 183tl. 158,6 x 28,7 x 15,7 pés.
Maquinaria: T. 3 Cil. 19, 32½ & 56 x 27 polegadas, nº 758 pelos construtores. 1750 HP. 14 kts.
*1942:* Lançado por Akers Mekaniske Vaerksted, Oslo, (estaleiro nº 497).
*1943*: Requisitado ao ser concluído pela Kriegsmarine como um navio de patrulha e batizado *FLANDERN*.

*1945:* Apreendido pelo governo norueguês (Skibsfartsdirektoratet), Oslo, e rebatizado *SUDERØY VII*. Trabalhou na temporada de 1945/46 na Antártica com o navio-fábrica *SUDERØY*, propriedade da Hvalfangst A/S Suderøy (Knut Knutsen O.A.S. gerente), Haugesund.
*1946:* Alocado para o governo britânico (Ministério de Transporte de Guerra, gerentes), Londres, e rebatizado *EMPIRE CATCHER 1*. Trabalhou na temporada 1947/48 na Antártica com o navio-fábrica *EMPIRE VICTORY* da Union Whaling Co. Ltd., Anders Arvesen artilheiro, com 485 baleias.
*1948*: Vendido à Union Whaling Co. Ltd. (A. E. Larsen, gerente), Durban (registrado em Belfast) e rebatizado *R. K. FRAAY*. Temporada de 1948/49 na Antártica, artilheiro Anders Arvesen, com 430 baleias.
*1957*: Vendido à Taiyo Gyogyo K. K., Tóquio, Japão e rebatizado *TOSHI MARU Nº11*. Trabalhou na caça pelágica de baleias na Antártica.
*1959*: Vendido à Hokuyo Suisan K. K., Japão e rebatizado *DAISHIN MARU Nº 2*. Caçava baleias desde Costinha, Paraíba, 1959-61.
1962: Transferido à Sociedade de Pesca Taiyo Limitada e usado como um navio baleeiro de reserva em Cabo Frio (relatórios da Comissão Baleeira Internacional). Rebatizado *TOSHI MARU Nº 11*.
*8.1964*: Desmanchado em Onomichi, Japão.
Operações baleeiras: *1959-61*.
Artilheiros: *Minakoshi 1959, Wilson Galvão 1960-61*.
Tripulação: *24*.

4.8. KOYO MARU NAVIO BALEEIRO A MOTOR.
N.O, (Japão) 49656. 366tb. 121tl. 142,7 x 25,6 x 14,6 pés.
Maquinaria: Motor a óleo 2SA 7 Cil. 480 x 760 mm. fabricado por Hitachi Zosen K. K., Osaka. 1800 HP. 13 kts.
*1946*: Concluído por Hakodate Dock, Muroran, Japão, como *KOYO MARU* para Nippon Suisan Kaisha, Tóquio, Japão. Trabalhou desde estações terrestres em Onagawa, Kamaishi, Oshima, Kushiro, Tomie Kiritappu e Osawa, Japão.

**ANEXO 1.12.** KOYO MARU. Navio baleeiro a motor, ancorado perto de Costinha.

*1966*: Vendido à Netherlands Antilles Shipping Co. N. V., Willemstad, Curaçao. Caçava baleias desde Costinha, Paraíba, 1966-71.
*1971*: Vendido à Brasil Atlantic S. A. Indústria e Comércio de Pesca, Panamá (incorporado 1967). Convertido em navio de pesquisas pesqueiras e treinamento.
*c1985*: Vendido à Gerdau Açominas S. A., Pernambuco para desmanche.
Operações baleeiras*: 1966-71.*
Artilheiros: *Tomeichi Sakaguchi 1966-70, Kuroishi 1971.*
Tripulação: *24.*

4.9. SEIHO MARU Nº 2 NAVIO BALEEIRO A MOTOR.
N.O. (Japão) 58447. 306tb. 100tl. 131,2 x 24,6 x 13,1 pés.
Maquinaria: Motor a óleo 4S.CSA 6 Cil. 17 - 17¾ polegadas fabricado por Kawasaki Jukogyo K. K., Kobe. Motor a óleo 4SA 6 Cil. 470 x 670 mm. instalado 1959 por Akasaka Tekkosho, Yaizu. 1800 HP. 14 kts.
*1946*: Construído por Kawasaki Jukogyo K. K., Osaka, como *FUMI MARU Nº 6*. para Taiyo Gyogyo K. K., Tóquio. Trabalhou na caça pelágica de baleias na Antártica.

**ANEXO 1.13.** SEIHO MARU Nº 2. Navio baleeiro a motor.

*1958*: Vendido à Nitto Hogei K. K., Iwate-ken, Yamada, e rebatizado *SEIHO MARU Nº 2*. Trabalhou caçando baleias desde estação terrestre Osawa, Kiritappu, Japão.

*1971-77*: Caçando baleias desde Costinha, Paraíba.

*1974*: Vendido à Produst Sumarinos Central Corporation, Panamá.

*1985*: Excluído do Lloyd's Register of Shipping. Sua existência ainda hoje é duvidosa, presumivelmente desmanchado.

Operações baleeiras: *1971-77*.

Artilheiros: *T. Sakaguchi 1971-76, Akio Sato 1977*.

Tripulação: *26*.

4.10. KATSU MARU Nº 10/CABO BRANCO (2) NAVIO BALEEIRO A MOTOR.

**ANEXO 1.14.** KATSU MARU Nº 10/CABO BRANCO (2). Navio baleeiro a motor.

N.O. (Japão) 87572. 395tb. 112tl. 49,65 x 8,30 x 4,40 metros.
Maquinaria: Motor a óleo 2SA 7 Cil. 450 x 750 pelos construtores. 3150 HP. 17 kts.
*1961*: Construído por Hayashikane Zonen, Shimonoseki, para Nippon Kinkai Hogei K. K., Tóquio como *KATSU MARU Nº10*.
*1963-65*: Caçou baleias para navio-fábrica *NISSHIN MARU Nº3* (23106/1947) de Taiyo Gyogyo K. K. em expedições à Antártica, temporadas 1963/64 e 1964/65.
*1977*: Vendido à Companhia de Pesca Norte do Brasil, Paraíba, por Crs. 10000000.
*1979*: Rebatizado *CABO BRANCO*. Registrado em Cabedelo, Paraíba.
*1985:* Última temporada em serviço.
*c1993*: Excluído do Lloyd's Register of Shipping. Desmanchado em Pina, Recife.
Operações baleeiras: *1977-85*.
Artilheiros*: T. Sakaguchi 1977-81, Akio Sato 1982-85.*
Tripulação: *28.*

4.11. MISS JULIANA Rebocador.
101tb. 44tl. 22,0 metros de comprimento. 345 HP. 8 kts.
Barco de arrasto para pesca de camarões, utilizado para rebocar baleias dos campos baleeiros até a estação terrestre de Costinha 1981-83. Tripulação de 5.

Ramo pesqueiro (COMPANHIA DE PESCA NORTE DO BRASIL).
4.12. ALBERTO MARANHÃO Barco de arrasto.
N.O. (Reino Unido) 1109544. 181tb. 47tl. 105,0 x 21,0 x 11,3 pés.
Maquinaria: T. 3 Cil.
*10.1.1898*: Lançado.
*5.1898*: Concluído por Earle's Shipbuilding & Engineering Co. Ltd. (C. & W. Earle), estaleiro nº 428, Hull, Inglaterra, como barco de arrasto a vapor *PLOVER* (GY730) para a Pioneer Steam Fishing Co. Ltd. (George E. J. Moody, gerente), Grimsby, Inglaterra.
*6.1898*: Registrado.
*10.2.1904*: Vendido à Akties Plover (Christian Lindtner, gerente), Stavanger, Noruega. G. E. J. Moody reteve um interesse controlador para poder pescar na enseada de Moray Firth, Escócia, e em outras áreas limitadas a barcos de arrasto britânicos. Seu registro em Grimsby fechou.
*31.1.1907*: No tribunal de Sheriff's Court em Elgin, Escócia, Capitão Andreas Martinius Anderson foi considerado culpado por ter pescado com barco de arrasto dentro dos limites proibidos na enseada de Moray Firth e multado em 100 libras esterlinas ou sessenta dias na cadeia. Multa não paga, e Anderson encarcerado em Inverness, Escócia. Liberado depois de representações pelo governo norueguês.
*1908*: Vendido à Akties Fiskeriselskab Norden (O. Nicolaysen, gerente), Dinamarca, e rebatizado *HELSINGÖR*.
*6.1910*: Vendido de novo à G. E. J. Moody (gerente e dono), Grimsby, e rebatizado PLOVER (GY558).
*7.1910*: Vendido à Julius von Söhsten & Co., Pernambuco, e rebatizado *ALBERTO MARANHÃO*.
*14.7.1910*: Seu registro em Grimsby fechou.

*1912:* Transferido à Companhia de Pesca Norte do Brasil (J. von Söhsten, gerente), Pernambuco.

*1916*: Transferido ao governo da Itália.

*1918*: Devolvido aos donos.

*1922*: Excluído do Lloyd's Register of Shipping. Não tem relato no estaleiro Earle's Shipbuilding & Engineering que o barco usou outro nome.

Nota*: O nome é uma homenagem a Alberto Maranhão (1872-1944), governador do estado do Rio Grande do Norte 1900-1904, e 1908-1914.*

4.13. PROGRESSO BARCO DE ARRASTO.

159tb. 105tl. 90,0 x 23,0 x 9,0 pés.

Maquinaria: Hélices gêmeas fabricadas por Brd. Hovmoller, Fredrikshavn.

*1911*: Concluído por Fredrikshavn Skibsvaerft, Fredrikshavn, Dinamarca (estaleiro nº 125) como *PROGRESSO* para J. von Söhsten, Pernambuco.

*1912*: Transferido à Companhia de Pesca Norte do Brasil, Pernambuco.

*1916*: Transferido ao governo da Itália.

*1918*: Devolvido aos donos. Excluído do Lloyd's Register. Não existem dados adicionais.

4.14. VOADOR BARCO DE ARRASTO.

97tb. 42tl. 87,6 x 18,1 x 8,3 pés.

Maquinaria: T. 3 Cil. Fabricado por J. Abernethy & Co., Aberdeen, Escócia. 39 PN.

*5.1911*: Concluído por J. Duthie Torry Shipbuilding Co. Ltd. (estaleiro nº 352) como *VOADOR* para J. von Söhsten, Pernambuco.

*1912*: Transferido à Companhia de Pesca Norte do Brasil, Pernambuco.

*1916*: Transferido ao governo de Itália.

*1918*: Devolvido aos donos. Excluído do Lloyd's Register. Não existem dados adicionais.

Capitão*: J. Haynes 1914*.

4.15. PRESIDENTE KUBITSCHEK NAVIO PESQUEIRO.
N.O. (Japão) 56010. 543tb. 348tl. 178,4 x 27,6 x 14,4 pés.
Maquinaria: Motores a óleo 4SA 6 Cil. 350 x 520 mm. fabricado por Tokyo Nainenki, Kawasaki.
*1945*: Construído por Miho Zosensho, Kawasaki, como *AKAGI MARU* para Nippon Reizo K. K., Tóquio.
*1957*: Transferido à Cia. de Pesca Norte do Brasil, Paraíba.
*1961*: Rebatizado *PRESIDENTE KUBITSHEK*. Pescou cioba e lagosta.
*1975*: Desmanchado no Recife.
Nota: *Nome em homenagem a Juscelino Kubitschek (1902-76), Presidente do Brasil 1956-61.*

**5. Sociedade de pesca Taiyo limitada**

5.1. FUMI MARU Nº 12 NAVIO BALEEIRO A MOTOR.
N.O. (Japão) 68016. 473tb. 176tl. 175,7 x 27,6 pés.
Motor a óleo 2SA 8 Cil. 480 x 720 mm. 2000 HP. 16kts.
*1951*: Concluído por Hayashikane Zosen, Shimonoseki, para Taiyo Gyogyo K. K., Japão.
*1960*: Transferido à Sociedade de Pesca Taiyo Ltda., São Paulo, Brasil.
*1963*: Devolvido à Taiyo Gyogyo K. K., Japão.
*1978*: Excluído do Lloyd's Register of Shipping. Presumivelmente desmanchado no Japão.
Artilheiro: *Katsumi Yoshizaki (Nakamura, capitão) (1960).*

5.2. SEKI MARU Nº 12 NAVIO BALEEIRO A MOTOR.
N.O. (Japão) 68752. 471tb. 176tl. 175,5 x 27,6 pés.
Motor a óleo 2SA 8 Cil. 480 x 720 mm. 2,000 HP. 16kts.
*1952*: Concluído por Hayashikane Zosen, Shimonoseki, para Taiyo Gyogyo K. K., Japão.
*1960*: Transferido à Sociedade de Pesca Taiyo Ltda., São Paulo, Brasil.
*1963*: Devolvido à Taiyo Gyogyo K. K., Japão.
*1978*: Excluído do Lloyd's Register of Shipping. Presumivelmente desmanchado no Japão.

5.3. KOSEI MARU Transporte.

N.O. (Japão) 66037. 178tb. 80tl. 104,4 x 21,8 pés.

Motor a óleo 4SA 6Cyl. 325 x 460 mm. Fabricado por Akasaka Tekkosho, Yakizu.

*1950*: Concluído por Hayashikane Zosen, Shimonoseki, como navio pesqueiro para Taiyo Gyogyo K. K., Tóquio.

*1960*: Transferido à Sociedade de Pesca Taiyo Ltda., São Paulo, Brasil. Usado para transportar carne de baleia de Cabo Frio ao Rio de Janeiro.

*1963*: Devolvido à Taiyo Gyogyo K. K., Japão.

*1979*: Excluído do Lloyd's Register of Shipping. Presumivelmente desmanchado no Japão.

Glossário:

N.O. número oficial.

tb. toneladas brutas.

tl. toneladas líquidas.

T. motor de expansão tripla.

Cil. Cilindros.

kts. Velocidade em serviço em nós.

PN. Potência nominal (em hp).

PNR. Potência nominal (em hp) nos registros oficiais.

HP. Horse Power.

IHP. Horse Power indicado.

# *Anexo 2*

## Captura de baleias e produção no Nordeste do Brasil, 1911-1920.

| Ano | Duder & Brother<br><br>(Bahia, Salvador)<br><br>Baleias<br>Barris<br>Navios | Cia. de Pesca Norte do Brasil.<br><br>(Paraíba Costinha)<br><br>Baleias<br>Barris<br>Navios | Interessentskapet Vik (Sandefjord, Noruega)<br><br>(Bahia, Salvador)<br><br>Baleias<br>Barris<br>Navios | A/S Urd (Sandefjord. Noruega)<br><br>(Bahia, Salvador)<br><br>Baleias<br>Barris<br>Navios | Totais<br><br>Baleias<br>Barris<br>Navios |
|---|---|---|---|---|---|
| 1911 | 102 Ri<br>3800 Ri<br>1 | - | - | - | 102<br>3800<br>1 |
| 1912 | 89e<br>3000 Ri<br>2 | 27a,e<br>900 Ri<br>1 | 160b,e<br>5600 Ri<br>2 | 66c,e<br>2300 Ri<br>2 | 342<br>11800<br>7 |
| 1913 | 125e<br>4000 Ri<br>2 | 95a,e<br>3000 Ri<br>1 | - | 132j, 2sp Ri<br>3111 Ri<br>2 | 354<br>10111<br>5 |
| 1914 | 83e<br>4000 Ri<br>2 | 107e<br>5100 Ri<br>2 | - | 127 Ri<br>4300 Ri<br>3 | 317<br>13400<br>7 |
| 1915 | 75e<br>3000e<br>2 | 82e CBI<br>4000e<br>1 | - | - | 157e<br>7000e<br>3 |
| 1916 | 75e<br>3000e<br>2 | 68 Ri<br>3300 Ri<br>1 | - | - | 143e<br>6300e<br>3 |
| 1917 | 75e<br>3000e<br>2 | 62e CBI<br>3000 Ri<br>1 | - | - | 137e<br>6000<br>3 |
| 1918 | 75e<br>3000e<br>1 | 62e CBI<br>3000 Ri<br>1 | - | - | 137e<br>6000e<br>2 |
| 1919 | 30e<br>1300e<br>1 | 29 Ri<br>1300 Ri<br>1 | - | - | 59e<br>2600e<br>2 |
| 1920 | - | 43 CBI<br>2000 CBI<br>1 | - | - | 43<br>2000f<br>1 |
| TOTAIS | 729e<br>28100e | 575e<br>25600e | 160e<br>5600 | 327e<br>9711e | 1791e<br>69011e |

Nota: Todas as estatísticas de captura são para baleias-jubarte salvo indicação em contrário. Nos casos onde sabemos a produção, mas não existem números de captura, a captura tem sido estimada. (j=baleia-jubarte; sp=cachalote).

Ri = Risting (1922)

CBI = Comissão Baleeira Internacional.

Os relatos da CBI são confusos porque:

1. As estatísticas para A/S Urd e Interessentskapet Vik em 1912 foram amalgamadas.
2. As estatísticas para a Cia. de Pesca Norte do Brasil e Duder & Brother em 1912 e 1913 foram amalgamadas.

a. O navio-fábrica *PERNAMBUCO* (H. Bjönnæs) trabalhou em associação como o navio-baleeiro *DANTAS BARRETO,* 1912-1913. O navio-baleeiro *FOGO* (fretado da A/S Hvalen/N. Bugge, Tønsberg) também trabalhou em 1914. Agentes na Noruega: A/S Neptun (Trygve Rynning), Sandefjord. Uma estação terrestre foi construída em 1914. Gerente: Anders Ellefsen.
b. O navio-fábrica *VIK* (Lauritz Kristian Andersen) e dois navios-baleeiros *FOGO* e *MINERVA*. Operou em 1912 de ancoradouro em "Soão Joao, Bahia" (*sic*). Agentes no Brasil: Freng e Cia, Bahia. Gerente: Atle Freng.
c. O navio-fábrica *MELETE* operou 1912-1914, com dois navios-baleeiros *SKULD* e *URD* 1912-1913; três navios-baleeiros em 1914, *SKULD, URD* e um "navio baleeiro moderno" fretado. Trabalhou desde Morro de São Paulo, Isla Tinharé, Bahia. Gerente: Jacob E. Tellefsen.
e. Estatística estimada.
f. Tem uma nota da CBI opinando que o aumento de produção em Costinha sugere que outras espécies diferentes da baleia-jubarte também podiam haver sido capturadas.

**Fontes:**

Comissão Baleeira Internacional (2010).
Risting (1914).
Risting (1922).
Tønnessen & Johnsen (1967).
Williamson (1975).

# *Anexo 3*

## Companhia de pesca norte do Brasil, Costinha, Brasil

### **Capturas de baleias e produção: 1912-85**

| Data | Baleia-azul | Baleia-fin | Cachalote | Baleia-jubarte | Baleia-espadarte | Baleia-de-bryde | Baleia-minke-antártica | Total | Óleo de baleia (barris) | Óleo de cachalote (barris) | Total óleo (barris) | Navios-fábrica | Navios baleeiros |
|---|---|---|---|---|---|---|---|---|---|---|---|---|---|
| 1912 | | | | 27e | | | | 27 | 900 | | 900 | 1 | 1 |
| 1913 | | | | 95e | | | | 95 | 3000 | | 3000 | 1 | 1 |
| 1914* | | | | 107e | | | | 107 | 5100 | | 5100 | - | 2 |
| 1915 | | | | 82e | | | | 82 | 4000 | | 4000 | - | 1 |
| 1916 | | | | 68 | | | | 68 | 3300 | | 3300 | - | 1 |
| 1917 | | | | 62e | | | | 62 | 3000 | | 3000 | - | 1 |
| 1918 | | | | 62e | | | | 62 | 3000 | | 3000 | - | 1 |
| 1919 | | | | 29 | | | | 29 | 1300 | | 1300 | - | 1 |
| 1920 | | | | 43 | | | | 43 | 2000 | | 2000 | - | 1 |
| 1921 | nenhum relato | | | | | | | | | | | | |
| 1922 | nenhum relato | | | | | | | | | | | | |
| 1923 | nenhum relato | | | | | | | | | | | | |
| 1924 | | | | 62 | | | | 62 | | | | | 1 |
| 1925 | | | | 42 | | | | 42 | | | | | 1 |
| 1926 | | | | 32 | | | | 32 | | | | | 1 |
| 1927 | | | | 47 | | | | 47 | | | | | 1 |
| 1928 | | | | 40 | | | | 40 | | | | | 1 |
| 1929-1946 | nenhum relato | | | | | | | | | | | | |
| 1947 | | | | 11 | 14 | | | 25 | 835 | | 835 | | 1 |
| 1948 | 1 | | | 21 | 10 | | | 32 | 1060 | | 1060 | | 1 |
| 1949 | | | | 15 | 18 | | 1 | 34 | 1098 | | 1098 | | 1 |
| 1950 | | | | 24 | 98 | | | 122 | 1894 | | 1894 | | 2 |
| 1951 | | | | 28 | 151 | | | 179 | 2925 | | 2925 | | 2 |
| 1952 | | | 1 | 9 | 153 | | | 163 | 1984 | 20 | 2004 | | 2 |
| 1953 | | | 1 | 8 | 161 | | 9 | 179 | 2590 | 45 | 2635 | | 2 |
| 1954 | | | 1 | 18 | 183 | | | 202 | 3591 | 45 | 3636 | | 2 |
| 1955 | | | 1 | 6 | 198 | 1 franca | | 206 | 3285 | 15 | 3300 | | 2 |
| 1956 | | 1 | 3 | 14 | 196 | | | 214 | 3422 | 51 | 3473 | | 2 |
| 1957 | | | 2 | | 115 | | | 117 | 1265 | 35 | 1300 | | 2 |
| 1958 | | 1 | 4 | 5 | 118 | | | 128 | 2380 | 144 | 2524 | | 2 |
| 1959 | | | 11 | 8 | 294 | | 2 | 315 | 4650 | 86 | 4736 | | 3 |

| 1960 | | | 1 | 10 | 500 | | | 511 | 6307 | 25 | 6332 | | 3 |
|---|---|---|---|---|---|---|---|---|---|---|---|---|---|
| 1961 | | | 5 | 11 | 505 | | | 521 | 6435 | 24 | 6459 | | 2 |
| 1962 | | | 4 | 8 | 272 | | | 284 | 4369 | 119 | 4488 | | 1 |
| 1963 | | | 7 | 10 | 253 | | 2 | 272 | 4064 | 97 | 4161 | | 1 |
| 1964 | | | 4 | | 256 | | 44 | 304 | 3899 | 37 | 3936 | | 1 |
| 1965 | 1 | | 14 | | 143 | | 71 | 229 | 3326 | 251 | 3577 | | 1 |
| 1966 | | | 24 | | 73 | | 351 | 448 | 1020 | 307 | 1327 | | 1 |
| 1967 | | | 20 | 13 | 49 | 6 | 475 | 563 | n/d | n/d | 1088e | | 1 |
| 1968 | | | 39 | | 58 | 6 | 456 | 559 | n/d | n/d | 1428e | | 1 |
| 1969 | | | 75 | | 56 | 6 | 617 | 754 | 4166 | 880 | 5046 | | 1 |
| 1970 | | | 76 | | 23 | 3 | 701 | 803 | 4660 | 932 | 5592 | | 1 |
| 1971 | | | 55 | | 18 | 2 | 900 | 975 | 4825 | 862 | 5687 | | 2 |
| 1972 | | 1 | 66 | | 5 | | 702 | 774 | 4156 | 1,047 | 5203 | | 1 |
| 1973 | | | 75 | | 6 | 1 | 650 | 732 | 4104 | 770 | 4874 | | 1 |
| 1974 | | | 29 | | 2 | 1 | 765 | 797 | 4298 | 247 | 4545 | | 1 |
| 1975 | | | 54 | | 3 | | 1039 | 1,096 | 5582 | 566 | 6148 | | 1 |
| 1976 | | | 9 | | 3 | | 776 | 788 | 4274 | 149 | 4423 | | 1 |
| 1977 | | | 25 | | 5 | | 1000 | 1,030 | 5018 | 337 | 5355 | | 2 |
| 1978 | | | 24 | | | | 690 | 714 | 3153 | 324 | 3477 | | 1 |
| 1979 | | | 27 | | | | 739 | 766 | 3565 | 344 | 3909 | | 1 |
| 1980 | | | 30 | | | | 902 | 932 | n/d | n/d | 4870 | | 1 |
| 1981 | | | | | | | 749 | 749 | 3047 | - | 3047 | | 1 |
| 1982 | | | | | | | 854 | 854 | 3129 | - | 3129 | | 1 |
| 1983 | | | | | | | 625 | 625 | 2157 | - | 2157 | | 1 |
| 1984 | | | | | | | 600 | 600 | 1746 | - | 1746 | | 1 |
| 1985 | | | | | | | 598 | 598 | 1212 | - | 1212 | | 1 |
| Totais | 2 | 3 | 687 | 1017 | 3939 | 25 (+1 franca) | 14318 | 19992 | 145091 | 7759 | 160236 | | |

e = captura estimada baseada na produção de óleo.
n/d = estatística não disponível.
* Estação terrestre construída em 1914.
Não existem relatos para o período dos anos de 1921 a 1923 inclusive, e para os anos de 1929 a 1946 inclusive, mas consideramos que a caça de baleias continuou nesses períodos.

**Fontes:**

Comissão Baleeira Internacional (2010). Nota: Os relatos para 1912 e 1913 são confusos porque a comissão amalgamou as estatísticas para a Cia. de Pesca Norte do Brasil (Paraíba) e Duder & Brother (Bahia).
Risting (1922).
Masahiro Saito (correspondência pessoal) (1978).
Paiva (1961; 1968).

Paiva & Grangeiro (1970).
Williamson (1975).

**Os períodos de caça de baleias na estação de Costinha, Paraíba.**
Baleias de barbatanas:
1911-1920 Caça de baleias-jubarte com uma média de sessenta baleias capturadas cada temporada, chegando a um número estimado de 107 baleias no ano de 1914.
1947-1965 Caça da baleia-espadarte com uma média de 192 baleias capturadas cada temporada, chegando a 505 baleias no ano de 1961.
1965-1985 Caça da baleia-minke-antártica com uma média de 732 baleias capturadas cada temporada, chegando a 1096 baleias no ano de 1975.
Cachalotes:
1965-1980 Caça do cachalote com uma média de quarenta baleias capturadas cada temporada, chegando a setenta e seis no ano de 1970.

# *Anexo 4*

## Sociedade de pesca Taiyo ltda., Cabo Frio, Brasil.

**Capturas e produção (barris) 1960-1963.**

| Data | Baleia-azul | Baleia-fin | Cachalote | Baleia-jubarte | Baleia-espadarte | Baleia-de-bryde | Total baleias | Óleo de baleia. | Óleo de cachalote | Total Óleo |
|---|---|---|---|---|---|---|---|---|---|---|
| 1960 5/7-12/10 | 0 | 21 | 28 | 3 | 249 | 1 | 302 | 3885 | 583 | 4,468 |
| 1961 14/5-24/9 | 0 | 10 | 97 | 2 | 441 | 12 | 562 | 7605 | 2211 | 9,816 |
| 1962 27/5-13/10 | 1 | 49 | 81 | 3 | 338 | 0 | 472 | 6777 | 2181 | 8,958 |
| 1963 7/5-5/10 | 0 | 4 | 37 | 2 | 91 | 0 | 134 | 1440 | 726 | 2166 |
| Totais | 1 | 84 | 243 | 10 | 1119 | 13 | 1470 | 19707 | 5701 | 25408 |

Fontes: Comissão Baleeira Internacional (2010), Watase (1969), Wiliamson (1975).

Navios baleeiros nas quatro temporadas: *FUMI MARU Nº12 & SEKI MARU Nº12.*

# *Anexo 5*

## A árvore genealógica da família Duder

**DUDER, BAHIA.**

**ANEXO 5.1.** A residência da família Duder na Bahia, c. 1900.

**Samuel Duder** (1775-1839).

Casou-se com Agnes Neck (1774-1819).

*Nota*: Samuel casou de novo, mas não teve filhos neste segundo casamento.

**George Duder** (1808-1877).
Casou-se com Frances Harvey (1813-1896).
*Nota*: George Duder foi o sexto de sete filhos. George emigrou ao Brasil cerca do ano de 1857.
Em 1840, no certificado de nascimento de seu filho George Harvey Duder em 1840, sua profissão aparece como sendo fazendeiro.

**George Harvey Duder** (nasceu em Kingskerswell, Devon, 1840; morreu em Torquay, Inglaterra, 1900).
Casou-se com Constança Pellew Wilson (nasceu na Bahia, 1848; morreu em Londres, 1911).
*Nota*: George Harvey Duder era o terceiro de dez filhos.

**ANEXO 5.2.** George Harvey Duder Sr. (1840-1900).

Filhos:
**George Harvey Duder** (nasceu na Bahia, 1871).
Casou-se com Edith Luz (nasceu em 1871).
Filhos:
Mary Duder (nasceu em 1909).
Constantina Duder (nasceu em 1915).

**Edward Pellew Wilson Duder** (nasceu na Bahia 1872; morreu no Rio de Janeiro, 1946).
Casou-se com Luiza Helena Lenchen Schlaepfer (nasceu em 1882).
Filhos:
Helena "Muca" Wilson Duder (nasceu em 1908), casou-se com Robert John Cochrane Hunt, 1940.
Edward Wilson Duder (nasceu em 1910).
Frederick Wilson Duder (nasceu em 1911).
Vera Wilson Duder (nasceu em 1913).
John Edwin Duder (1875–1944).
Casou-se com Edith Langrish Faber.
Filhos:
Harvey Faber Duder (1909–1996).

Fanny Harvey Fleetwood Duder (1879–1928).
Casou-se com Charles Franklin.
Filhos:
Douglas Matthew Duder (nasceu em 1911).

**Daniel Harvey Duder** (nasceu na Bahia, 1880; morreu no Quênia, 1928).
Casou-se com Katherine Isabel Duder (1880–1942).
Filhos:
Richard Daniel Duder (1912–1929).
Isabel Daniel Duder (nasceu em 1918).
Reverendo John Daniel Duder (1919–1969).

*Nota*: George Harvey e Edward Pellew eram parceiros na companhia de Duder and Brother. Daniel juntou-se ao negócio mais tarde.

**PELLEW WILSON, BAHIA.**
**Edward Pellew Wilson** Sr. (nasceu em 1803)
Casou-se com D. Maria Constança da Silva Freire (1815-1877).

**Eduardo Pellew Wilson** Jr. (nasceu em Salvador, 31 Mar. 1832; morreu em Laranjeiras, 19 setembro 1899).
Casou-se com Felisbela Ernestina Cintra da Silva.
*Nota*: Eduardo Pellew Wilson Jr. foi nomeado 1º Conde de Wilson em 1891.
Filhos:
Alexander Pellew Wilson (nasceu em 1833).
William Pellew Wilson (nasceu em 1835).
John Fleetwood Pellew Wilson (nasceu em 1842).
James Pellew Wilson (nasceu em 1848).
Fleetwood Francis Pellew Wilson (nasceu em 1850).
Mary Pellew Wilson (nasceu em 1838).
Jesuina Pellew Wilson (nasceu em 1840).
**Constança (Constancia) Pellew Wilson** (nasceu em 1844) casou-se com **George Harvey Duder (**1840-1900).
Amelia Pellew Wilson (nasceu em 1846).

**DUDER, NEWFOUNDLAND.**
**Humphrey Duder** (1741–1804).
Casou-se com Ann Jargo.

**Thomas Duder** (nasceu em 1785; morreu em St John's, Newfoundland, 1855).
*Nota*: Primeiro filho de Humphrey e Ann.

**Edwin Duder** (nasceu em Kingskerswell, 1822; morreu em St. John's, Newfoundland, 1881).

*Nota*: Nono filho de Thomas Duder. Edwin estabeleceu um negócio de importação-exportação em Newfoundland.

**Edwin John Duder** (nasceu em Newfoundland, 1853; morreu em Newfoundland, 1918).
*Nota*: Segundo filho de Edwin Duder.

# *Anexo 6*

## A árvore genealógica da família Von Söhsten

**Gustavus Adrianus Diderich von Söhsten** (nasceu em Colombo, 15 abril. 1787; morreu na Batávia, 20 janeiro 1824).
Casou-se com Geertruida van de Kasteele (nasceu em Warmond, 6 dezembro 1784; morreu em 's-Gravenhage [A Haia], 14 dezembro 1868).
Filhos:
Dorothea Henrica (nasceu em Buren, Países Baixos, 5 fevereiro 1808; morreu em 's-Gravenhage, 9 abril 1891).
Agatha Leonora (nasceu em Buren, 1 fevereiro 1809; morreu em 's-Gravenhage, 19 agosto 1883).
Henrica Volrada Julia Elisabeth (nasceu em Buren, 1 julho 1810; morreu em 's-Gravenhage 27 julho 1889).
*Nota*: Henrica Volrada casou-se com Gerardus Abraham Brender à Brandis.
Leonard (nasceu em Buren, 29 junho 1812; morreu em Utrecht, 28 janeiro 1850).
Henriette Francina Diedrich (nasceu em Buren, 26 abril 1814; morreu em 's-Gravenhage, 22 maio 1898).
**Pieter Cornelis** (nasceu em Buren, 24 outubro 1815; morreu no Recife, 9 junho 1867).

**Pieter Cornelis (Pedro) von Söhsten**
Casou-se com Emília (Emily) Marquês da Costa Soares (nasceu no Recife, 22 março 1832; morreu no Recife, 11 dezembro 1919).

*Nota*: Emília Marquês da Costa Soares era filha de Ignácio Marquês da Costa Soares e Clarissa Goddard (que nasceu em Londres).
Filhos:
Leonard (nasceu no Recife, 22 dezembro 1850; morreu no Recife, 10 fevereiro 1904).
Frederick Gustavus (nasceu no Recife, 31 março 1852; morreu em Les Avants, Suíça, 26 outubro 1903).
Henry Francis (nasceu no Recife, 21 agosto 1853; morreu em Maceió, 16 dezembro 1916).
Gustavus Adrianus (nasceu no Recife, 27 setembro 1854; morreu 25 maio 1910).
Gerardo Elisberto (nasceu.em 's-Gravenhage, 27 março 1856; morreu 26 fevereiro 1929).
Pieter Cornelis (nasceu no Recife, 16 julho 1857; morreu no Recife, 28 setembro 1924).
Antônio (nasceu no Recife, 14 fevereiro 1859; morreu 14 fevereiro 1859, natimorto).
Clarissa (nasceu no Recife, 14 julho 1860 ou 19 agosto 1860; morreu 14 fevereiro 1861).
**Julius** (nasceu no Recife, 24 janeiro 1862; morreu no Recife, 6 outubro 1941).
Geertruida (nasceu no Recife, 27 setembro 1863; morreu no Recife, 26 janeiro 1903).

**Julius von Söhsten**.
Casou-se (1) (Recife, 9 julho 1881) com Maria Clementina de Magalhães (nasceu na Paraíba, 7 abril 1862; morreu 24 Mar. 1887).
*Nota*: Maria Clementina de Magalhães morreu no naufrágio do vapor *BAHIA*, junto com seu filho Eugênio.
Filhos:
Eugênio Marquez (nasceu no Recife, 2 abril 1882; morreu 24 março 1887).
Albertina Herietta (nasceu no Recife, 14 agosto 1883).
Clarissa Julia Volrada (nasceu no Recife, 13 setembro 1884).

Carlos Diedrich (nasceu no Recife, 4 outubro 1885; morreu em Paris, França, 1 agosto 1916).
Casou-se (2) (Recife, 20 junho 1891) com Maria Marcina de Barros e Silva (nasceu no Rio Grande do Norte, 11 junho 1873).
Filhos:
Gustavus Adianus Thierry (nasceu no Recife, 2 julho 1892).
Julia Henrietta (nasceu no Recife, 10 outubro 1893; morreu em Lausanne, solteira).
Judith Adele (nasceu no Recife, 31 janeiro 1896).
Marcina Maria (nasceu no Recife, 22 fevereiro 1898; morreu 1996, solteira).
Frederick (Fred) (nasceu no Recife, 11 fevereiro 1900).
Walter Geoffrey (nasceu em Lausanne, 10 junho 1914)

Maiores informações sobre a árvore genealógica da família von Söhsten estão disponíveis em: <http://home.wanadoo.nl/audeman/vs/parsohst.htm>, acesso em: 22 jul 2014.

# *Lista de fotos e ilustrações*

## LISTA DE FOTOS E ILUSTRAÇÕES

Anexo 5.1. A residência da família Duder na Bahia, *c.* 1900. *The Duder Family in New Zealand*, Marianne Philson, Bush Press, Auckland, 1990, p. 134. Cortesia: John Duder, Nova Zelândia.
Anexo 5.2. George Harvey Duder Sr. (1840-1900). *The Duder Family in New Zealand*, Marianne Philson, Bush Press, Auckland, 1990, p. 133. Cortesia: John Duder, Nova Zelândia.

# *Bibliografia*

## Recursos de arquivos


Acervo Digital *Veja*, <http://veja.abril.com.br/acervodigital/home.aspx>, acesso em: 22 jul 2014.

Acervo *Folha de S.Paulo*, <http://acervo.folha.com.br/>, acesso em: 22 jul 2014.

Acervo *O Estado de S. Paulo*, <http://acervo.estadao.com.br/>, acesso em: 22 jul 2014.

Biblioteca Digital de Meio Ambiente, Centro Nacional de Informação Ambiental,

IBAMA, Ministério do Meio Ambiente, <http://www.ibama.gov.br/sophia/index.html>, acesso em: 22 jul 2014.

Comissão Baleeira Internacional (relatórios anuais), <http://iwc.int/media-publications>, acesso em: 22 jul 2014.

Det Norske Veritas (registro norueguês de transporte marítimo), Oslo, Noruega.

*Diário Oficial da União*, <http://www.jusbrasil.com.br/diarios>, acesso em: 22 jul 2014.

Falkland Islands Government Archive, Stanley, Islas Falkland.

Guildhall Library, Aldermanbury, Londres.

Hemeroteca Digital Brasileira, Fundação Biblioteca Nacional, <http://memoria.bn.br/>, acesso em: 22 jul 2014.

Hvalfangstmuseet (museu baleeiro), Sandefjord, Noruega.

International Whaling Statistics (incorporando a Bureau of International Whaling Statistics). International Whaling Commission, Cambridge.

Lista Vermelha, União Internacional para a Conservação da Natureza e dos Recursos

Naturais (IUCN) das espécies ameaçadas, <http://www.iucnredlist.org/search>, acesso em: 22 jul 2014.

Lloyd's Register of Ships (internet), <http://www.lr.org/about_us/shipping_information/Lloyds_Register_of_Ships_online.aspx>, acesso em: 22 jul 2014.

Lloyd's Register of Shipping. London: (publicado anualmente desde 1850 até hoje).

Marine News. Jornal da *The World Ship Society*. Edições consultadas desde 1947 até hoje. Windsor, Reino Unido. Museu Marítimo Norueguês, Oslo.

Projeto Baleia Franca, publicações, <http://www.baleiafranca.org.br/oprojeto/oprojeto_publicacoes.htm>, acesso em: 22 jul 2014.

Projeto Baleia Jubarte, publicações, <http://www.baleiajubarte.org.br/projetoBaleiaJubarte/publicacoesCientificas.php>, acesso em: 22 jul 2014.

Vestfold Arkivet (arquivo do condado de Vestfold), Tønsberg, Noruega.


## Livros e jornais


Aguiar, José Otávio, e Francisco Henrique Duarte Filho. "História, sociedade e natureza: rediscutindo aspectos da atividade baleeira no litoral Norte da Paraíba". *Revista Porto*, 1(1) (2011): 33-52, Universidade Federal de Paraíba, Paraíba.

Albuquerque de Medeiros, Giuliano. *Novos Olhares para o Mar: Imbituba e a Identidade Turística na Estação das Baleias*. Tese de graduação, Centro de Filosofia e Ciências Humanas, Universidade Federal de Santa Catarina, Florianópolis, Brasil, 2010.

Alcantara, Armando de. "A Pesca da Baleia". *O Estado de S. Paulo*, 3 fevereiro 1939.

Alden, Dauril. "Yankee Sperm Whalers in Brazilian Waters, and the Decline of the Portuguese Whale Fishery (1773-1801)". *The Americas*, 20 (3) (1964): 267-288.

Andriolo, Artur, Jesuina M. da Rocha, Alexandre N. Zerbini, Paulo C. Simões-Lopes, Ignacio B. Moreno, Alineide Lucena, Daniel Danilewicz, e Manuela Bassoi. "Distribution and relative abundance of large whales in a former whaling ground off eastern South America". *Zoologia* 27 (5) (2010): 741-750.

________, Paul G. Kinas, Márcia H. Engel, Cristiane C. Albuquerque Martins, e Anne M. Rufino. "Humpback whales within the Brazilian breeding ground: distribution and population size estimate". *Endang Species Res* 11: 2 (2010): 233–243.

________, Paul G. Kinas, Márcia H. Engel, e Cristiane Albuquerque Martins. *Monitoring humpback whale (Megaptera novaeangliae) population in the Brazilian breeding ground, 2002 to 2005*. Disponível em: <http://www.mardecetaceos.net/media_files/download/Andrioloetal2006IWCTasmania.pdf>, acesso em: 22 jul 2014.

Anon. *Norges Seilskuter*. Oslo: Fredhois Forlag, 1944.

Barros, J. Teixeira. "A pesca da baleia na Bahia". *Rev. Inst. Geo. e Hist. da Bahia*, 25, (1900): 323-36.

Berzin, Alfred A. "The Truth about Soviet Whaling: A Memoir". *Marine Fisheries Review* 70 (2). Seattle, WA: United States Department of Commerce, 2008.

Bogen, Hans S. I. *Firma Thor Dahl 1887-1937*. Oslo: Blix, 1937

Bonner, Nigel. *Whales of the World*. Londres: Blandford, 1989.

Cabral, Oswaldo Rodrigues. *Santa Catharina: história, evolução*. São Paulo, Brasil: Companhia Editora Nacional, 1937.

Camara, A. A., Almirante. "Ensaio sobre as Construcções Navales Indigenas do Brasil". *Brasiliana*, 5, 92. Bibliotheca Pedagógica Brasileira, Companhia Editora Nacional, São Paulo, Brasil, 1937.

Câmara, I. G., e J. T. Palazzo. "Novas informações sobre a presença de Eubalaena australis no sul do Brasil". *Actas: Primera reunión de trabajo de expertos en mamíferos acuáticos de América del Sur, 25-29 junho 1984*, Buenos Aires, Argentina, 1986.

Carvalho, Alfredo de. (Trad.). "Notas dominicais, tomadas durante uma residência em Portugal e no Brasil nos annos de 1816, 1817 e 1818," tradução dos diários de Louis François de Tollenare escritos entre 1816 e 1818, *Revista do Instituto Arqueológico e Geográfico Pernambucano*, 61, (1904), republicado em *Coleção de Estudos Brasileiros*, Serie Marajoara, 4 (1956), Salvador, Brasil: Livraria Progresso Editora.

Castellucci Junior, Wellington. "Pescadores e baleeiros: A atividade da pesca da baleia nas últimas décadas dos oitocentos. Itaparica 1860-1888". *Revista Afro-Ásia*, 33 (2005): 133-168.

________. *Pescadores e Roceiros: Escravos e forros em Itaparica na segunda metade do século XIX (1860-1888)*. São Paulo, Brasil: Annablume, 2008.

________. *Caçadores de baleia*. São Paulo, Brasil: Annablume, 2009.

________. "A persistência no século XX: Poucas baleias, muitas histórias". Trabalho apresentado no Congresso Internacional de História, Maringá, Paraná, Brasil, 9-11 setembro, 2009.

Cavalcante Filho, Antônio. *A Pesca da Baleia na Paraíba e sua repercussão econômico-social no município de Lucena*. Tese de mestrado. Centro de Humanidades, Universidade Federal de Paraíba, João Pessoa, Brasil, 1981.

________, e Guilherme Campelo Rabay. *Baleias: fatos e mitos*. João Pessoa, Brasil: Ideia, 2010.

Cavalcanti, Diego Rocha Medeiros, e A. Ciacchi. "A pesca da baleia na comunidade de Costinha-PB". Trabalho apresentado no XII Encontro de Iniciação Científica da UFPB, João Pessoa, Brasil, 13-15 outubro 2004.

Cavalcanti, Diego Rocha Medeiros. "Pescadores-trabalhadores de baleia em Costinha-PB". *Encontro História Oral do Nordeste, 5, São Luiz, Anais do 5º Encontro História Oral do Nordeste*, UEMA, São Luiz, Brasil, 2005

________. *Pescadores-trabalhadores da baleia em Costinha-PB*. Monografia, Centro de Ciências Humanas e Artes, Departamento de Ciências Sociais, UFPB-João Pessoa, Brasil, 2006.

Chyet, S, F., e T. Lothrop. "From a prison in Brazil: 1774". *The Americas*, 35(4) (1979): 573-80.

Comerlato, Fabiana. "A baleia como recurso energético no Brasil". *Anais do Simpósio Internacional de História Ambiental e Migrações*, 13-15 setembro 2010. Florianópolis, Brasil, 2010. Disponível em: <http://nea.ufsc.br/files/2012/03/artigo_fabiana.pdf>, acesso em: 22 jul 2014.

________. *As armações da pesca da baleia em Itaparica-Bahia*. Projeto Armações Itaparica-Bahia. Salvador, Museu de Arqueologia e Etnologia, Faculdade de Filosofia e Ciências Humanas, Universidade Federal da Bahia, Brasil, 2011.

________. *A instalação das armações de pesca de baleia em Santa Catarina no século XVIII*. Núcleo de Estudos Açorianos, Universidade Federal de Santa Catarina, Florianópolis, Brasil, 2012. Disponível em: <http://nea.ufsc.br/artigos/artigos-fabiana-comerlato/>, acesso em: 22 jul 2014.

Day, David. *The Whale War*. Grafton, 1992. (Nova edição).

DeWitt, John. *A Short History of Brazilian Longboat Whaling*. 2003. Disponível em: <http://www.brazilmax.com/news.cfm/tborigem/pl_beaches/id/2>, acesso em: 22 jul 2014. (Extratos de *Early Globalization and the Economic Development of the United States and Brazil*, John DeWitt, Westport, CT, Estados Unidos: Praeger, 2002).

Duarte Filho, Francisco Henrique, e José Otávio Aguiar. "Os filhos do Mar: histórias da pesca da baleia a partir de depoimentos de trabalhadores remanescentes de Lucena-PB". *Revista do Instituto Histórico e Geográfico Brasileiro*, Rio de Janeiro, 173 (456) (2012): 97-128.

Du Pasquier, T. "Catch History of French Right Whaling Mainly in the South Atlantic". *Reports of the International Whaling Commission*, (edição especial) 10 (1986): 269-74.

Elliott, L. E. *Brazil Today and Tomorrow*. New York: The Macmillan Company, 1917.

Ellis, Myriam. "Há sete séculos o homem percorre os mares em busca dos grandes cetáceos". *O Estado de S. Paulo*, São Paulo, Brasil, 1º março 1964.

________. *As feitorias baleeiras meridionais do Brasil colonial*. Tese, Universidade de São Paulo, São Paulo, Brasil, 1966.

________. *A baleia no Brasil colonial*. São Paulo/Brasil: Melhoramentos/Universidade de São Paulo, São Paulo, 1969.

________. "Escravos e assalariados na antiga pesca da baleia". Trabalho apresentado no Sexto Simpósio Nacional dos Professores Universitários de Historia, Goiânia, 8 setembro 1971, publicado em "Trabalho escravo e trabalho livre", *Revista de História*, XLIII, (1973): 307-51.

*Falkland Islands Government Inward & Outward Despatch and Letter Books 1911-1920*. Arquivo do Governo das Ilhas Falkland, Stanley, Ilhas Falkland.

Furniss, Henry W. "Whaling in Brazil". *The Bulletin of the International Union of the American Republics*, 29(6) (1909): 1048-54.

Groch, K. R. "Biologia populacional e ecologia comportamental da Baleia Franca Austral, Eubalaena australis (Desmoulins 1822), CETACEA, MYSTICETI, no litoral sul do Brasil". Pré-requisito parcial para doutorado, Universidade Federal do Rio Grande do Sul, Porto Alegre, Brasil, 2005.

________. "Baleias Francas: Um histórico de conservação no Brasil". Trabalho apresentado no XII Congresso Latino-americano de Ciências do Mar - XII COLACMAR, Florianópolis, Brasil, 15-19 abril 2007. Disponível em: <http://www.baleiafranca.org.br/oprojeto/publicacoes/Groch2007.pdf>, acesso em: 22 jul 2014.

Hart, Ian B. *Pesca. A History of the Compañia Argentina de Pesca Sociedad Anónima of Buenos Aires. An Account of the Pioneer Modern Whaling and Sealing Company in the Antarctic 1904-1965*. Henley on Thames, Oxfordshire, Inglaterra: Aidan Ellis, 2001. Edição revisada 2004.

________. *Whaling in the Falkland Islands Dependencies 1904-1931. A History of shore and bay-based whaling in the Antarctic*. Pequena, Inglaterra, 2006.

________. *Antarctic magistrate. A life through the lens of a camera. (The life of Edward Beveridge Binnie)*. Pequena, Inglaterra, 2009.

Hartt, C. F. "The islands and coral reefs of the Abrolhos". *Scientific results of a journey in Brazil. By Louis Agassiz and his travelling companions. Geology and physical geography of Brazil, by Ch. Fred. Hartt*, Chapter IV, 174-214. Boston: Fields, Osgood & Co., 1870.

Herold, Marc W. "Breaking Bahia's spatial isolation, 1810-90: The arrival of the steam engine and foreign merchants in the land of senhores de engenho, slaves and sugar". Vol. 1. de *In the shadows of sugar: Power and change in twentieth century Bahia*. 62--64. (Prestes a ser publicado).

________. "They Came, They Founded, They Built, They Sold, and They Prospered: The British in Bahia, Brazil, 1820-1920: An Archaeology of Enterprise". Trabalho apresentado no Simpósio Internacional "Diplomacia, Econômica, Artes e Cultura: A História da Presença Britânica na Bahia", Biblioteca Central da Bahia, Salvador, Brasil, 3 novembro 2008. Disponível em: <http://britanicosnabahia.blogspot.com/>, acesso em: 22 jul 2014.

Hinds, Glen de Medeiros. "A baleia no Brasil". *Revista Agrirural*, VIII, (85) (abril 1965): 5-41.

Hohman, Elmo Paul. *The American Whaleman: A study of life and labor in the whaling industry*. New York: Longmans, Green & Co., 1928. Reeditado 1970.

IBAMA. *A explotação de baleias por nacionais*. I & II, 1977. (Inédito).

________. *Aspectos gerais do programa alternativo à pesca da baleia*. (Sem data e inédito).

ICM Brasil. "Plano de ação nacional para conservação dos mamíferos aquáticos: Grandes cetáceos e pinípedes". Instituto Chico Mendes de Conservação da Biodiversidade, Diretoria de Conservação da Biodiversidade, Coordenação Geral de Espécies Ameaçadas. *Série Espécies Ameaçadas*, 14, 2011. Disponível em: <http://www.icmbio.gov.br/portal/images/stories/docs-plano-de-acao/pan-gdes_cetaceos_sirenios/livro_grandescetaceos_icmbio-web.pdf>, acesso em: 22 jul 2014.

Jerônimo, Daniel, E. P. Balod, e R. N. T. Jerônimo. "História, ambiente e turismo: da caça à preservação da Baleia Franca em Garopaba e Imbituba – SC". *Gaia Scientia*, 2(1) (2008): 63-74.

Jacobsen, Helgi. *Hvalurin er mín*. Islands Faroé: Forlagid Ritstarv. 2007.

Jonassen, Per, e Bernt Eggen. *Damp. Dampskipets æra i Vestfold 1827-1914*. Oslo: Færder, 2001.

Joslin, David. *A Century of Banking in Latin America*. Oxford: Oxford University Press, 1963.

Kishiwada, Hitoshi. "A Pesca da baleia no Brasil", tradução ao português (revisão por Dr. Guilherme Rabay) de artigos sobre a caça de baleias no Brasil publicados em *Geiken Tuushin,* The Institute of Cetacean Research, Japão, 416 (dezembro 2002) e 417 (março 2003), 2004. Disponível em: <http://www.scribd.com/doc/106277245/A-Pesca-Da-Baleia-No-Brasil>, acesso em: 22 jul 2014.

Kolltveit, Bård. *La Oss Arbeide! A/S Laboremus 1910-1990*. Oslo: A/S Laboremus, 1990.

Koster, Henry. *Travels in Brazil*. Londres: Longman, Hurst, Rees, Orme, & Brown, 1816.

Laval, François Pyrard de. *Viagem de Francisco Pyrard de Laval (1601-1611)*. Trad. Joaquim Heliodoro da Cunha Rivara. Rio de Janeiro: Imprensa Nacional, 1858.

Levai, Laerte Fernando, e Verônica Martins de Souza. "Memórias de sangue: A história da caça à baleia no litoral Paraibano". *Revista Brasileira de Direito Animal,* Instituto de Abolicionismo Animal, Salvador, Brasil, 4(5) (2009): 269-92.

Lloyd, Reginald. *Impressões do Brasil no Século Vinte*. Londres: Lloyd's Greater Britain Publishing Company Ltd., 1913.

Lodi, Liliane. "Uma história da caça à baleia". *Ciência Hoje,* 14(81) (1992): 78-83.

________. "Ocorrências de Baleias-Jubarte, Megaptera novaeangliae, no Arquipélago de Fernando de Noronha, incluindo um resumo de registros de capturas no Nordeste do Brasil". *Biotemas,* 7 (1 & 2) (1994): 116-23.

________, Salvatore Siciliano, e C. Bellini. "Ocorrências e conservação de baleias-francas-do-sul, Eubalaena Australis, no litoral do Brasil". *Papéis Avulsos Zool.,* São Paulo, 39(17) (1996): 307-328.

________, e Marcelo Tardelli Rodrigues. "Southern Right Whales on the Coast of Rio de Janeiro State, Brazil: Conflict Between Conservation and Human Activity". *Journal of the Marine Biological Association of the United Kingdom,* 87(1) (2007): 105–7.

________, e Monica Borobia. *Baleias, Botos e Golfinhos do Brasil: Guia de Identificação.* Rio de Janeiro: Technical Books Livraria, 2013.

Lucena, Alineide. "Estrutura populacional da Balaenoptera bonaerensis (Burmeister) (Cetacea, Balaenopteridae) nas áreas de reprodução do Oceano Atlântico Sul". *Rev. Bras. Zool.,* Curitiba, 23(1) (2006).

Machado, Fernanda de Jesus. *A baleia franca e o município de Imbituba: Dois momentos, dois olhares.* Tese de graduação, Dept. História, Universidade do Estado de Santa Catarina, 2007. Disponível em: <http://www.pergamum.udesc.br/dados-bu/000000/000000000005/000005F2.pdf>, acesso em: 22 jul 2014.

Madruga, Antônio Moacyr. "A questão da Baleia: Da luta ecológica à exploração humana". "O Porto de Cabedelo e a pesca da Baleia", *Cadernos de Estudos Regionais,* Série Monografia 2, UFPB/NDIHR, João Pessoa, Paraíba, 3(3) (1980): 67-116.

________, e Augusto Ramasco Pessoa. "Levantamento Fotográfico sobre a pesca da baleia e a cidade de Lucena". *Cadernos de Estudos Regionais,* Série Monografia 2, UFPB/NDIHR, João Pessoa, Paraíba, 3(3) (1980): 117–51.

Magalhães, F.A., Tosi, C.H., Garri, R.G., Chellappa, S. & Silva, F.L. "Cetacean diversity on the Parnaiba Delta, Maranhão State, northeastern Brazil". *Revista Brasileira de Biologia.* 68 (3) (2008): 545-51.

Martins, Manoel de Oliveira. *Imbituba: História e Desenvolvimento*. Imbituba, Brasil. 1978. (Publicado pelo autor).

Moreira Machado, Manuel. *O Brasil: Histórico, Physico, Político, Social, e Econômico*. São Paulo, Brasil: Edit. Duprat, 1919.

Mawe, John. Travels in the Interior of Brazil. Londres: Longman, Hurst, Rees, Orme, and Brown, 1812.

Netto, Amaral. "Canhão, arpão: Está caçada mais uma baleia". Em: *Amaral Netto: O Repórter*, 20-34, Rio de Janeiro, Brasil: Plantel, 1969(?).

Norges Skibsførerforbund. *Norges Skibsførere 1933-35*. Stavanger, Noruega: Dreyers Forlag, 1935.

*Norsk Hvalfangst Tidende (A gazeta baleeira norueguesa)* Sandefjord, Noruega, 1912-1968.

Oakenfull, J. C. *Brazil in 1911*. Londres: Butler & Tanner, Frome and London, 1911.

Omura, H. "Bryde's whale occurs on the coast of Brazil". *Scientific Reports of the Whales Research Institute*, Japão, 16 (1962): 1-5.

Osorio, Ubaldo. *A Ilha de Itaparica*. S.A. Artes Gráficas, Salvador, 1953. 3ª edição.

Paiva, M. P. "Recursos básicos da pesca marítima no Nordeste Brasileiro". *Bol. Est. Biol. Mar. Univ. Ceará*, 3 (1961): 1–10.

________. "Relembrando a caça de baleias em Caravelas, sul da Bahia". *Revista Nacional de Pesca*, Brasil, 6 (1965): 16-17.

________. "Uma hipótese histórica—A caça do cachalote por indígenas Cearenses". *Revista do Insituto do Ceará* (1968): 95-8.

________, e B. F. Grangeiro. "Investigations on the Whaling Seasons 1960-1963, off Northeastern Coast of Brazil". *Arq. Est. Biol. Mar. Univ. Ceará*, Fortaleza, Ceará, Brasil, 5(1) (1965): 29-64.

________. "Investigations on the Whaling Seasons 1964-1967, off Northeastern Coast of Brazil". *Arq. Ciên. Mar*, Fortaleza, Ceará, Brasil, 10(2) (1970): 111-26.

Palazzo Jr., José T., e L. A. Carter. *A caça de baleias no Brasil*. Relatórios distribuídos à comunidade científica e conservacionista internacional em antecedência à realização da trigésima-quinta reunião anual da International Whaling Commission, 1983. 1. "A indústria baleeira no Brasil"; 2. "O projeto Baleia-Franca", 1983.

Palazzo, Míriam, e José Truda Palazzo Palazzo Jr. *S.O.S. Baleia!* Porto Alegre, Brasil: Sulina, 1989. Nova edição 2011, Armazém Digital.

Pretto, D.J., Andrade, M.C.M., Oliveira, J.M. & Oliveira, M.G.A. "First Record of a Humpback Whale, *Megaptera novaeangliae* (Borowski, 1781), Stranding in Pará State, Northern Coast of Brazil". *Braz. J. Biol.*, 69(4) (2009): 1207-08.

Richards, Rhys. "Past and Present Distributions of Southern Right Whales (*Eubalaena australis*)". *New Zealand Journal of Zoology*, 36 (2009): 447-59.

Risting, Sigurd, e T. Ekeland. *Hvalfangerflaaten (A Frota Baleeira) 1914*. Sandefjord, Noruega: Forfatternes Forlag, 1914.

________. *Av Hvalfangstens Historie*. Kristiania (Oslo): J. W. Cappelens Forlag, 1922.

Rossi-Santos, M. R., Elitieri S. Neto, Clarêncio G. Baracho, Sérgio R. Cipolotti, Enrico Marcovaldi, e Marcia H. Engel. "Occurrence and Distribution of Humpback Whales (*Megaptera novaeangliae*) on the North Coast of the State of Bahia, Brazil, 2000–2006". *ICES Journal of Marine Science*, 65 (2008): 667–73.

Salvador, Frei Vicente do, *Historia do Brazil*. 1627. Nova edição, Curitiba, Brasil: Juruá, 2007.

Santos, Marcos César de Oliveira, Salvatore Siciliano, André Fabiano de Castro Vicente, Fernando Siqueira Alvarenga, Émerson Zampirolli, Shirley Pacheco de Souza, e Andréa Maranho. "Cetacean Records along São Paulo State Coast, Southeastern Brazil". *Brazilian Journal of Oceanography*, 58(2) (2010): 123-42.

Scaico, Marcos A. "A baleia no Nordeste Brasileiro". *Revista Horizonte*, 3(7) (1978): 177-87.

Silva, Arlindo. "Baleia à vista!". *O Cruzeiro* 45, Rio de Janeiro, 25 agosto 1951, 80-84. (Biblioteca Pública da Bahia, Salvador, Setor de Revistas Raras).

Singarajah, K. V. "Current Status of the Minke Whale and Conflicts of Interest". *Revista Brasileira de Zoologia*, 5(1) (1988): 101-8.

Slijper, E. J. & W. L. van Utrecht. "Observing Whales: Participation of the Netherlands Mariners in the Whale Research Project Has Proved a Great Success". *The Norwegian Whaling Gazette*, 3 (1953): 101-17.

Söhsten, Julius von. *The Von Söhsten Family: Genealogy and history of the Von Söhsten, Marques da Costa Soares, and Van de Kasteele families, and collaterals.* (Inédito).

Sørensen, G. *Hvalfangsten. Dens Historie og Mænd.* Kristiania (Oslo): A/S Det Norske Forlagskompani Limited, 1912.

Southey, Robert. *History of Brazil.* Londres: Longman, Hurst, Rees, and Orme, 1810.

SUDEPE, Ministério da Agricultura, Brasil. *A explotação de baleias por nacionais*, I & II. Monografias, 1978.

________. *Generalidades.* Instituto de Pesquisa e Desenvolvimento Pesqueiro, Coordenação de Pesquisa SUDEPE. Monografia, 27 junho 1978.

________. *Pesca da baleia: Paraíba-PB: Capturas e Desembarques de baleias por ano e por espécie.* Ângelo Ribeiro, SUDEPE Coordenadoria Regional de Santa Catarina. Monografia, outubro 1980.

________. *Sumário sobre a caça de baleias no Brasil.* Monografia, março 1982.

________. *Aspectos gerais do programa alternativa à pesca da baleia.* Coordenação regional da SUDEPE na Paraíba. Monografia, junho 1982.

Tavares, J. S. "A pesca da Baleia no Brasil". *Brotéria.* Revista Luso-Brasileira, Braga, XIV, 69-80, 1916.

Toledo, Gustavo. *O homen e a baleia: Aspectos históricos, biológicos, sociais e econômicos da caça na Paraíba.* Tese de mestrado. Centro de Ciências Exatas e da Natureza, UFPB--João Pessoa, Paraíba, 2009.

________, e Alfredo Langguth. "Data on Biology and Exploitation of West Atlantic Sperm Whales Physeter Macrocephalus (*Cetacea: Physeteridae*) off the Coast of Paraíba, Brazil". *Zoologia* 26(4) (2009): 663-73.

Tollenare, Louis François de. *Notas dominicais, tomadas durante uma residência em Portugal e no Brasil nos annos de 1816, 1817 e 1818.* (Veja Carvalho, Alfredo de, op. cit.)

Townsend C. H. "The Distribution of Certain Whales as Shown by Logbook Records of American Whale-Ships". *Zoologica* 19 (1935): 1–15.

Tönnessen, J. N., e Arne Odd Johnsen. *The History of Modern Whaling.* Londres: C. Hurst & Co., 1982.

________. *Den moderne hvalfangsts historie. Bind 1-4.* Oslo e Sandefjord: Norges Hvalfangstforbund, 1959-1970.

Ubaldo Osório, João. *A Ilha de Itaparica: história e tradição.* Salvador, Brasil: Fundação Cultural do Estado da Bahia, 1979.

Vianna, Hadil Fontes da Rocha. *O confronto entre conservacionistas e caçadores na regulamentação internacional da caça da baleia: Considerações para a atuação do Brasil na Comissão Internacional da Baleia.* Ministério das Relações Exteriores, Instituto Rio Branco, XLIV Curso de Altos Estudos. Monografia, janeiro 2003.

Williamson, Gordon R. "Minke Whales off Brazil". *Scientific Reports of the Whales Research Institute*, Tóquio, Japão, 27 (1975): 37-59.

Zerbini, Alexandre N., E. R. Secchi, Salvatore Siciliano, e P. C. Simões Lopes. "A Review of the Occurrence and Distribution of Whales of the Genus Balaenoptera along the Brazilian Coast". *Rep. Int. Whal. Commn.* 47 (1997): 407-17.

________,Artur Andriolo, Mads Peter Heide-Jørgensen, José Luis Pizzorno, Ygor G. Maia, Glenn R. Van Blaricom, Douglas P. DeMaster, Paulo César Simões-Lopes, Sérgio Moreira, e Cláudia Bethlem. "Migration and Summer Destinations of Humpback Whales (*Megaptera novaeangliae*) in the Western South Atlantic Ocean". *J. Cetacean Res. Manage*, (edição especial), 313 (2006): 113-18.

________, "Here, There and Everywhere: A New Ship-Based Abundance Estimate of Humpback Whales (*Megaptera novaeangliae*) Wintering off the Coast of Brazil". Trabalho apresentado no 15º Reunión de Trabajo de Expertos en Mamíferos Acuáticos de América del Sur, 9º Congreso SOLAMAC, Puerto Madryn, Argentina, 16-20 setembro 2012.

________, e P. J. Clapham. "Whaling Catch Data Support a Migratory Connection with South Georgia for Brazilian Humpback Whales". SC/56/SH WP2. (sem data).

Watase, Sadao. "A pesca da baleia no sul: sua história e atualidade". *Caça e Pesca*, São Paulo, Brasil, 23(272) (1959): 39-40, & 23(273) (1959): 14-16.

________. "A pesca da baleia no Brasil". *Boletim Geográfico*, Rio de Janeiro, Brasil, 28(212) (1969): 12-36. Tradução de Ko Watanabe, Yoshi Nomura, e Hitoshi Nomura de "Burajiru no kujirá to hôguei", *The Whales Research Institute*, Tóquio, Japão, 121 (1961): 151-70.

Watson, Lyall. *Whales of the World*. Londres: Hutchinson. 1988.

# *Agradecimentos*

Agradecemos as muitas pessoas que nos ajudaram com esta pesquisa, sem cujas contribuições este livro não teria sido possível.

Na Paraíba, conseguimos entrevistar alguns dos antigos trabalhadores e gerentes da estação baleeira em Costinha. Estamos especialmente gratos a Zélio da Silva Nascimento, um antigo trabalhador e agora presidente da Colônia de Pescadores de Costinha que nos acompanhou em várias visitas à estação, e nos apresentou a Severino (Biu) Freire das Neves, o antigo presidente do sindicato de trabalhadores da COPESBRA, e a Sr. Juarez, que se lembrou da captura de uma baleia-azul em 1965. Entrevistamos, também, Dr. Guilherme Campelo Rabay, assessor legal, consultor, e posteriormente um dos diretores da COPESBRA, que participou em várias reuniões da Comissão Baleeira Internacional. Dr. Rabay recordou com muita clareza a história moderna da caça de baleias em Costinha a partir de 1956, quando começou a trabalhar na companhia, e isso nos ajudou imensamente a compreender melhor o período da gerência japonesa. Antônio Cavalcante Filho, coautor com Dr. Rabay do livro *Baleias: Fatos e Mitos* (2010), forneceu gentilmente uma cópia da sua dissertação de mestrado de 1981 sobre as repercussões socioeconômicas da atividade baleeira em Costinha, dissertação de mestrado realizada na Universidade Federal da Paraíba, onde na época era acadêmico. Em João Pessoa, conversamos com Akio Sato, que chegou à Paraíba em 1959 como um técnico pesqueiro e foi o último artilheiro a trabalhar para a COPESBRA (até 1985); e, também, com Masahiro Saito, que trabalhou durante vinte e três anos na empresa, tornando-se o capataz da estação. Masahiro Saito também nos enviou informações valiosas sobre os navios baleeiros e os artilheiros durante a época japonesa.

Estamos particularmente agradecidos a Hitoshi Kishiwada de Niagro-Nichirei do Brasil Agrícola Ltda., antigamente um gerente na COPESBRA, que nos forneceu uma cópia do seu artigo *A Pesca da Baleia no Brasil*, e por ter respondido às nossas perguntas com tanta paciência por email. Além disso, nos beneficiamos muito com uma troca de correspondência com Gustavo Alves da Costa Toledo, do Centro de Ciências Exatas e da Natureza da Universidade Federal da Paraíba (campus de João Pessoa), cuja dissertação de mestrado de 2009 sobre a história da caça de baleias em Costinha foi especialmente valiosa. Ana Andréa Vieira Castro de Amorim, arquivista no Núcleo de Documentação e Informação Histórica Regional da Universidade Federal da Paraíba, foi muito atenciosa ao guiar-nos no arquivo regional, e fornecer cópias digitais de fotografias da coleção do NDIHR. Quanto ao nosso estudo da vida de Julius von Söhsten, estamos gratos a vários descendentes da família von Söhsten no Brasil, e muito especialmente a Gustavus H. Von Söhsten, que nos enviou sua transcrição do manuscrito inédito escrito por Julius von Söhsten sobre "A família von Söhsten"; e a Ricardo Luiz von Söhsten, que nos forneceu informações sobre seu avô Julius. David Westwood, Head of International Programmes, World Vision UK, respondeu à nossa consulta sobre o projeto dessa caridade com antigos pescadores baleeiros em Costinha. O já falecido Dr. Gordon Williamson, biólogo, entrou em correspondência conosco, e nos enviou uma cópia do seu relatório sobre baleias minke em Costinha, na Paraíba.

Na Bahia, fomos ajudados na nossa pesquisa sobre a família Duder por Catiane Bittencourt, bibliotecária da Associação Comercial da Bahia, Salvador; por Nicia Maria Dantas; e por descendentes que incluem Guilherme Duder Peixoto e Marian Foster Fraser. José Góes de Araújo, descendente do Visconde do Rio Vermelho, nos enviou informações sobre a caça de baleias em Salvador na época colonial. Dra. Fabiana Comerlato, do Centro de Artes, Humanidades, e Letras

(CAHL) da Universidade Federal do Recôncavo da Bahia, e coordenadora do projeto "Armações Itaparica", nos ajudou imensamente a compreender a história da caça de baleias tanto na Bahia como em Santa Catarina. Dra. Liliane Ferreira Lodi, pesquisadora no Laboratório de Bioacústica e Ecologia de Cetáceos, da Universidade Federal Rural do Rio de Janeiro, e autora de vários estudos sobre baleias e a caça de baleias, nos ajudou a entender a caça de baleias no século XX em Caravelas na Bahia. Dra. Lodi gentilmente nos enviou uma cópia do seu artigo "Uma história da caça à baleia", publicado em *Ciência Hoje* (1992). Marc W. Herold do Departamento de Economia, da Universidade de New Hampshire, Durham, Estados Unidos, generosamente forneceu extratos do seu estudo prestes a ser publicado, "Breaking Bahia's Spatial Isolation, 1810-90: The Arrival of the Steam Engine and Foreign Merchants in the Land of 'Senhores de Engenho', Slaves, and Sugar", vol. 1 de *In the Shadows of Sugar: Power and Change in Twentieth Century Bahia.* Estamos agradecidos também a dois biólogos do Instituto Baleia Jubarte na Praia do Forte, Bahia: Clarêncio Baracho, pesquisador, e Sérgio Cipolotti, Coordenador Ambiental, que nos mostraram as exposições do instituto e conversaram conosco sobre a observação de baleias na Bahia atualmente. O comandante Reuben Bello Costa, administrador do Museu Náutico da Bahia, trocou emails e mais tarde nos mostrou a exposição do museu dentro do Farol da Barra em Salvador.

Quanto à história da caça de baleias em Cabo Frio, nos ajudaram muito Tomoko Kuba, Secção de Relações Públicas do Institute of Cetacean Research, Tóquio, Japão, e Dr. Salvatore Siciliano, pesquisador na Fundação Oswaldo Cruz no Rio de Janeiro.

Sobre Imbituba, Santa Catarina, José Truda Palazzo Jr., fundador do Projeto Baleia Franca, respondeu sempre prontamente às nossas várias perguntas, e nos forneceu os textos dos painéis e fotografias das mostras no museu baleeiro nesta localidade. Fomos muito afortunados em conseguir a ajuda de um jovem pesquisador, Giuliano Albuquerque de Medeiros, que realizou a nosso pedido uma entrevista chave com Sr. José Honório Martins, um pescador baleeiro aposentado em Imbituba. Dr. Paulo César Simões-Lopes do Laboratório de Mamíferos Aquáticos, Departamento de Ecologia e Zoologia, na Universidade Federal de Santa Catarina, e Dra. Karina Groch, Diretora de Pesquisa do Projeto Baleia Franca, corresponderam conosco e nos deram informações importantes. Agradecemos também as informações fornecidas sobre a caça de baleia em Imbituba numa troca de emails com o Almirante Ibsen de Gusmão Câmara e seu entusiasmo pelo nosso projeto.

Igor Morais, atualmente mestrando em zoologia na Universidade Estadual de Santa Cruz, Ilhéus, Bahia, e colaborador do Dr. Alexandre N. Zerbini no National Marine Mammal Laboratory, Alaska Fisheries Science Center, nos encheu com seu entusiasmo e nos deu percepções e referências de grande valor.

Em Brasília, Jesuína Maria da Rocha do IBAMA, e membro do Grupo de Trabalho Especial de Mamíferos Aquático, muito gentilmente copiou documentos inéditos para nós e fez sugestões importantes para ajudar com nosso trabalho. Estamos também agradecidos ao Embaixador Hadil Fontes da Rocha Vianna, Diretor do Departamento de Temas Científicos e Tecnológicos, Ministério de Relações Exteriores, Brasília, (comissário da Comissão Baleeira Internacional de 2001 a 2003), por ter-nos enviado uma cópia do sua monografia inédita sobre a história da confrontação entre ambientalistas e caçadores de baleias no Brasil.

Na Noruega, Odd Galteland generosamente realizou pesquisas no Museu Baleeiro em Sandefjord, e Relsen Larsen procurou dados sobre navios no Museu de Norsk Teknisk, Oslo. Lone Kirchhoff, arquivista para o condado de Vestfold na Noruega, que inclui as cidades baleeiras de Tønsberg e Sandefjord, nos enviou cópias de correspondências de Trygve Rynning (arquivo de A/S Hektor). Lisa Benson do Museu Marítimo da Noruega em Oslo consultou registros e o arquivo fotográfico.

No Reino Unido, estamos gratos a Rolf Scharning da cidade de Swansea, País de Gales, pela sua ajuda na tradução de documentos escritos em norueguês; a Cherry Allison, Stella Duff e Sue Burkett da Comissão Baleeira Internacional em Cambridge, por dados sobre capturas de baleias; a Valerie Hart da Biblioteca de Guildhall, pelo acesso para consultar o Lloyd's Register of Shipping; a Bernard Lawley, Harold Appleyard, Alan Phipps, e John Bartlett do World Ship Society Central Record, por relatos de navios; e a Wilf Vevers por relatos de navios das Ilhas Falkland.

Nos Estados Unidos, Phillip Clapham e Yulia Ivashchenko do National Marine Mammal Laboratory, Alaska Fisheries Science Center, Seattle, nos forneceram dados sobre as atividades baleeiras soviéticas nas costas do Brasil. Estamos especialmente gratos a Dr. Alexandre N. Zerbini, que também trabalha no National Marine Mammal Laboratory, pelo envio de artigos, suas introduções a colegas pesquisadores, e seu encorajamento contínuo para o nosso projeto.

Fizemos todo esforço para identificar detentores de direitos autorais, mas se por ventura negligenciamos algum, estaremos dispostos a fazer os arranjos necessários na primeira oportunidade.

Finalmente, queremos expressar nossos agradecimentos às nossas esposas, Verônica e Dilys, que tão pacientemente cederam à nossa obsessão com esta história.

# *Livros publicados*

William Edmundson
*A History of the British Presence in Chile*. Palgrave-Macmillan: 2009.
*The Nitrate King: A Biography of "Colonel" John Thomas North*. Palgrave-Macmillan: 2011.

Ian Hart
*PESCA. A History of the Compañia Argentina de Pesca Sociedad Anónima of Buenos Aires. An Account of the Pioneer Modern Whaling and Sealing Company in the Antarctic 1904-1965*. Aidan Ellis: 2001. Nova edição 2004.
*Whaling in the Falkland Islands Dependencies 1904-1931. A History of Shore and Bay-Based Whaling in the Antarctic*. Pequena: 2006.
*Antarctic Magistrate: A Life through the Lens of a Camera. (The Life of Edward Beveridge Binnie)*. Pequena: 2009.
Contribuidor ao *The Dictionary of Falklands Biography (including South Georgia). From Discovery up to 1981*. David Tatham: 2008.
*VIOLA: From the Great War to Grytviken. The Life and Times of a Hull Steam Trawler* (com coautor Robb Robinson). Lodestar Books (2014 prestes a ser publicado).

# *Índice*

Este livro foi impresso em outubro de 2014
pela Yangraf Gráfica e Editora Ltda.,
sobre papel offwhite Norbrite 66,6g/m².